全国技工院校“十二五”系列规划教材

中国机械工业教育协会推荐教材

电子CAD（任务驱动模式）

——Protel DXP 2004 SP2

主　编　刘晓书　鲍卓娟

副主编　喻凯余　孙小蛟　周甜甜

参　编　王亚琴　柏忠梅　顾宏亮　谭显芬

唐　斌　文　欣　李虹燃　夏远秀

卢尼积

机 械 工 业 出 版 社

本教材采用的Protel DXP 2004 SP2软件是目前最优秀的电路板设计软件之一。本教材共分三个项目。项目一为Protel DXP 2004 SP2软件的安装与简单使用；项目二为简单原理图的设计、原理图元器件的绘制和层次原理图的设计；项目三为单面PCB的设计、PCB元件的绘制、双面PCB的设计。

本教材可作为技工院校、职业技术院校的电子类专业教材，也可以作为电子考证的培训教材，还可以供从事电子CAD绘图和PCB设计的工程技术人员参考。

图书在版编目（CIP）数据

电子CAD：任务驱动模式：Protel DXP 2004 SP2/刘晓书，鲍卓娟主编. —北京：机械工业出版社，2013.2（2022.8重印）
全国技工院校“十二五”系列规划教材
ISBN 978-7-111-41155-0

Ⅰ.①电… Ⅱ.①刘…②鲍… Ⅲ.①印刷电路-计算机辅助设计-应用软件-技工学校-教材 Ⅳ.①TN410.2

中国版本图书馆CIP数据核字（2013）第012384号

机械工业出版社（北京市百万庄大街22号 邮政编码100037）
策划编辑：陈玉芝 林运鑫 责任编辑：林运鑫
封面设计：张 静 责任校对：张莉娟
责任印制：刘 媛
涿州市般润文化传播有限公司印刷
2022年8月第1版·第7次印刷
184mm×260mm·12印张·292千字
标准书号：ISBN 978-7-111-41155-0
定价：27.00元

电话服务
客服电话：010-88361066
010-88379833
010-68326294

网络服务
机 工 官 网：www.cmpbook.com
机 工 官 博：weibo.com/cmp1952
金 书 网：www.golden-book.com
机工教育服务网：www.cmpedu.com

全国技工院校“十二五”系列规划教材
编审委员会

序

“十二五”期间，加速转变生产方式，调整产业结构，将是我国国民经济和社会发展的重中之重。而要完成这种转变和调整，就必须有一大批高素质的技能型人才作为后盾。根据《国家中长期人才发展规划纲要（2010—2020年）》的要求，至2020年，我国高技能人才占技能劳动者的比例将由2008年的24.4%上升到28%（目前一些经济发达国家的这个比例已达到40%）。可以预见，作为高技能人才培养重要组成部分的高级技工教育，在未来的10年必将会迎来一个高速发展的黄金期。近几年来，各职业院校都在积极开展高级工培养的试点工作，并取得了较好的效果。但由于起步较晚，课程体系、教学模式都还有待完善与提高，教材建设也相对滞后，至今还没有一套适合高级技工教育快速发展需要的成体系、高质量的教材。即使一些专业（工种）有高级工教材也不是很完善，或是内容陈旧、实用性不强，或是形式单一、无法突出高技能人才培养的特色，更没有形成合理的体系。因此，开发一套体系完整、特色鲜明、适合理论实践一体化教学、反映企业最新技术与工艺的高级工教材，就成为高级技工教育亟待解决的课题。

鉴于高级技工教材短缺的现状，机械工业出版社与中国机械工业教育协会从2010年10月开始，组织相关人员，采用走访、问卷调查、座谈等方式，对全国有代表性的机电行业企业、部分省市的职业院校进行了历时6个月的深入调研。对目前企业对高级工的知识、技能要求，各学校高级工教育教学现状、教学和课程改革情况以及对教材的需求等有了比较清晰的认识。在此基础上，他们紧紧依托行业优势，以为企业输送满足其岗位需求的合格人才为最终目标，组织了行业和技能教育方面的专家精心规划了教材书目，对编写内容、编写模式等进行了深入探讨，形成了本系列教材的基本编写框架。为保证教材的编写质量、编写队伍的专业性和权威性，2011年5月，他们面向全国技工院校公开征稿，共收到来自全国22个省（直辖市）的110多所学校的600多份申报材料。在组织专家对作者及教材编写大纲进行了严格的评审后，决定首批启动编写机械加工制造类专业、电工电子类专业、汽车检测与维修专业、计算机技术相关专业教材以及部分公共基础课教材等，共计80余种。

本系列教材的编写指导思想明确，坚持以达到国家职业技能鉴定标准和就业能力为目标，以各专业的工作内容为主线，以工作任务为引领，由浅入深，循序渐进，精简理论，突出核心技能与实操能力，使理论与实践融为一体，充分体现“教、学、做合一”的教学思想，致力于构建符合当前教学改革方向的，以培养应用型、技术型、创新型人才为目标的教材体系。

本系列教材重点突出了如下三个特色：一是“新”字当头，即体系新、模式新、内容新。体系新是把教材以学科体系为主转变为以专业技术体系为主；模式新是把教材传统章节模式转变为以工作过程的项目为主；内容新是教材充分反映了新材料、新工艺、新技术、新方法。二是注重科学性。教材从体系、模式到内容符合教学规律，符合国内外制造技术水平实际情况。在具体任务和实例的选取上，突出先进性、实用性和典型性，便于组织教学，以提高学生的学习效率。三是体现普适性。由于当前高级工生源既有中职毕业生，又有高中生，各自学制也不同，还要考虑到在职人群，教材内容安排上尽量照顾到了不同的求学者，适用面比较广泛。

此外，本系列教材还配备了电子教学课件，以及相应的习题集，实验、实习教程，现场操作视频等，初步实现教材的立体化。

我相信，本系列教材的出版，对深化职业技术教育改革，提高高级工培养的质量，都会起到积极的作用。在此，我谨向各位作者和所在单位及为这套教材出力的学者表示衷心的感谢。

原机械工业部教育司副司长

中国机械工业教育协会高级顾问

前言

电子 CAD 是电子信息、电子技术应用等电子类专业的一门主干课程，其主要的任务是使学生学会运用电子 CAD 软件绘制原理图和设计 PCB，为以后从事电子绘图、PCB 设计等工作打好基础。

本教材采用的 Protel DXP 2004 SP2 软件是目前最优秀、最流行的电路板设计软件之一，该软件易学好用、自动化程度高。本教材的教学目标是使学生学会使用 Protel DXP 2004 SP2 软件绘制原理图、元器件，根据需要设计 PCB，根据实际元器件绘制 PCB 元器件封装。

教材的编写以就业为导向，遵循以学生为中心，以能力为本位的编写原则，以完整工作过程搭建教材结构，根据工作领域设计学习单元，采用任务驱动编写模式，以任务引领整个教学过程。根据技工院校学生的心理特征以及认知学习规律，将知识点融入各操作任务中，让学生在“做中学”，教师在“做中教”，真正体现了“以学生为中心，以能力为本位”职业教育理念。与传统的电子 CAD 教材相比，本教材具有以下特色：

1. 根据工作领域设计学习项目

本教材把软件的安装与卸载以及软件的简单使用设计为项目一，把原理图的设计以及原理图元件的绘制设计为项目二，把 PCB 的设计以及 PCB 元器件的绘制设计为项目三。

2. 精心设计工作“任务”承载教学内容

本教材以基本 PCB 设计和中、高级电子考证的需求为依据，以“实用”、“够用”为原则，精心设计工作任务承载教学内容，把传统电子 CAD 教材中大量枯燥知识体系的讲解融入到工作任务中。

3. 以“任务”为主线引领教材的教学内容

本教材以完成工作任务为主线，以任务描述、任务分析、知识准备、任务准备、任务实施、检查评议等工作过程为顺序，用“任务”驱动相关知识与技能的学习。

4. 基本工作任务与知识拓展架构满足不同层次的需求

本教材每个学习任务都由基本工作任务和知识拓展组成，以满足不同地区、不同学校、不同层次的需求。基本工作任务所包含的知识与技能是必学内容，知识拓展所涉及的知识与技能为选学内容。

完成本教材大约需要 68 学时，教学内容的学时建议做如下分配：

教学内容学时分配

项　目	任　务	参考学时	
项目一　认识 Protel DXP 2004 SP2	任务 1　安装 Protel DXP 2004 SP2 软件	2	4
	任务 2　创建 Protel DXP 2004 SP2 文件	2	

（续）

项　　目	任　　务	参考学时	
项目二　设计电路原理图	任务 1　设计稳压电源电路原理图	10	32
	任务 2　创建原理图库、制作原理图元器件	10	
	任务 3　设计温度显示与控制电路原理图	12	
项目三　设计印制电路板（PCB）	任务 1　设计基本放大电路 PCB	12	32
	任务 2　创建 PCB 元件库和自制元器件封装	10	
	任务 3　设计稳压电源 PCB（双面板）	10	
合　　计			68

由于编者水平有限，书中难免存在不足及错误之处，恳请广大读者和同仁批评指正。

编　者

目　录

项目一　认识 Protel DXP 2004 SP2

1

知识目标

♪1. 了解 Protel DXP 2004 SP2 的特点与组成。

♪2. 熟悉 Protel DXP 2004 SP2 的工作环境。

技能目标

♪1. 能安装、激活 Protel DXP 2004 SP2 软件。

♪2. 能启动、退出 Protel DXP 2004 SP2 软件。

♪3. 能创建、打开、保存 Protel DXP 2004 SP2 原理图文件。

任务 1　安装 Protel DXP 2004 SP2 软件

任务描述

安装、激活 Protel DXP 2004 SP2 软件。

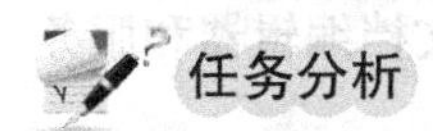

任务分析

要完成 Protel DXP 2004 SP2 软件的安装与激活任务，需要准备好 Protel DXP 2004 SP2 安装软件，然后完成安装、激活 Protel DXP 2004 SP2 软件的任务。

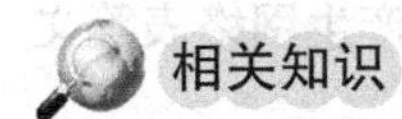

相关知识

1. 电子 CAD 的基本概念

CAD 是计算机辅助设计(Computer Aided Design)的简称。现在几乎所有的工业设计都使用了相应的 CAD 软件,电子 CAD 是 CAD 的一种。Protel DXP 2004 SP2 是目前最流行的电子 CAD 软件。

2. Protel DXP 2004 SP2 软件的安装环境

Protel DXP 2004 SP2 软件所需的最低配置和推荐配置见表 1-1。

表 1-1　Protel DXP 2004 SP2 软件所需的最低配置和推荐配置

主要指标	最低配置	推荐配置
处理器（CPU）	Pentium PC 500MHz	Pentium PC 1.2GHz
内存	128MB	512MB
硬盘	625MB	1GB
显卡	支持 1024×768 像素点的屏幕分辨率、16 位色、8MB 显存	支持 1280×1024 像素点的屏幕分辨率、32 位色、32MB 显存
操作系统	Windows 2000 professional	Windows XP

为了能够发挥软件的最佳性能，建议按表 1-1 中推荐的计算机系统配置或更高配置来运行该软件。

3. Protel DXP 2004 SP2 的组成

Protel DXP 2004 SP2 主要由原理图设计模块、印制电路板（PCB）设计模块、电路仿真模块和超高速集成电路硬件描述语言（VHDL）4 部分组成。

(1) 原理图设计模块　原理图是电路设计的开始，该模块主要用于电路原理图的设计，为 PCB 的设计做前期准备工作，也可以用来单独设计电气原理图。

(2) 印制电路板（PCB）设计模块　主要用于印制电路板（PCB）的设计，是由原理图到制板的桥梁。设计了原理图之后，需要根据原理图生成印制电路板（PCB），这样就可以制作电路板。

(3) 电路仿真模块　主要用于电路原理图的模拟运行，为用户提供了一个完整的从设计到验证的仿真设计环境。

(4) 超高速集成电路硬件描述语言（VHDL）　支持两种不同方式的设计，既可以使用 VHDL 语言来直接编写文件，也可以通过绘制原理图直接编译成 VHDL 文件。

4. Protel DXP 2004 SP2 的特点

Protel DXP 2004 SP2 软件将项目管理方式、原理图和 PCB 图的双向同步技术、多通道设计、拓扑自动布线以及电路仿真等技术结合在一起，为电路设计提供了强大的支持。它有以下一些特点：

1）完全集成的直观设计环境，增强的用户界面，在每个编辑环境中均保持一致性。可固定、浮动以及弹出面板，也可完成定制工具条和外观，具有强大的过滤和对象定位功能，可以同时隐藏、选择和放大被确定的对象。

2）系统优先设定的集中化，所有的各种系统优先设定已经被集中到一个单一的上下联系的对话框里，它的外形类似一个树状导航结构。它提高了设定横跨所有文档编辑器和服务器的系统级选项的效率。

3）在 Protel DXP 2004 中采用整合式的元件，在一个元件里连结了元件符号（Symbol）、元件包装（Footprint）、SPICE 元件模型、SI 元件模型。它支持单一设计多重组态。对于同一个设计文件可指定要使用其中的某些元件或不使用其中的某些元件，然后产生网络表等文件。

4）电路设计的无缝集成，使用户可以直接从电路图仿真，而不需要网络表输出、输入。在板卡最终设计和布线完成之前可从电路图上运行初步阻抗和反射仿真。

5）提供多通道设计支持，支持 32 个信号层、16 个平面层和 16 个机械层设计。完全支持盲（埋）孔设计，支持项目级的双向同步、原理图和 PCB 双向同步和更新。

6）有强大的输出设置，包括支持多种输出类型、原理图和 PCB 制图、网络表输出格式、仿真报表、全面打印和检查工具等。

7）支持简体中文、日语、德语、法语等多种语言。

任务准备

准备 Protel DXP 2004 SP2 安装软件。

任务实施

1. 安装 Protel DXP 2004 SP2 软件

（1）安装 Protel DXP 2004

1）Protel DXP 2004 的安装方法与大多数 Windows 应用程序的安装相同，打开安装目录文件夹，双击“setup. exe”文件，系统会弹出 Protel DXP 2004 安装向导欢迎界面，如图 1-1 所示。该界面提示：在安装该软件前需关闭当前所有正在运行的 Windows 程序。

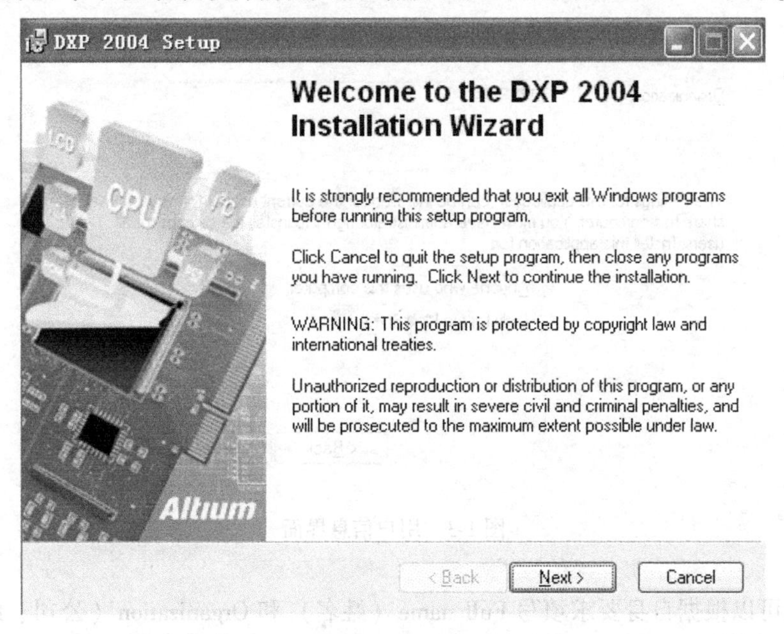

图 1-1　Protel DXP 2004 安装向导

2）单击【Next】按钮，弹出用户许可协议窗口，如图 1-2 所示。

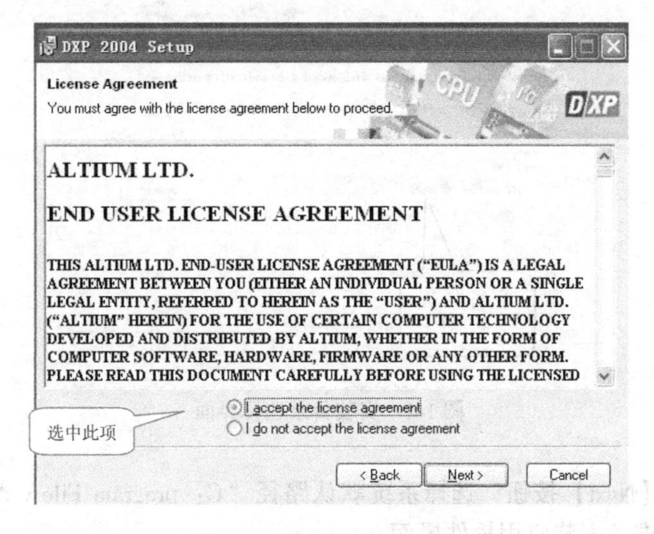

图 1-2　用户许可协议界面

3）选中“I accept the license agreement”（我接受许可协议），单击【Next】按钮，进入用户信息填写界面，如图 1-3 所示。

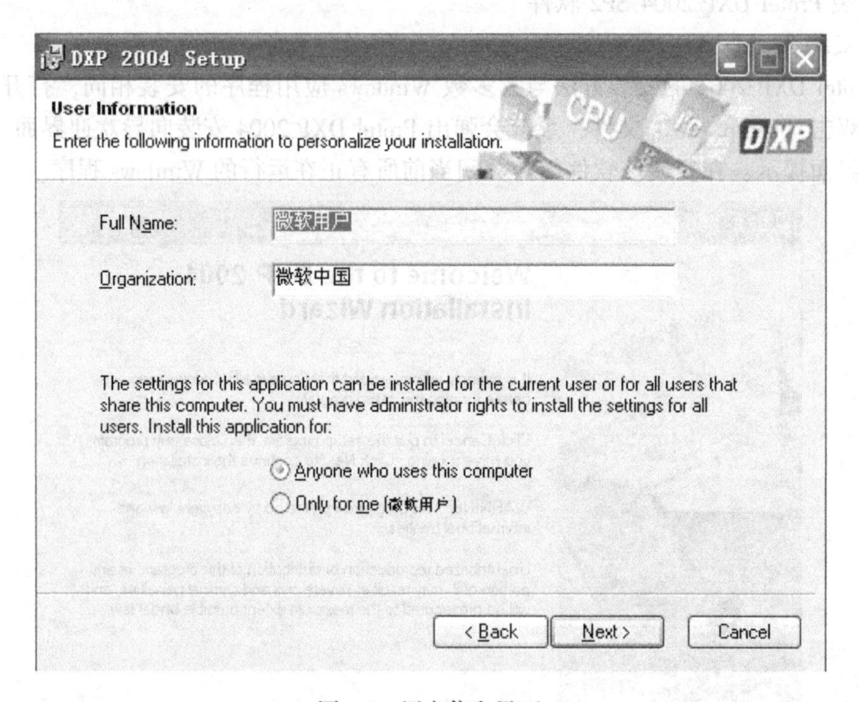

图 1-3　用户信息界面

4）用户可以根据自身要求填写 Full name（姓名）和 Organization（公司、组织），也可以选用系统默认，直接单击【Next】按钮，进入安装目录选择界面，如图 1-4 所示。

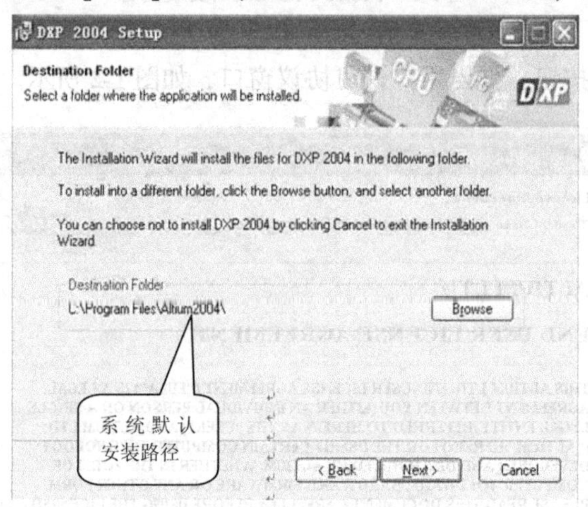

图 1-4　安装目录选择界面

5）直接单击【Next】按钮，选择系统默认路径“C：program File \ Altium2004 \ ”，进入如图 1-5 所示的准备安装应用软件界面。

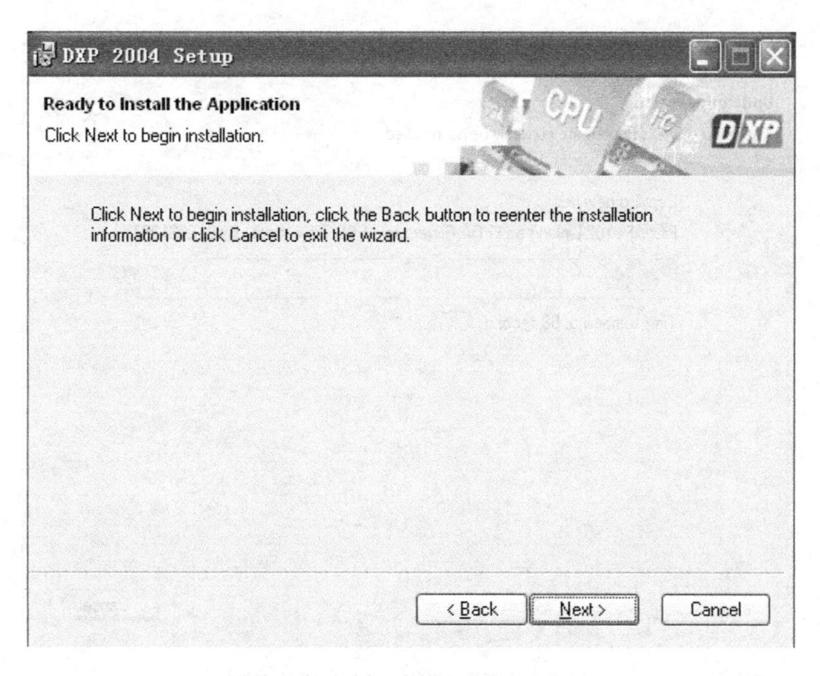

图 1-5　准备安装应用软件界面

6）单击【Next】按钮进入软件初始装载界面，进度条显示装载情况，如图 1-6 所示。

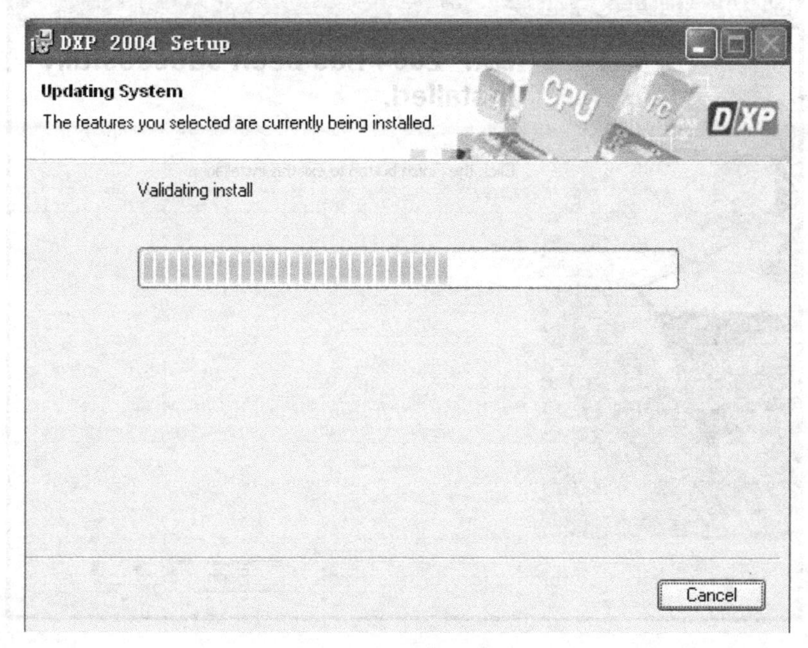

图 1-6　软件初始装载界面

软件初始装载完成后，进入复制新文件界面，同时进度条显示文件复制进程，如图 1-7 所示。

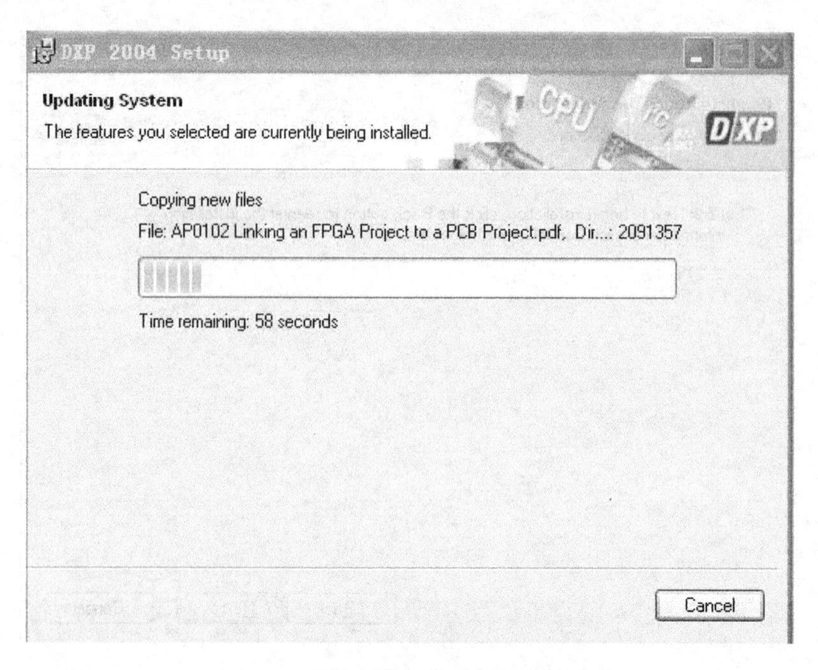

图 1-7　软件安装复制文件进度界面

7）Protel DXP 2004 安装完成后，弹出图 1-8 所示窗口。

图 1-8　安装完成界面

8）单击【Finish】按钮，完成软件安装。

（2）安装服务包 SP2

1）打开安装目录文件夹，双击“DXP_ 2004_ SP2. exe”文件，系统弹出“最终用户许可协议”界面，如图 1-9 所示。

2）选中“I accept the terms of the End – User License agreement and wise to CONTINUE”，接受协议，系统弹出安装路径选择界面，如图 1-10 所示。

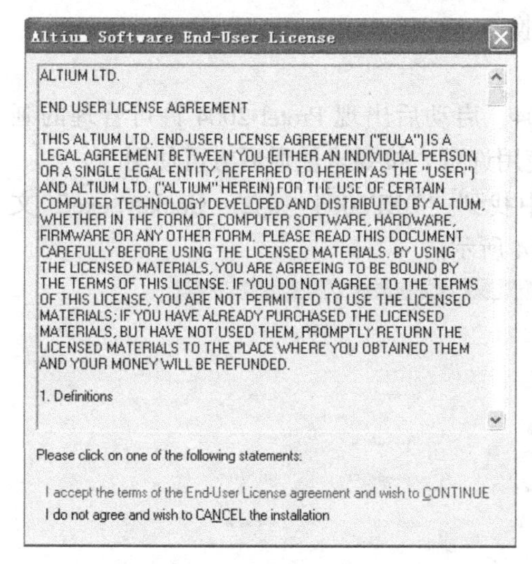

图 1-9　最终用户许可协议

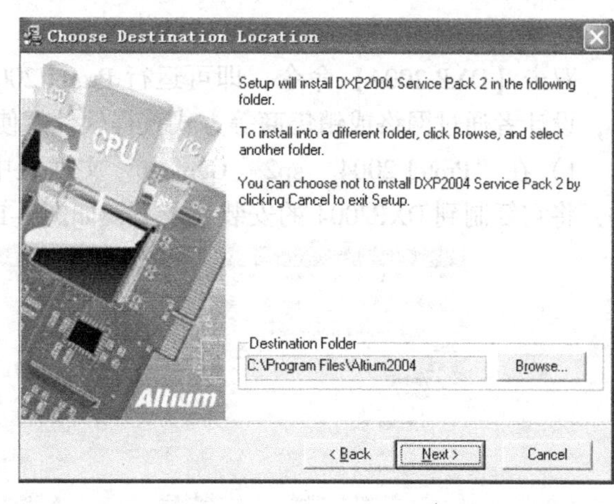

图 1-10　安装路径选择界面

3）选用默认路径安装，单击【Next】按钮，系统弹出准备安装软件的界面，如图 1-11 所示。

4）单击【Next】按钮，开始安装 SP2，并显示安装进度，如图 1-12 所示。

5）安装完成后，弹出完成界面，单击【Finish】按钮，完成安装，如图 1-13 所示。

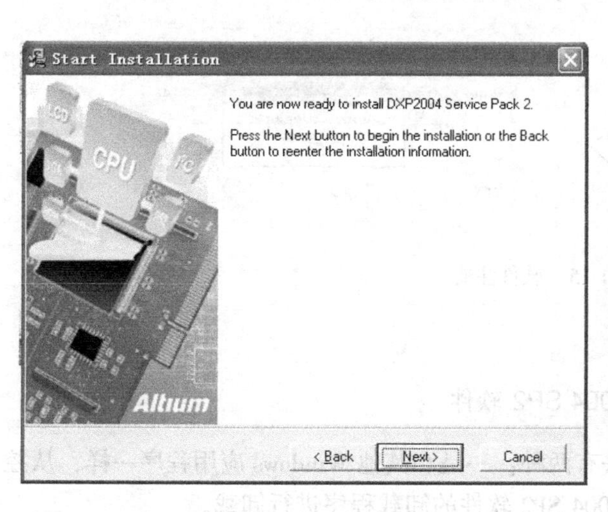

图 1-11　准备安装软件的界面

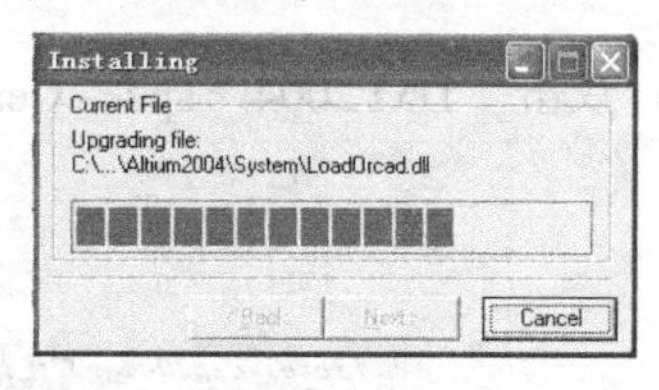

图 1-12　安装进度

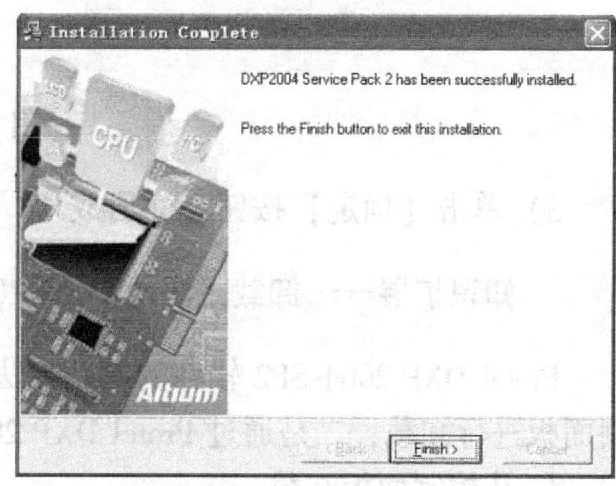

图 1-13　完成界面

（3）安装 Protel DXP 2004 SP2 元件库　打开安装目录文件夹，双击“DXP 2004 SP2 IntegratedLibraries. exe”文件，用类似方法安装该元件库。

（4）复制 Image 目录下的文件到安装目录下　打开“Image”文件夹，将“Examples”和“library”两个文件夹复制到安装目录下。在粘贴过程中，系统会弹出“确认文件夹替换”的对话框，单击【全部（A）】按钮，完成替换。

2. 激活 Protel DXP 2004 SP2 软件

双击【DXP 2004】命令，即可运行 Protel 2004，启动后出现 Protel 2004 许可管理的画面，设计者通过网络或销售商等方式获得软件的使用许可，按要求注册后方可使用。

1）在“Protel 2004 _ sp2 _ Genkey”文件夹中找到“DXP2004 _ sp2 _ Genkey. exe”文件，将它复制到 DXP2004 的安装目录下，如图 1-14 所示。

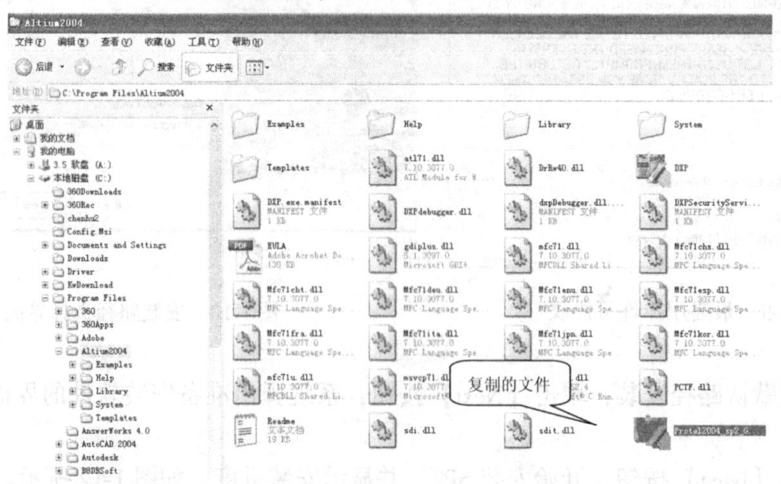

图 1-14　复制“DXP2004 _ sp2 _ Genkey. exe”文件到 DXP2004 的安装目录

2）双击“DXP2004 _ sp2 _ Genkey. exe”，软件开始注册，如图 1-15 所示。

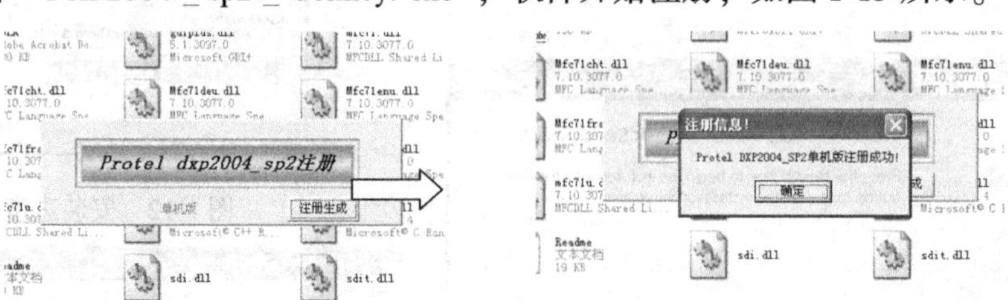

图 1-15　软件注册

3）单击【确定】按钮，注册成功。

知识扩展——卸载 Protel DXP 2004 SP2 软件

Protel DXP 2004 SP2 软件的卸载方法有两种：一是和其他 Windows 应用程序一样，从控制面板进行卸载；二是通过 Protel DXP 2004 SP2 软件的卸载程序进行卸载。

1. 从控制面板卸载

1）单击【开始】→【设置】→【控制面板】→【添加或删除程序】命令，弹出“添加或删除程序”对话框，单击对话框中的“DXP 2004”应用程序图标，如图 1-16 所示。

2）单击【删除】按钮，弹出确认删除对话框，如图 1-17 所示。

3）单击图 1-17 中的【是】按钮，即可确认删除 DXP 2004 应用程序。屏幕上出现删除初始化对话框，如图 1-18 所示。此时若单击【Cancel】按钮，则会退出软件卸载的状态。

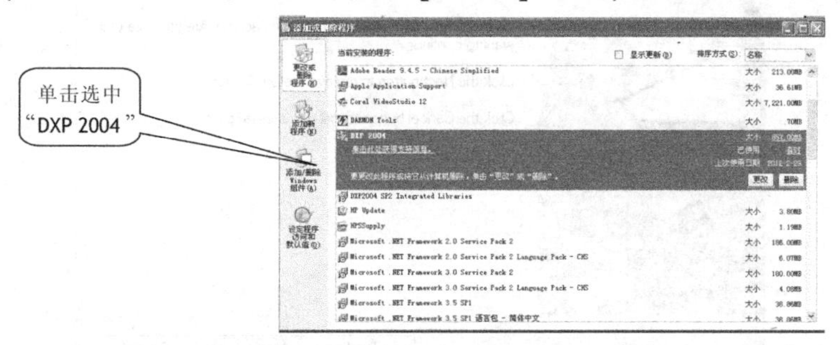

图 1-16　选中卸载软件 DXP 2004 的应用程序

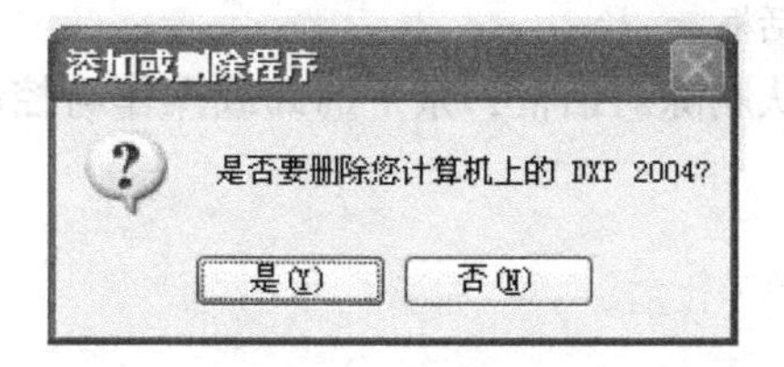

图 1-17　确认对话框

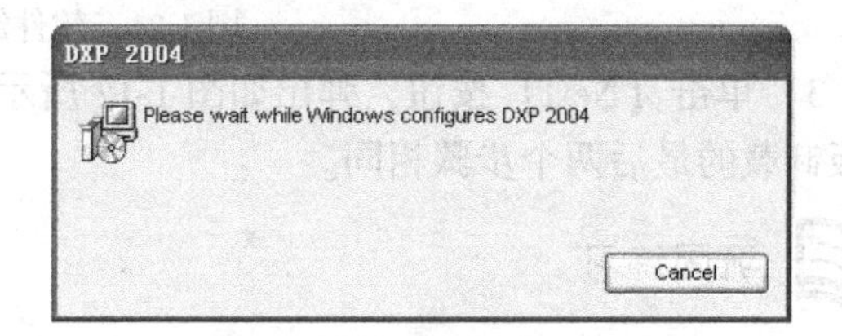

图 1-18　删除初始化对话框

4）经过软件删除初始化之后，会弹出软件卸载对话框，显示软件卸载的进度，如图 1-19 所示。

2. 通过 Protel DXP 2004 SP2 软件卸载

1）放入“Protel DXP 2004 SP2”安装光盘，或打开下载的 Protel DXP 2004 SP2 软件包，双击“setup. exe”文件。当安装程序检测到计算机已经安装了该软件以后，会启动软件维护对话框，如图 1-20 所示。

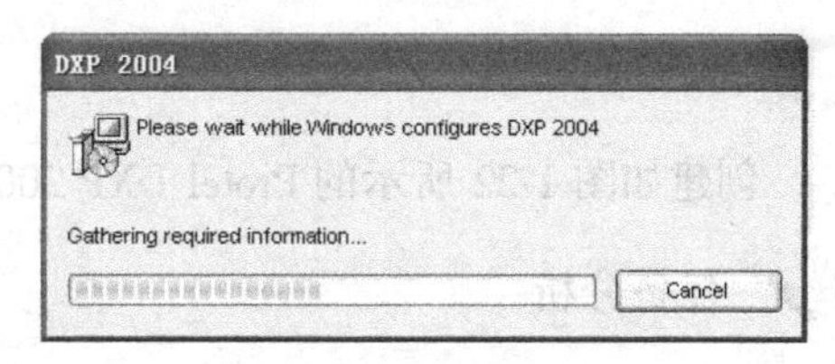

图 1-19　卸载进度对话框

2）选中“Remove”项，单击【Next】按钮，弹出软件卸载对话框，如图 1-21 所示。

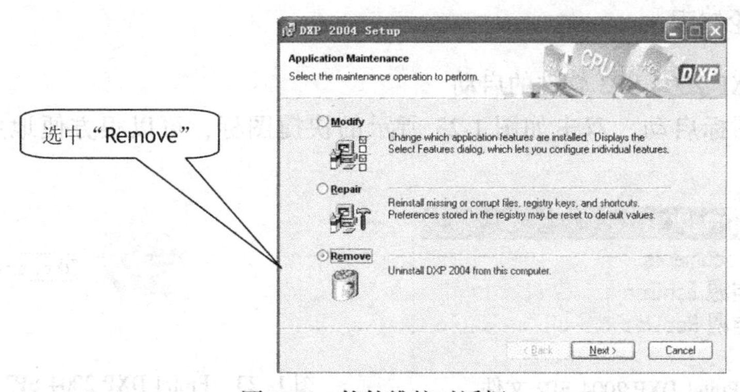

图 1-20　软件维护对话框

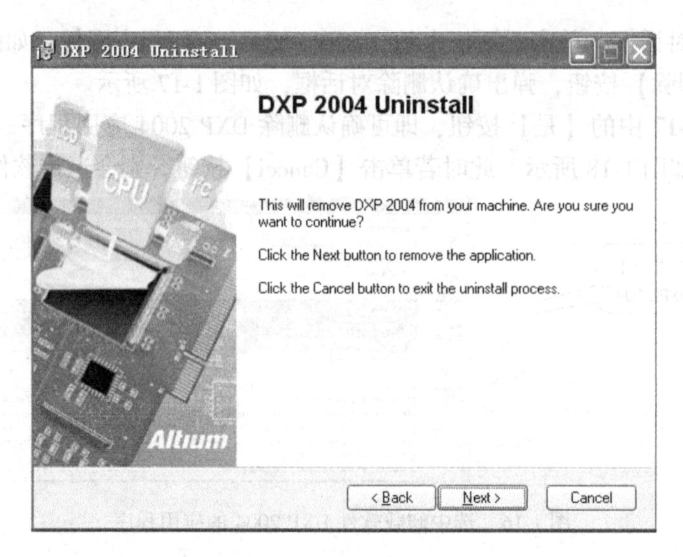

图 1-21　软件卸载对话框

3）单击【Next】按钮，弹出如图 1-17 所示的确认删除对话框，余下的卸载操作与控制面板卸载的最后两个步骤相同。

巩固练习

练习 Protel DXP 2004 SP2 软件的安装、激活和卸载。

任务 2　创建 Protel DXP 2004 SP2 文件

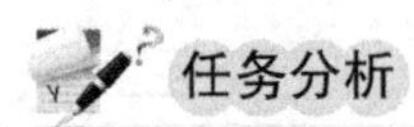

任务描述

创建如图 1-22 所示的 Protel DXP 2004 SP2 文件

任务分析

启动 Protel DXP 2004 SP2 软件，首先创建、保存项目文件，然后在项目文件下创建、保存原理图文件和 PCB 文件。

相关理论知识

1. Protel DXP 2004 SP2 软件的启动

（1）快捷图标启动　双击如图 1-23 所示的快捷图标，可以很方便地启动 Protel DXP 2004 SP2 软件。

图 1-22　Protel DXP 2004 SP2 文件

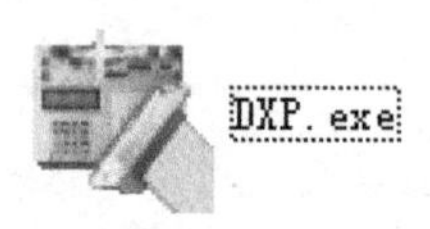

图 1- 23　Protel DXP 2004 SP2 软件快捷图标

（2）文件启动　双击如图 1-24 所示的 Protel DXP 2004 SP2 文件，启动 Protel DXP 2004 SP2 软件。

a）原理图文件　　b）项目文件　　c）PCB 文件

图 1-24　Protel DXP 2004 SP2 文件

（3）开始菜单启动　执行【开始】→【程序】→【Altium SP2】→【DXP 2004 SP2】，启动 Protel DXP 2004 SP2 软件。

2. Protel DXP 2004 SP2 软件文件的创建

（1）创建 PCB 项目文件　执行【文件】→【创建】→【项目】→【PCB 项目】，可以完成 PCB 项目文件的创建。

（2）创建原理图文件　执行【文件】→【创建】→【原理图】，可以完成原理图文件的创建。

（3）创建 PCB 项目文件　执行【文件】→【创建】→【PCB 文件】，可以完成 PCB 文件的创建。

3. Protel DXP 2004 SP2 文件的保存

（1）保存 PCB 项目文件　执行【文件】→【另存项目为】，打开项目保存对话框，选择保存地址和项目名称，单击“保存”按钮完成项目的命名与保存。

（2）保存原理图文件　在原理图工作界面，执行【文件】→【另存为】，打开原理图文件保存对话框，选择保存地址和文件名称，单击“保存”按钮完成原理图文件的命名与保存。

（3）保存 PCB 文件　在 PCB 工作界面，执行【文件】→【另存为】，打开 PCB 文件保存对话框，选择保存地址和文件名称，单击“保存”按钮完成 PCB 文件的命名与保存。

图 1-25　Protel DXP 2004 SP2 的文件管理结构

4. Protel DXP 2004 SP2 的文件管理

每一种软件都有自己的文件管理方式，Protel DXP 2004 SP2 采用工程项目文件结构，如图 1-25 所示。做项目设计时首先创建项目文件，然后在该项目下添加各种设计文件。

任务准备

双击 DXP.exe 图标，启动 Protel DXP 2004 SP2 软件，进入如图 1-26 所示的 Protel DXP 2004 SP2 主界面。

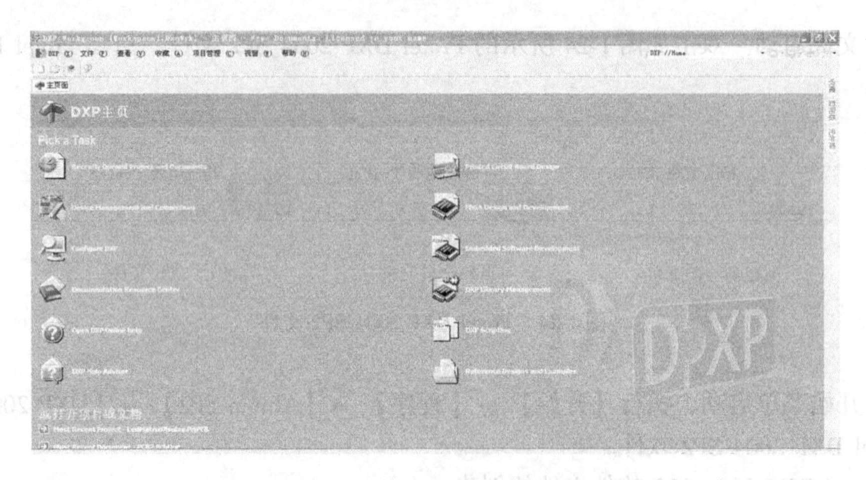

图 1-26　Protel DXP 2004 SP2 主界面

任务实施

1. 创建、保存稳压电源项目文件

（1）创建项目文件　执行【文件】→【创建】→【项目】→【PCB 项目】，完成 PCB 项目文件的创建，如图 1-27 所示。创建好的新项目文件如图 1-28 所示。

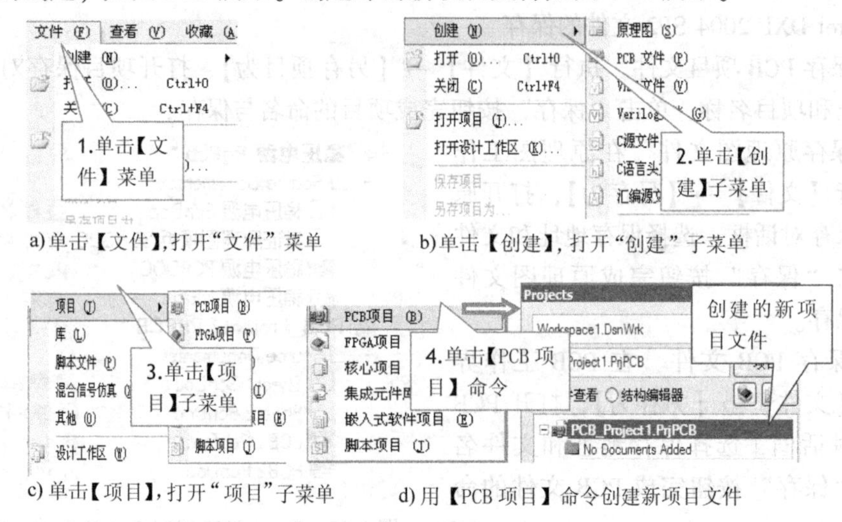

a) 单击【文件】，打开“文件”菜单　b) 单击【创建】，打开“创建”子菜单

c) 单击【项目】，打开“项目”子菜单　d) 用【PCB 项目】命令创建新项目文件

图 1-27　新建项目文件

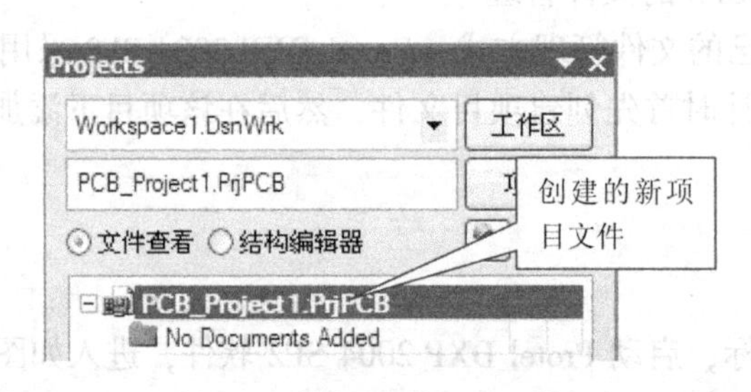

图 1-28　创建好的新项目文件

（2）保存项目文件　执行【文件】→【另存项目为】，打开项目保存对话框，把创建的项目文件命名为稳压电源，保存在 E 盘稳压电源文件夹中。保存、重命名新项目文件的操作方法如图 1-29 所示。完成重命名的稳压电源项目文件如图 1-30 所示。

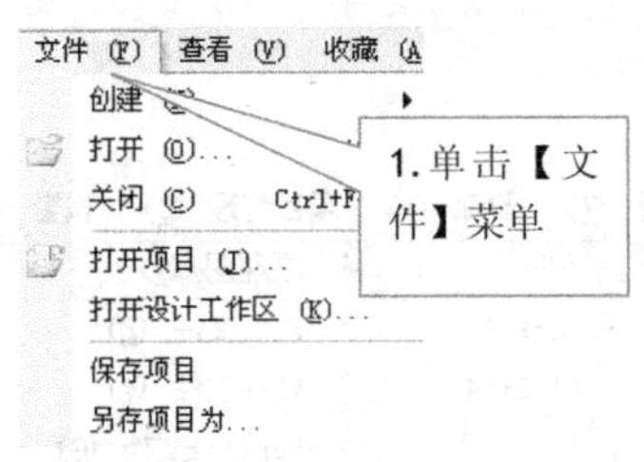

a) 单击【文件】，打开“文件”菜单

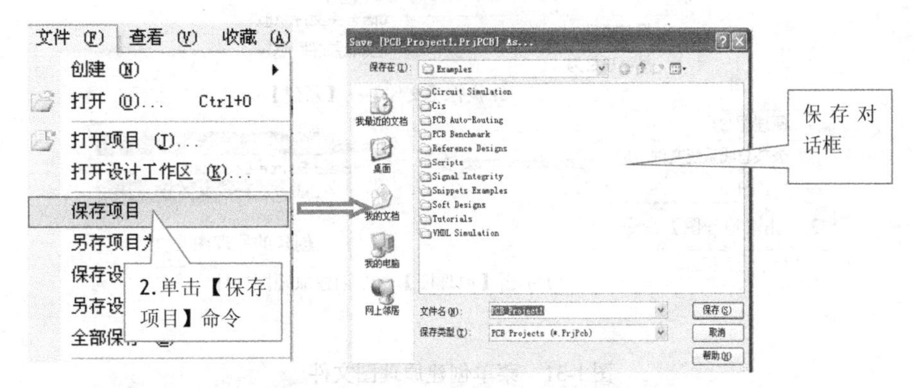

b) 用【保存项目】命令，打开“保存对话框”

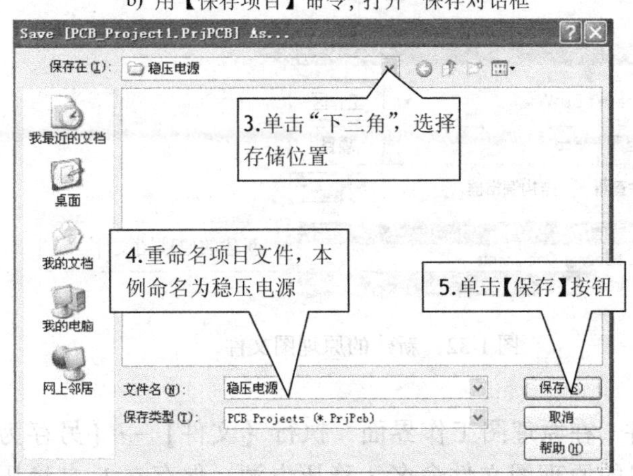

c) 选择存储位置，重命名、保存新项目文件

图 1-29　用菜单重命名、保存新项目文件的操作方法

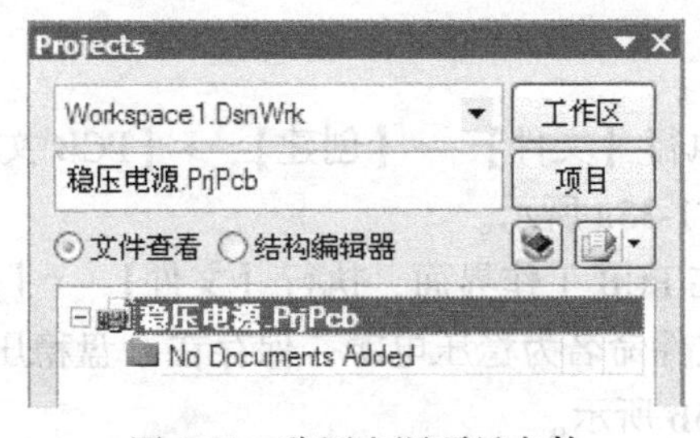

图 1-30　稳压电源项目文件

2. 创建、保存原理图文件

（1）创建原理图文件　执行【文件】→【创建】→【原理图】，在稳压电源项目文件下新建原理图文件，如图 1-31 所示。在稳压电源项目下创建的新原理图文件如图 1-32 所示。

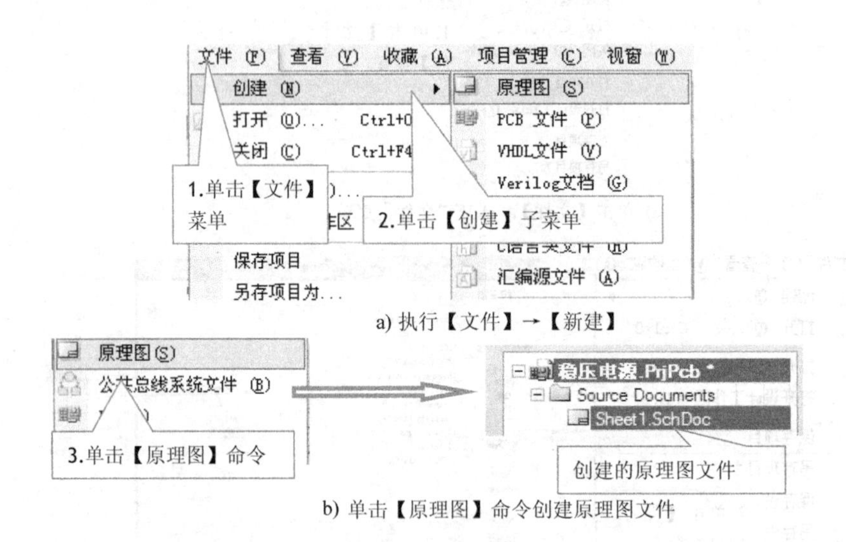

a) 执行【文件】→【新建】

b) 单击【原理图】命令创建原理图文件

图 1-31　菜单创建原理图文件

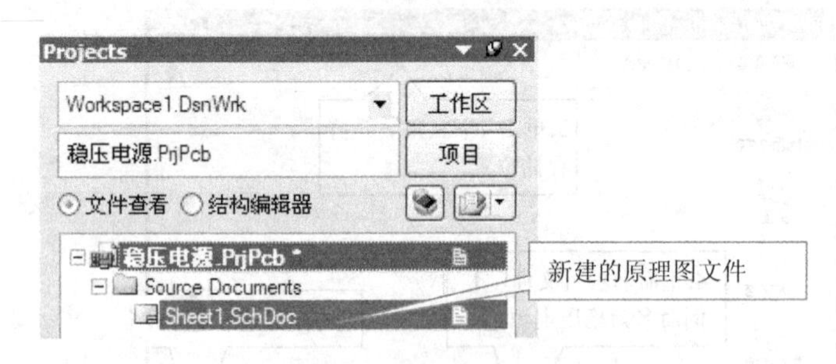

图 1-32　新建的原理图文件

（2）保存原理图文件　在原理图工作界面，执行【文件】→【另存为】，打开原理图文件保存对话框，把创建的原理图文件命名为稳压电源，保存在 E 盘稳压电源文件夹中。保存、重命名原理图文件的操作方法如图 1-33 所示。完成保存、重命名的原理图文件如图 1-34 所示。

3. 创建 PCB 文件

（1）创建 PCB 文件　执行【文件】→【创建】→【PCB 文件】，在稳压电源项目文件下新建的原理图文件，如图 1-35a 所示。

（2）保存 PCB 文件　在 PCB 工作界面，执行【文件】→【另存为】，打开 PCB 文件保存对话框，把创建的 PCB 文件命名为稳压电源，保存在 E 盘稳压电源文件夹中。完成保存、重命名的 PCB 文件如图 1-35b 所示。

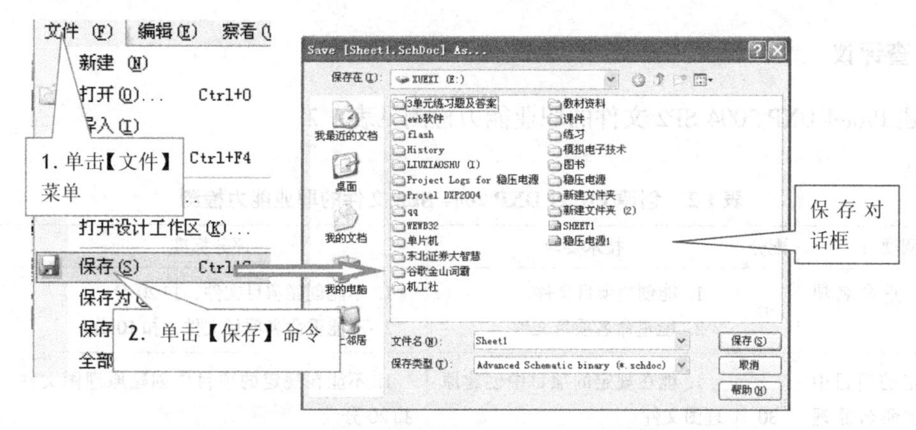

a) 执行【文件】→【保存】打开“文件保存”对话框

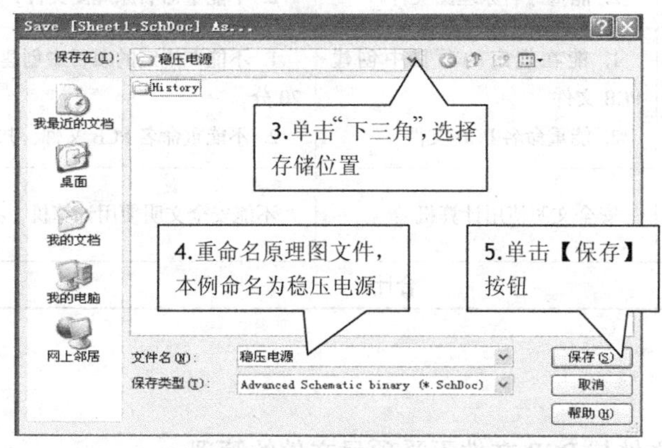

b) 选择存储位置、重命名、保存原理图文件

图 1-33　用菜单保存、重命名原理图文件的操作方法

图 1-34　创建成功的原理图文件

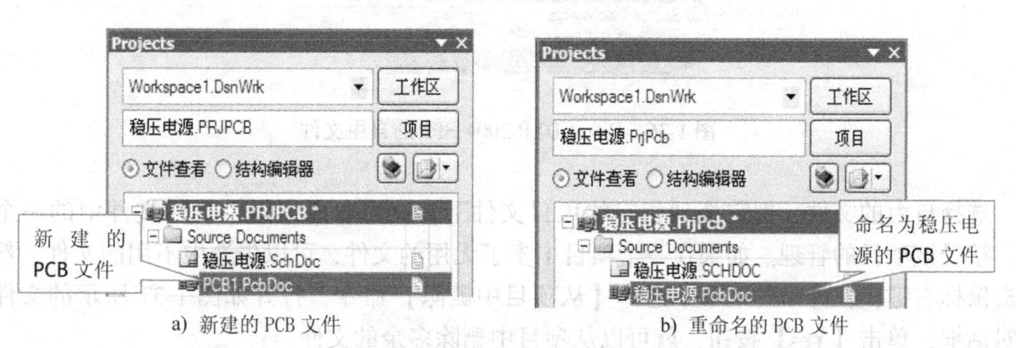

a) 新建的 PCB 文件　　　　b) 重命名的 PCB 文件

图 1-35　新建 PCB 文件

检查评议

创建 Protel DXP 2004 SP2 文件的职业能力检测见表 1-2。

表 1-2　创建 Protel DXP 2004 SP2 文件的职业能力检测

检测项目	配分	技术要求	评分标准	得分
创建、重命名项目文件	30	1. 能创建项目文件 2. 能重命名项目文件	1. 不能创建项目文件，扣 20 分 2. 不能重命名项目文件，扣 10 分	
在规定的项目中创建、重命名原理图文件	30	1. 能在规定的项目中创建原理图文件 2. 能重命名原理图文件	1. 不能在规定的项目中创建原理图文件，扣 20 分 2. 不能重命名原理图文件，扣 10 分	
在规定的项目中创建、重命名 PCB 文件	30	1. 能在规定的项目中创建 PCB 文件 2. 能重命名 PCB 文件	1. 不能在规定的项目中创建 PCB 文件，扣 20 分。 2. 不能重命名 PCB 文件，扣 10 分	
安全文明使用计算机	10	安全文明使用计算机	不能安全文明使用计算机，扣 1 ~ 10 分	
合计				

问题及防治

1. 创建的原理图文件与 PCB 文件不受项目文件的管理

启动 Protel DXP 2004 SP2 软件后，如果首先创建原理图文件与 PCB 文件，然后创建项目文件，则新建的原理图文件与 PCB 文件会成为自由文件，不受项目文件的管理，如图 1-36 所示。

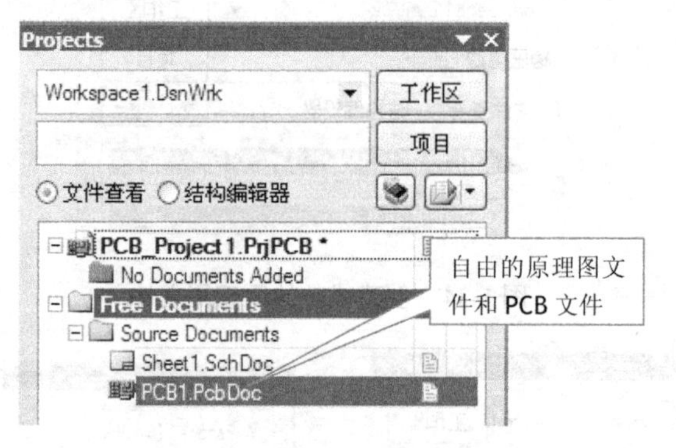

图 1-36　Protel DXP 2004 SP2 的自由文件

选择自由的文件，把它拖到相应的项目文件下，就可以成为这个项目文件中的一个文件，接受该项目的管理。如果在一个项目中多了无用的文件，可以先选中不用的文件，然后单击鼠标右键，在弹出的菜单中选择【从项目中删除】命令，打开如图 1-37 所示的文件删除对话框，单击【Yes】按钮，就可以从项目中删除多余的文件。

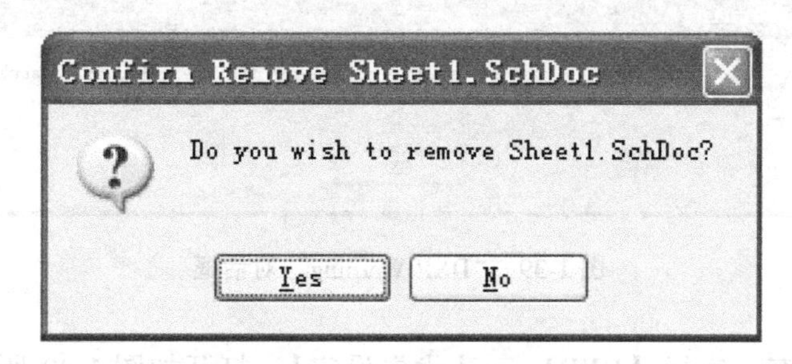

图 1-37 文件删除对话框

2. Protel DXP 2004 SP2 软件无法创建文件

当 Protel DXP 2004 SP2 软件没有激活的时候，文件菜单中的一些命令，如创建【原理图】命令、【PCB 文件】命令等是灰色的，此时无法新建原理图文件与 PCB 文件，必须将 Protel DXP 2004 SP2 软件激活以后，才可以正常使用。

知识扩展——Protel DXP 2004 SP2软件的中英文切换方法

在英文菜单状态，执行【DXP】→【Preferences】，打开如图 1-38 所示的“Preferences”对话框，在“Localization”区中取消“Use localized resources”的复选框，此时会自动弹出如图 1-39 所示的“ DXP Warning”对话框，单击其中的【OK】按钮关闭此对话框，再单击“Preferences”对话框中的【OK】按钮，然后关闭并重新启动 Protel DXP 2004 SP2 软件，就可以把英文菜单切换为中文状态。

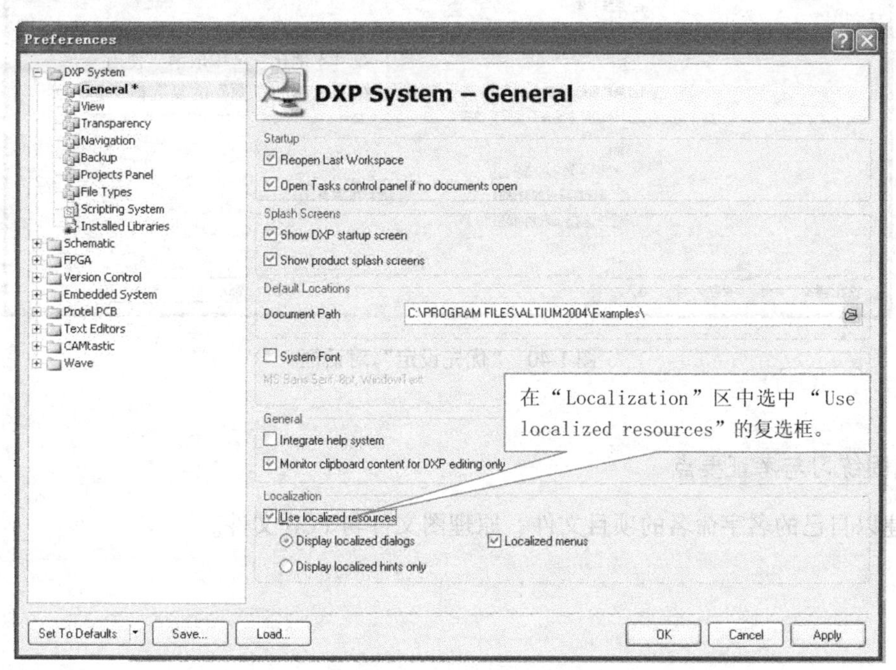

图 1-38 “Preferences”对话框

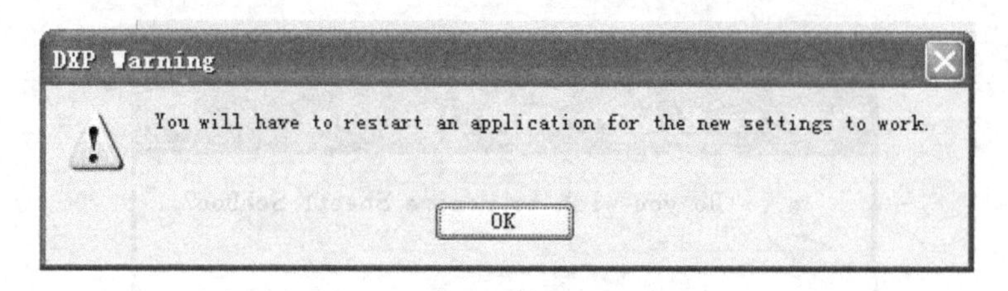

图 1-39 “DXP Warning”对话框

在中文菜单状态，执行【DXP】→【优先设定】，打开如图 1-40 所示的“优先设定”对话框，在“本地化”区中取消“使用经本地化的资源”的复选框，此时会自动弹出如图 1-39 所示的“ DXP Warning”对话框，单击【OK】按钮关闭此对话框，再单击“优先设定”对话框中的【OK】按钮，然后关闭并重新启动 Protel DXP 2004 SP2 软件，就可以把中文菜单切换为英文菜单状态。

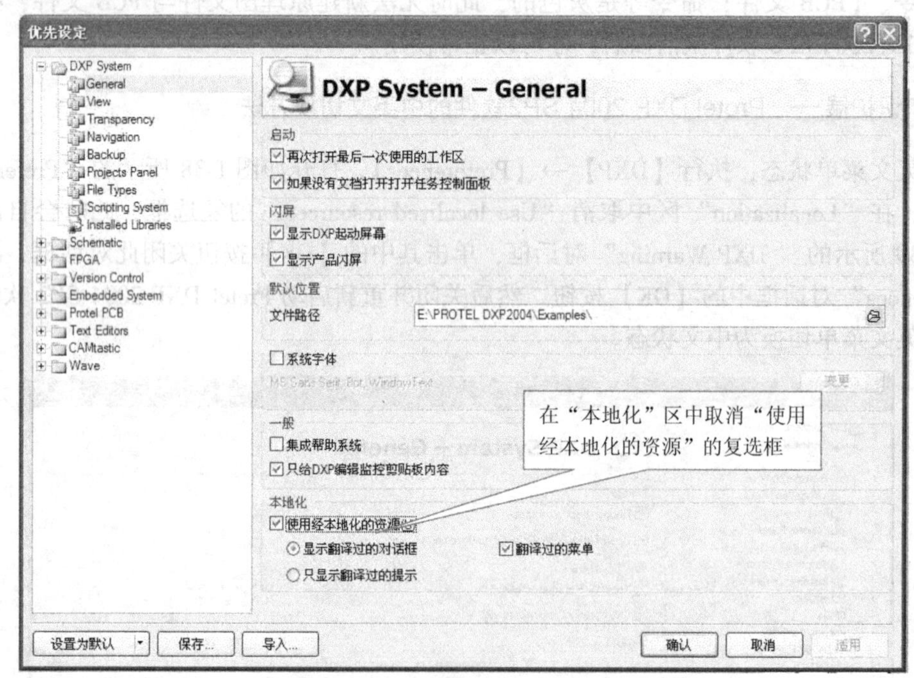

图 1-40 “优先设定”对话框

巩固练习与考证要点

创建以自己的名字命名的项目文件、原理图文件与 PCB 文件。

项目二　设计电路原理图

2

知识目标

♪1. 了解原理图的设计流程。
♪2. 掌握元器件放置、查找方法。
♪3. 熟悉元器件属性与编辑方法。
♪4. 理解总线的概念，掌握总线绘制原理图的方法。
♪5. 了解层次原理图的概念与设计方法。
♪6. 了解原理图编译中常见的错误以及查错方法。

技能目标

♪1. 会加载常用元器件库至当前项目中，会删除多余的元器件库。
♪2. 会创建项目文件与原理图文件。
♪3. 会使用元件库，会放置元器件，会修改元器件属性。
♪4. 能创建原理图库、绘制元器件、使用元器件。
♪5. 会编译原理图，会生产网络表与元器件清单。
♪6. 会保存、打印原理图。
♪7. 能用总线绘制原理图。
♪8. 能设计层次原理图。

任务1　设计稳压电源电路原理图

任务描述

用 Protel DXP 2004 软件绘制如图 2-1 所示的稳压电源原理图。

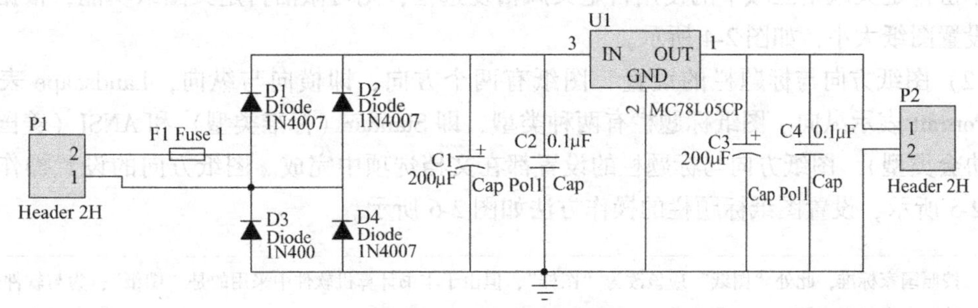

图 2-1　稳压电源原理图

任务分析

绘制稳压电源原理图需要先新建稳压电源项目文件与原理图文件，并加载常用元器件库至当前的项目中，然后在原理图的工作区放置元器件并布线，最后检查、修改、保存稳压电源原理图文件。用 Protel DXP 2004 软件绘制稳压电源原理图的流程图如图 2-2 所示。

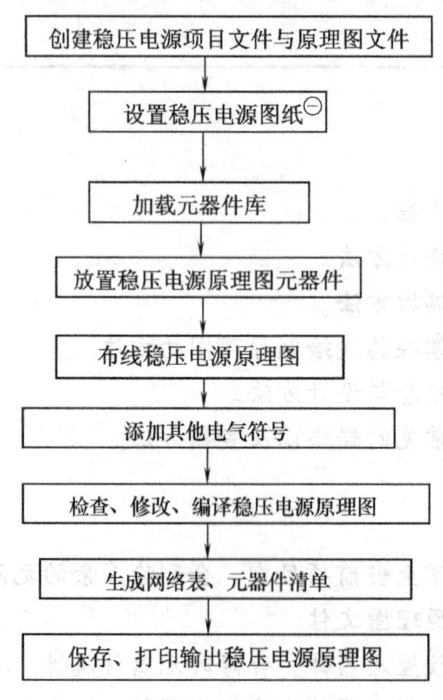

图 2-2　绘制稳压电源原理图流程图

相关理论知识

1. 原理图图纸的设置

为了让图纸符合自己的设计要求，还需要对图纸进行相应的设置，图纸设置包括图纸大小、图纸方向、图纸标题栏、图纸颜色、图纸网格和系统字体等。

（1）图纸大小的设置　图纸大小的设置分为标准图纸大小的设置与自定义图纸大小的设置两种。Protel DXP 2004 默认的图纸大小为 A4。设置标准图纸大小的操作方法如图 2-3 所示。

单击自定义风格区域中的使用自定义风格复选框，则可激活自定义图纸功能，根据自己需要设置图纸大小，如图 2-4 所示。

（2）图纸方向与标题栏的设置　图纸有两个方向，即横向与纵向，Landscape 表示横向，Portrait 表示纵向。图纸标题栏有两种类型，即 Standar（标准类型）和 ANSI（美国国家标准协会类型）。图纸方向与标题栏的设置都在文档选项中完成。图纸方向的设置操作方法如图 2-5 所示，设置图纸标题栏的操作方法如图 2-6 所示。

㊀ 按照国家标准，此处“图纸”应该改为“图样”，但由于本书计算机软件中采用的是“图纸”，为与软件保持一致，本书对于“图纸”不作改动。

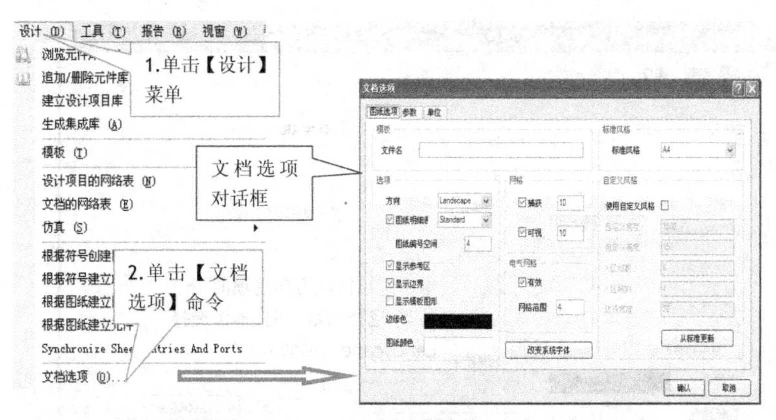

a）执行【设计】→【文档选项】打开“文档选项”对话框

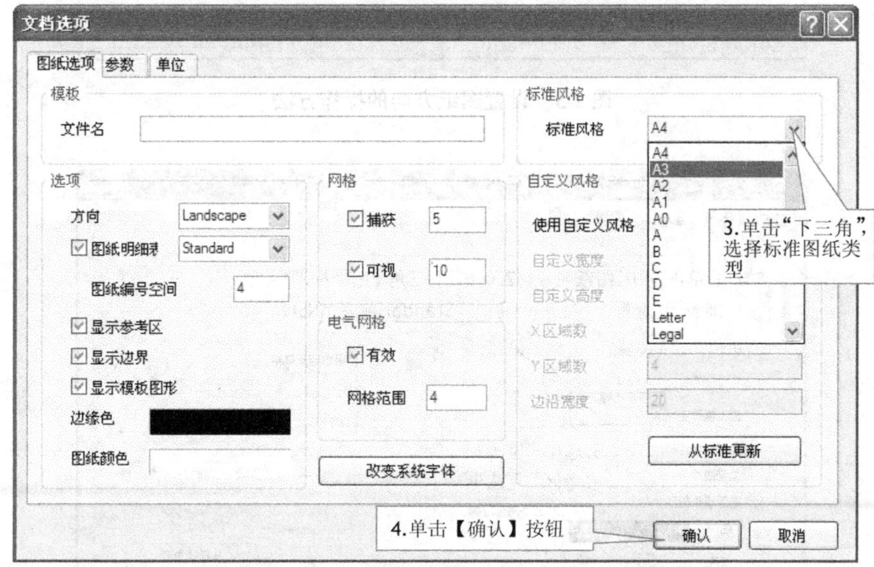

b）单击标准风格区域的下三角，选择标准图纸类

图 2-3　设置标准图纸大小的操作方法

图 2-4　自定义图纸大小

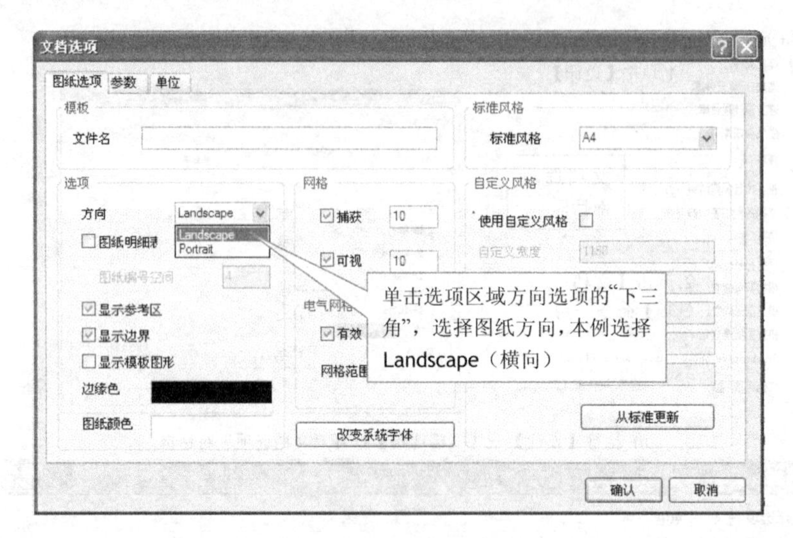

图 2-5　设置图纸方向的操作方法

图 2-6　设置图纸标题栏的操作方法

设置为 Standar 标题栏的效果如图 2-7 所示，如果标题栏类型选择 ANSI，其效果图如图 2-8 所示。

<table>
<tr><td colspan="4">Title</td></tr>
<tr><td>Size
A3</td><td colspan="2">Number</td><td>Revision</td></tr>
<tr><td>Date:</td><td>2011-6-14</td><td colspan="2">Sheet of</td></tr>
<tr><td>File:</td><td>Sheet1.SchDoc</td><td colspan="2">Drawn By:</td></tr>
</table>

图 2-7　Standar 标题栏

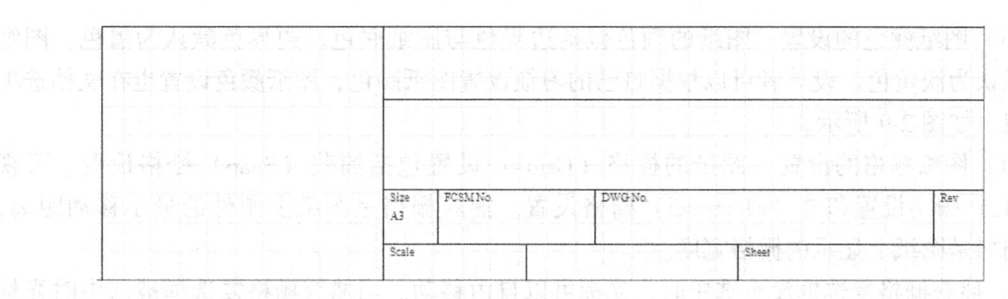

图 2-8 ANSI 标题栏

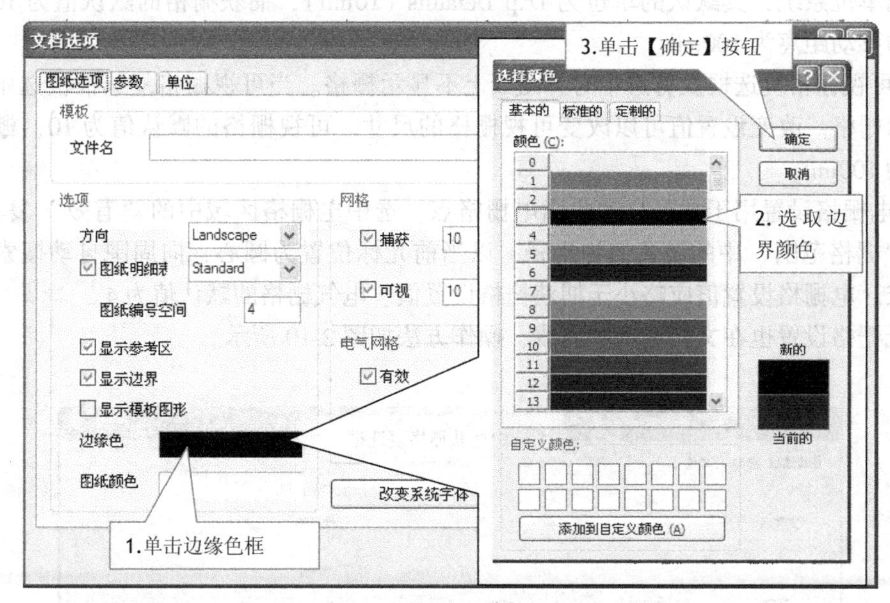

a) 设置图纸边缘色（边界颜色）

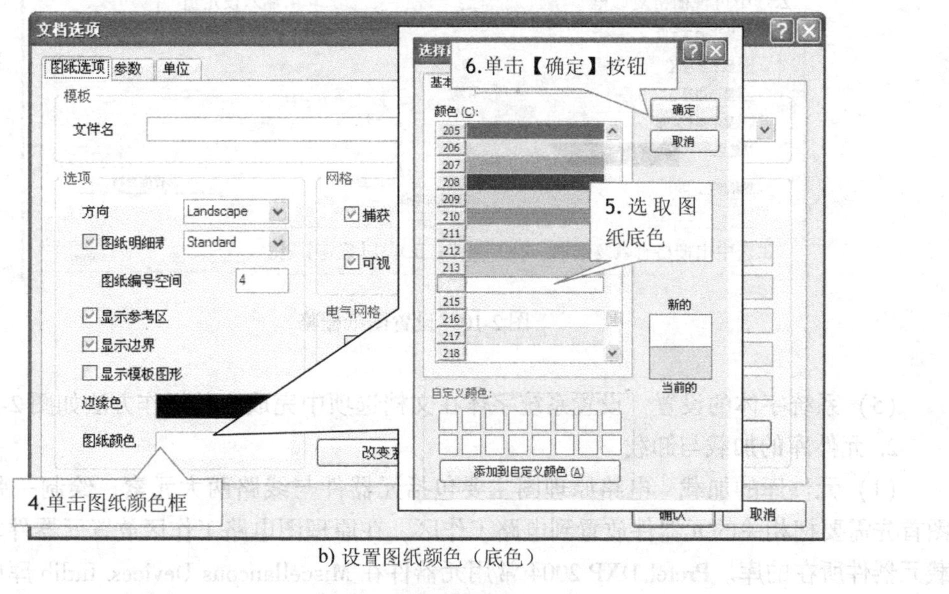

b) 设置图纸颜色（底色）

图 2-9 设置图纸颜色

（3）图纸颜色的设置　图纸的颜色包括边界色与图纸底色。边界色默认为黑色，图纸底色默认为淡黄色。设计者可以根据自己的习惯设置图纸颜色，图纸颜色设置也在文档选项中完成，如图 2-9 所示。

（4）图纸栅格的设置　图纸的栅格（Grids）设置包括捕获（Snap）栅格设置、可视（Visible）栅格设置和电（Electrical）栅格设置。捕获栅格是图纸上图件的最小移动距离，可视栅格是图纸上显示的栅格宽度。

1）捕获栅格复选框没有选中时，光标可以自由移动。当捕获栅格复选框被选中时光标的最小移动距离为设置值。改变设置值可以改变光标的最小移动间距。Protel DXP 2004 默认采用英制单位系统，其默认的单位为 Dxp Defaults（10mil），捕获栅格的默认值为 10，即光标默认的移动距离为 100mil。

2）可视栅格复选框没有选中时，图纸上不显示栅格。当可视栅格复选框被选中时，图纸上显示栅格。改变设置值可以改变可视栅格的尺寸。可视栅格的默认值为 10，栅格的默认间距为 100mil。

3）电栅格设置用于是否自动收索电栅格点。选中电栅格区域中的“有效”复选框时，系统以“栅格范围”中的设置值为半径，以当前光标位置为圆心，向周围自动搜索可连接电气节点。电栅格设置值应略小于捕获栅格设置值。电气栅格的默认值为 4。

图纸栅格设置也在文档选项中完成，操作方法如图 2-10 所示。

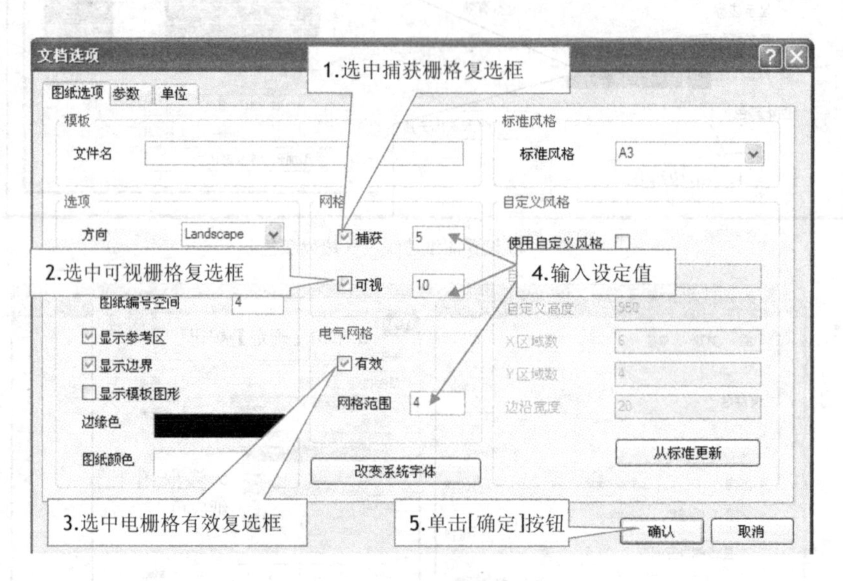

图 2-10　设置图纸栅格

（5）系统字体的设置　设置系统字体在文档选项中完成，其操作方法如图 2-11 所示。

2. 元件库的加载与卸载

（1）元件库的加载　电路原理图主要包括元器件与线路两大元素。绘制一张电气原理图首先需要把相关的元器件放置到电路工作区，在原理图电路工作区放置元器件之前必须加载元器件所在的库。Protel DXP 2004 常用元器件在 Miscellaneous Devices. Intlib 库中，常用的插件在 Miscellaneous Connectors. Intlib 库中，加载库的步骤如图 2-12 所示。

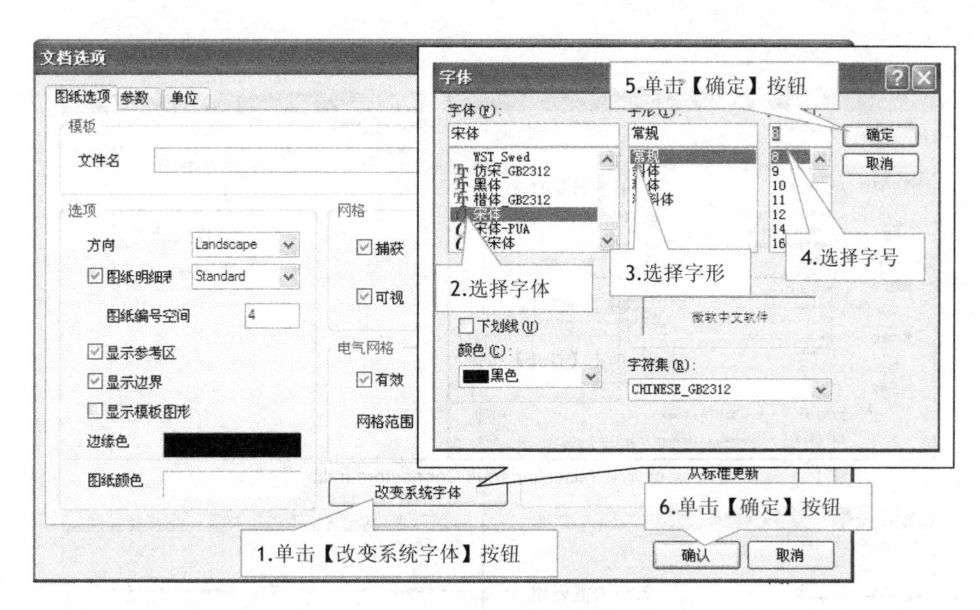

图 2-11 设置系统字体

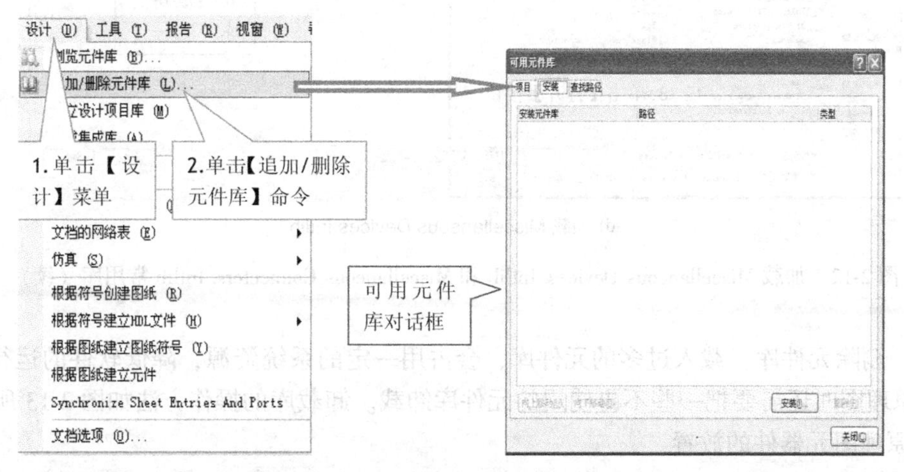

a) 执行【设计】→【追加/删除元件库】打开“可用元件库”对话框

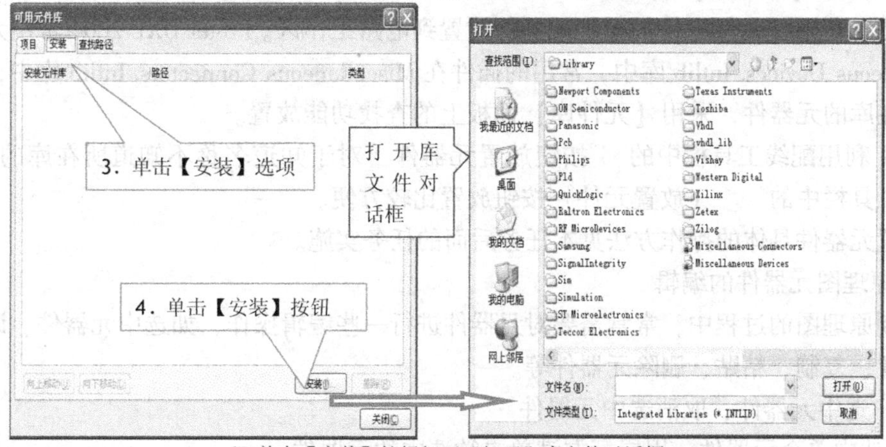

b) 单击【安装】按钮打开“打开”库文件对话框

图 2-12 加载 Miscellaneous Devices. Intlib 和 Miscellaneous Connectors. Intlib 常用库

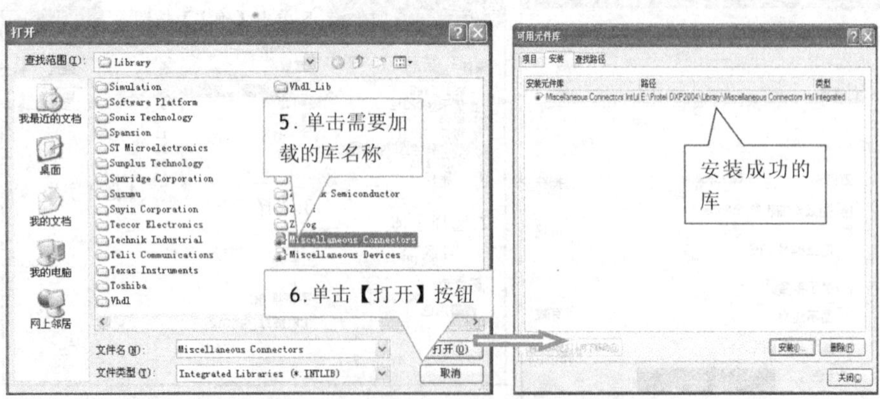

c) 加载 Miscellaneous Connectors.Intlib

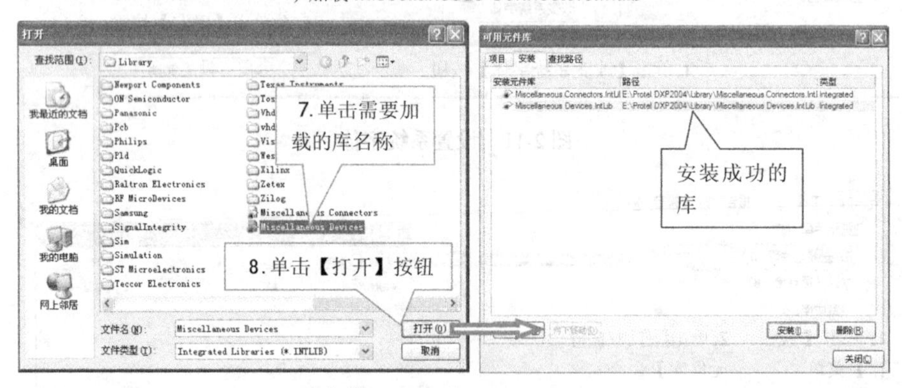

d) 加载 Miscellaneous Devices.Intlib

图 2-12　加载 Miscellaneous Devices. Intlib 和 Miscellaneous Connectors. Intlib 常用库（续）

（2）删除元件库　载入过多的元件库，会占用一定的系统资源，降低软件的运行速度，在绘制原理图时还需要把一些不再使用的元件库卸载。卸载库的操作方法如图 2-13 所示。

3. 原理图元器件的放置

（1）利用【元件库】面板放置元器件　绘制原理图时要找到图中每个元器件所在的元件库，然后利用【元件库】面板把元器件放置到电路工作区。Protel DXP 2004 常用元器件在 Miscellaneous Devices. Intlib 库中，常用的插件在 Miscellaneous Connectors. Intlib 库中，对于不知道所在库的元器件，采用【元件库】面板上的查找功能放置。

（2）利用配线工具栏中的 按钮放置元器件　对于知道名称不知道所在库的元器件，用配线工具栏中的 （放置元件）按钮放置比较方便。

放置元器件具体的操作方法见本任务后面的任务实施。

4. 原理图元器件的编辑

绘制原理图的过程中，常常需要对元器件进行一些编辑操作，如选中元器件、调整元器件的位置、复制、粘贴、删除元器件等。

（1）选中元器件、取消选中元器件

1）选中单个元器件。用鼠标左键单击欲选中的元器件。

2）选中多个元器件。按住 Shift 键的同时，依次用鼠标左键单击欲选中的元器件。

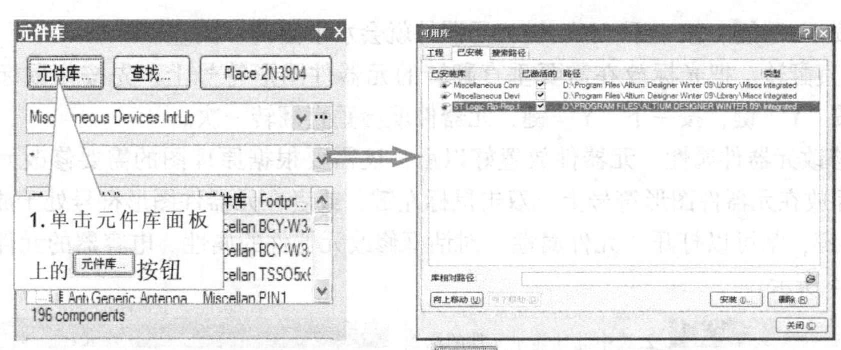

a) 单击元件库面板上的 元件库... 按钮打开可用库对话框

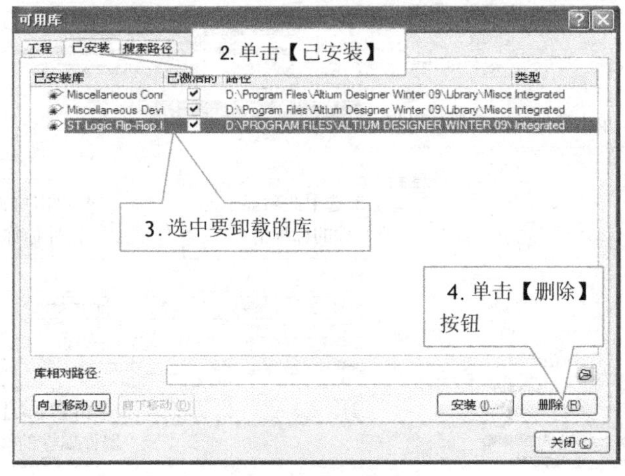

b) 删除多余的元件库

图 2-13 卸载多余的元件库

3）选中某矩形区域的元器件。按住鼠标左键，在电路工作区的适当位置拖出一个矩形区域，该区域内的元器件同时被选中。

4）取消选中的元器件。单击工具栏中的按钮或者单击电路工作区的空白部分就可以取消选中的全部元器件，欲取消被选中区域内某一个元器件，只需在按住 Shift 键的同时，单击要取消的元器件即可。

（2）移动元器件

1）移动单个元器件。先选中要移动的元器件，然后按住鼠标左键拖动该元器件即可。

2）移动多个元器件。先选中要移动的元器件，然后按住鼠标左键拖动其中任意一只元器件即可。

（3）复制、粘贴、删除元器件　对选中的元器件，使用原理图标准工具栏中的剪切、复制、粘贴快捷图标，便可实现元器件的剪切、复制、粘贴。Protel DXP 2004 软件复制、粘贴、删除元器件的快捷图标和操作方法与 Word 文档基本相同。

（4）旋转元器件

1）旋转操作。选中欲旋转的元器件，按键盘空格键可以沿逆时针方向将元器件旋转 90°。

2）水平翻转。把光标放在需要水平翻转的元器件图形符号上，先按住鼠标左键不松手，然后按“X”键，按一下“X”键，元器件就会水平翻转一次。

3）垂直翻转。把光标放在需要垂直翻转的元器件图形符号上，先按住鼠标左键不松手，然后按“Y”键，按一下“Y”键，元器件就会垂直翻转一次。

（5）修改元器件属性　元器件放置好以后，还需要根据原理图的需要修改元器件的属性。把光标放在元器件图形符号上，双击鼠标左键，或者在元器件图形符号处于放置状态时按“Tab”键，都可以打开“元件属性”对话框修改元器件的属性。电容器的元件属性对话框如图 2-14 所示。

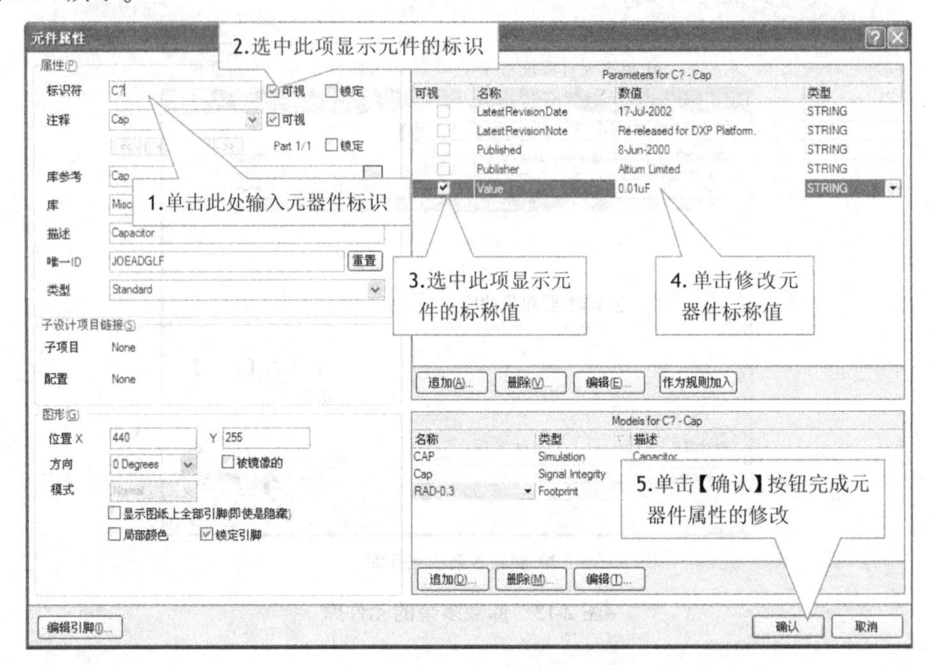

图 2-14　电容器的元件属性对话框

在图 2-14 中，“标识符”用于设置元件标识，在同一个电路中，元器件的标识不能重复。对于没有型号的元件器，其“注释”系统默认为元器件的名称；对于有型号的元器件，其“注释”系统默认为元器件的型号。对于有标称值的元器件，需要在“Value”选项中填入元器件的标称值，如果需要在图中显示元器件的某些信息，则需要选中相应的可视选项。一般情况选择显示元器件的标识，隐藏元器件的注释。

5. 原理图的电气连接

放置好元器件后，还需要在元器件的引脚间放置导线，实现元器件间的电气连接，从而实现电路功能。

（1）放置导线　执行【放置】→【导线】，或者单击配线工具栏中的按钮，使光标变成“十”形状，进入导线放置状态，此时在电路工作区单击鼠标左键可以确定一条导线的起点，拖动鼠标并再次单击鼠标左键，可以确定这条导线的终点，单击鼠标右键，完成这根导线的放置，再次单击鼠标右键，光标退出导线状态。

（2）导线的转角　放置导线时，系统默认的转角角度为“90°”，在光标处于“放置导线”的状态下，即光标成“十”形状时，按“Shift”＋“空格键”可以使导线的转角在

“90°”、“45°” 和任意角度之间切换。

（3）放置接点 两根导线呈“T”相交时，系统会自动放置接点，但是对于呈“+”相交的导线，系统不会自动放置接点，如果想使成“+”相交的两根导线具有电气连接关系，还需要人工放置节点。执行【放置】→【手工放置接点】，使光标变成形状，进入放置节点状态，在需要放置节点的位置单击鼠标左键，就可以完成一个节点的放置，单击鼠标右键就可以退出节点放置状态。

6. 原理图的编译

（1）设置编译参数 在对原理图进行编译之前可以设置编译参数，指定各种电气错误的违规等级。执行【项目管理】→【项目管理选项】，打开“项目编译设置”对话框，单击【Error Reporting】选项设置违规等级。违规等级主要分为“No Report” （无报告）、“Warning”（警告）、“Error”（错误）和“Fatal Error”（严重错误）四个等级。

当用户修改了编译参数以后，可以单击【设置为默认值】按钮恢复系统的默认参数，设置编译参数的操作方法如图 2-15 所示。

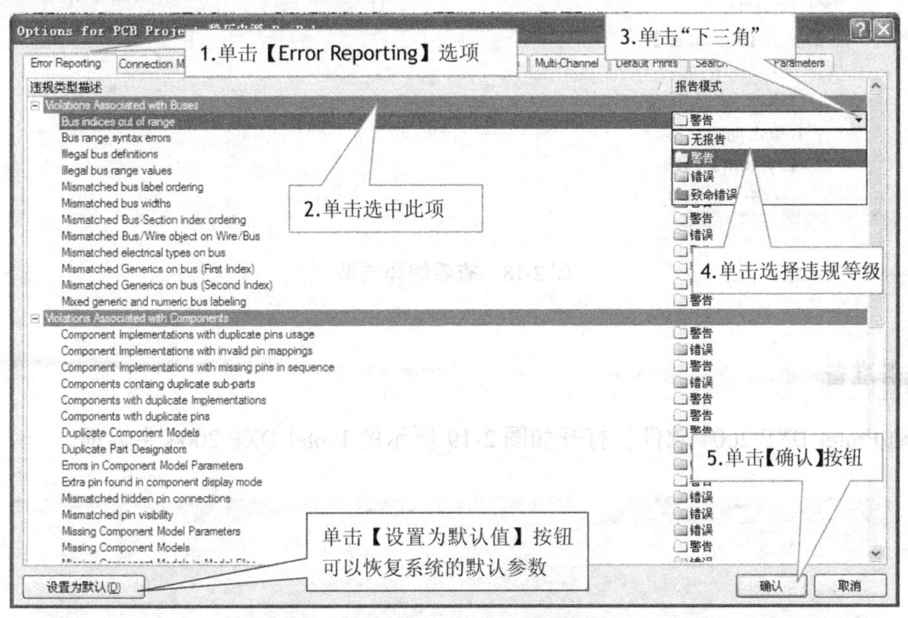

图 2-15 设置编译参数的操作方法

（2）编译原理图 执行【项目管理】→【Compile Document】，可以编译当前原理图。执行【项目管理】→【Compile PCB Project】，可以对当前项目中所有的原理图进行编译。如果原理图中存在错误，系统会自动弹出错误信息报告面板“Messages”，如图 2-16 所示。

图 2-16 错误信息报告面板【Messages】

双击错误信息报告面板“Messages”里面的【Error】错误信息选项，系统会自动弹出编译错误面板“Compile Errors”，如图 2-17 所示。

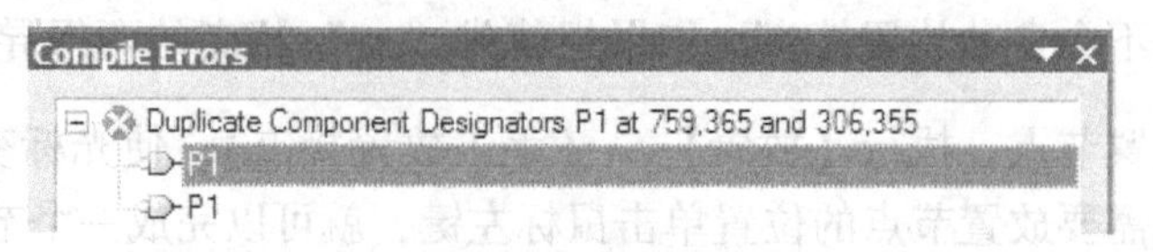

图 2-17　编译错误面板【Compile Errors】

如果原理图没有错误，错误信息报告面板“Messages”不会自己弹出，可以按照图 2-18 所示的操作方法查看编译结果。

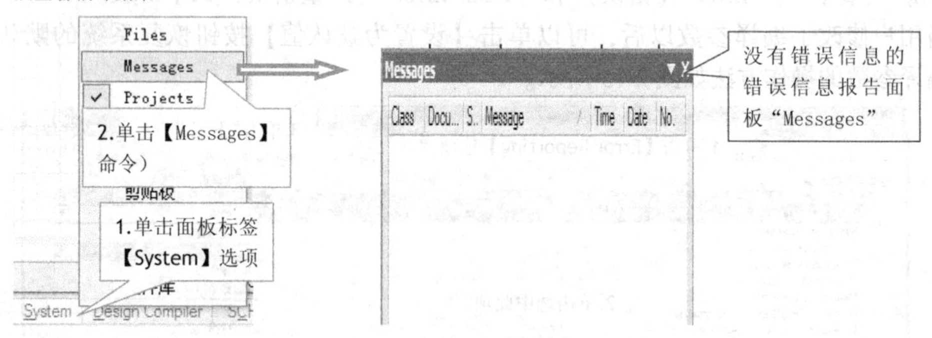

图 2-18　查看编译结果

任务准备

启动 Protel DXP 2004 软件，打开如图 2-19 所示的 Protel DXP 2004 主界面。

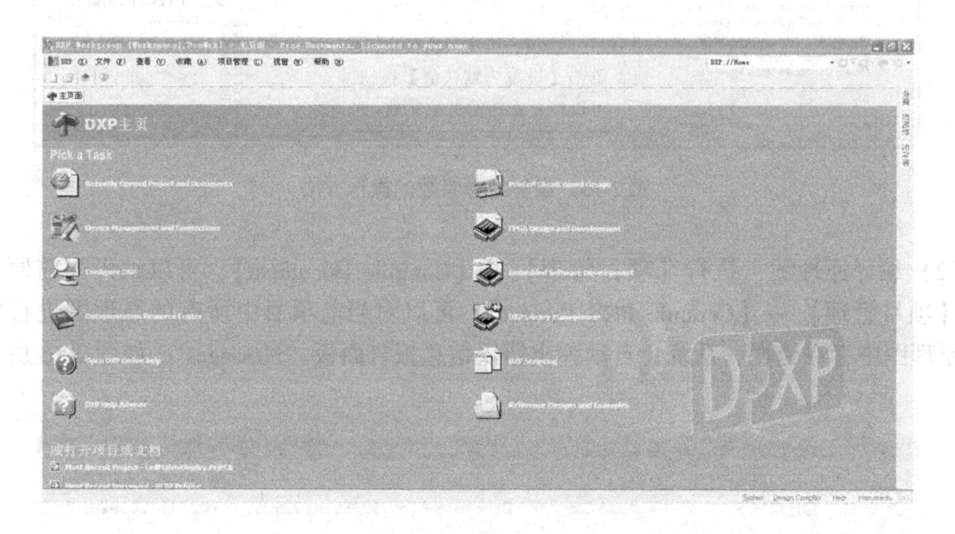

图 2-19　Protel DXP 2004 主界面

任务实施

1. 创建稳压电源项目文件与原理图文件

（1）创建稳压电源项目文件　执行【文件】→【创建】→【项目】→【PCB 项目】，创建 PCB 项目文件，执行【文件】→【另存项目为】，打开项目保存对话框，把创建的项目文件命名为稳压电源，保存在 E 盘稳压电源文件夹中。创建好的稳压电源项目文件工作界面如图 2-20 所示。

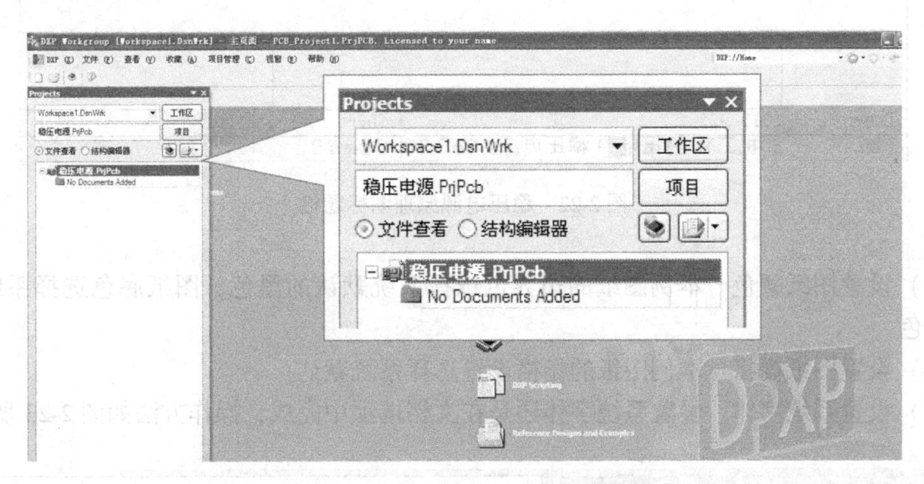

图 2-20　稳压电源项目文件工作界面

（2）在稳压电源项目文件下创建稳压电源原理图文件　执行【文件】→【创建】→【原理图】，创建原理图文件，执行【文件】→【另存为】，打开原理图保存对话框，把创建的原理图文件命名为稳压电源，保存在 E 盘稳压电源文件夹中。创建成功的项目文件与原理图文件如图 2-21 所示。

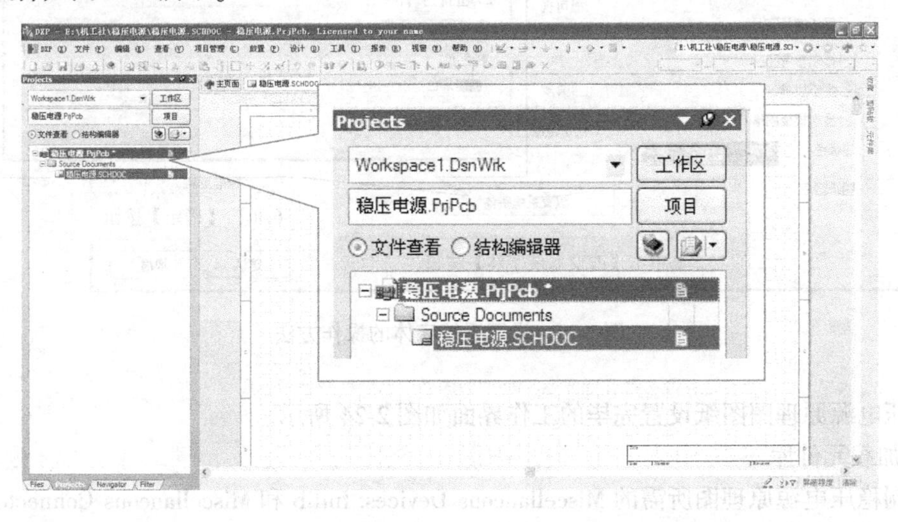

图 2-21　稳压电源项目文件与原理图文件

2. 设置稳压电源原理图图纸

（1）设置图纸大小　本例选择系统默认的 A4 图纸。

（2）设置图纸方向与标题栏　本例图纸方向选择 Landscape（横向），标题栏选择 Standar（标准类型），图纸方向与标题栏的设置都在文档选项中完成，其操作方法如图 2-5、图 2-6 和图 2-7 所示。稳压电源标题栏效果图如图 2-22 所示。

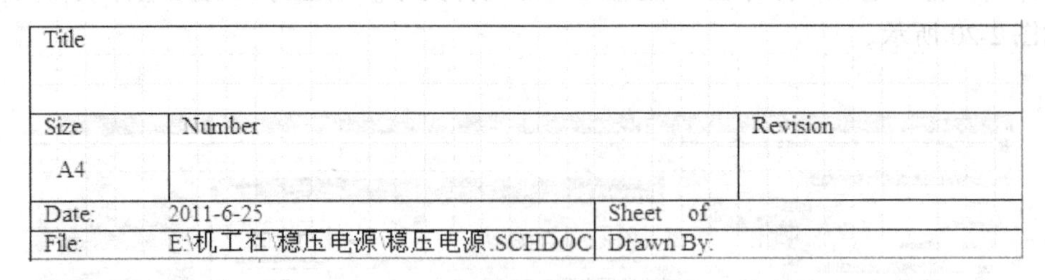

图 2-22　稳压电源原理图标题栏

（3）设置图纸颜色　本例图纸的边界色选择系统默认的黑色，图纸底色选择系统默认的淡黄色。

（4）设置图纸栅格　本例图纸的栅格设置选择系统默认。

（5）设置系统字体　设置系统字体还是在文档选项中完成，操作方法如图 2-23 所示。

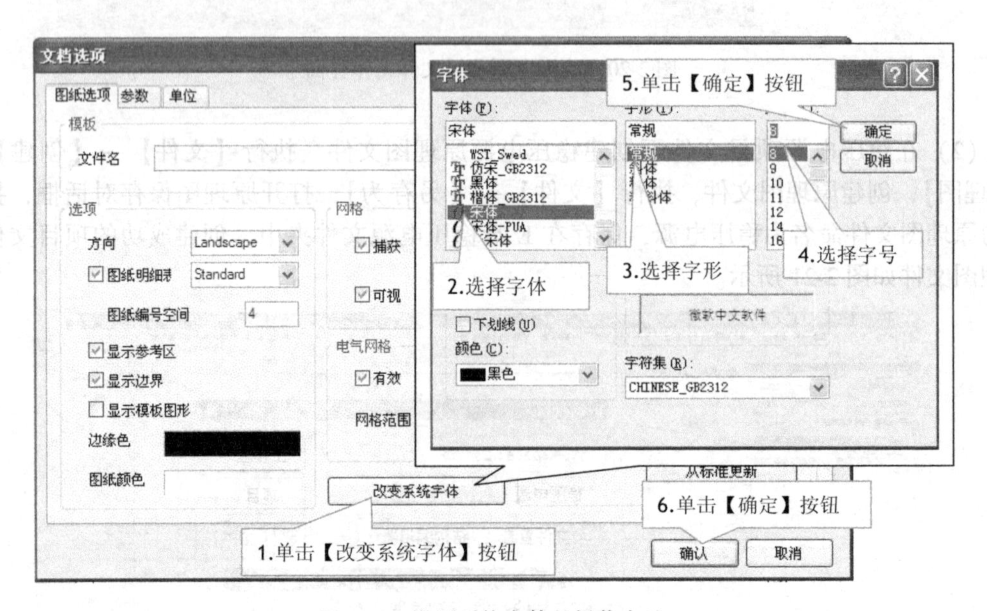

图 2-23　设置系统字体的操作方法

稳压电源原理图图纸设置完毕的工作界面如图 2-24 所示。

3. 加载元件库

绘制稳压电源原理图所需的 Miscellaneous Devices. Intlib 和 Miscellaneous Connectors. Intlib 是系统自动加载的，如果遇到特殊的情况没有加载，可以按照图 2-12 所示的操作方法加载。

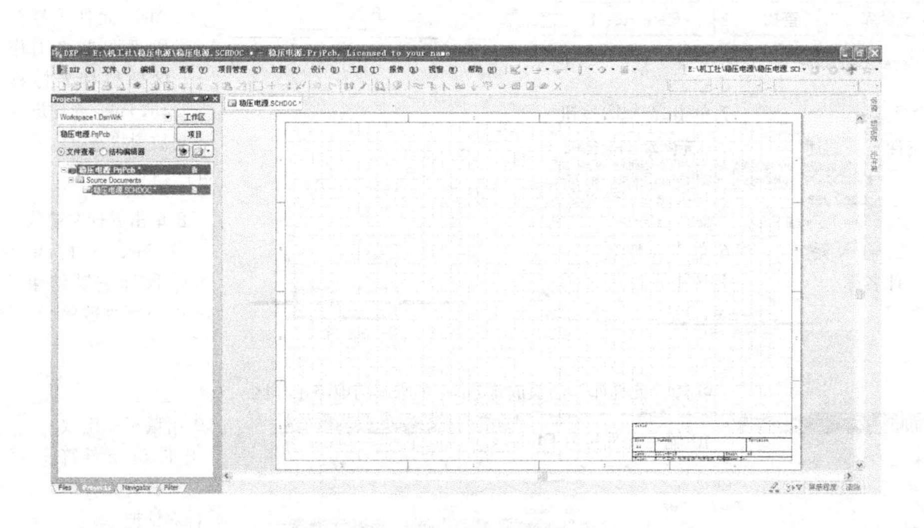

图 2-24 稳压电源原理图工作界面

4. 放置稳压电源原理图元器件

（1）用“元件库”面板放置熔断器（Fuse） 用“元件库”面板放置熔断器（Fuse）的操作方法如图 2-25 所示。

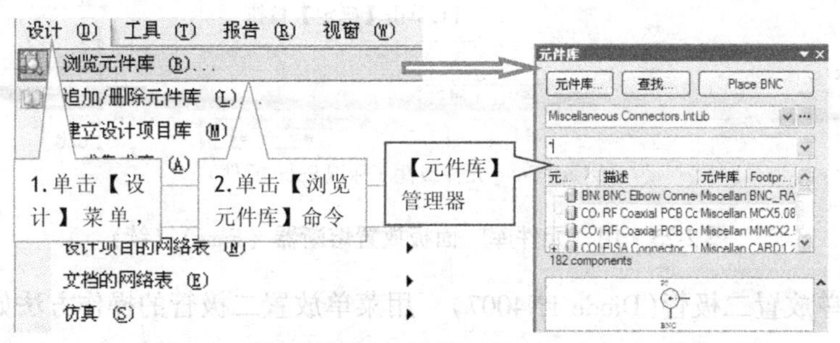

a）执行【设计】→【浏览元件库】，打开“元件库”面板

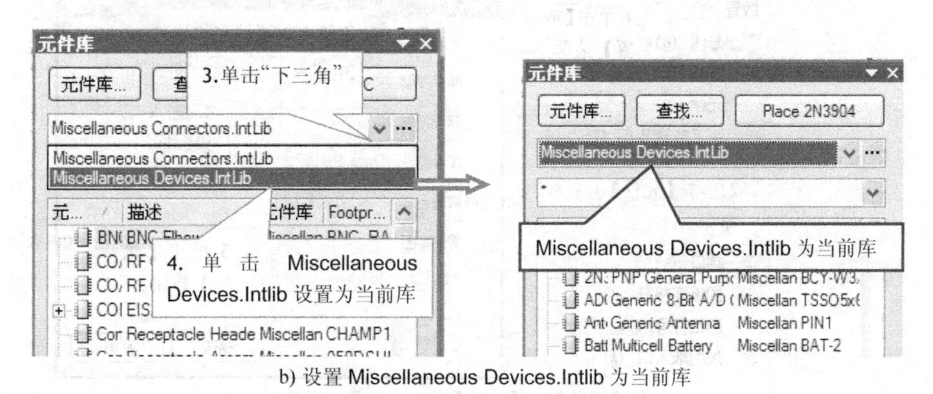

b）设置 Miscellaneous Devices.Intlib 为当前库

图 2-25 用“元件库”面板放置熔断器（Fuse）

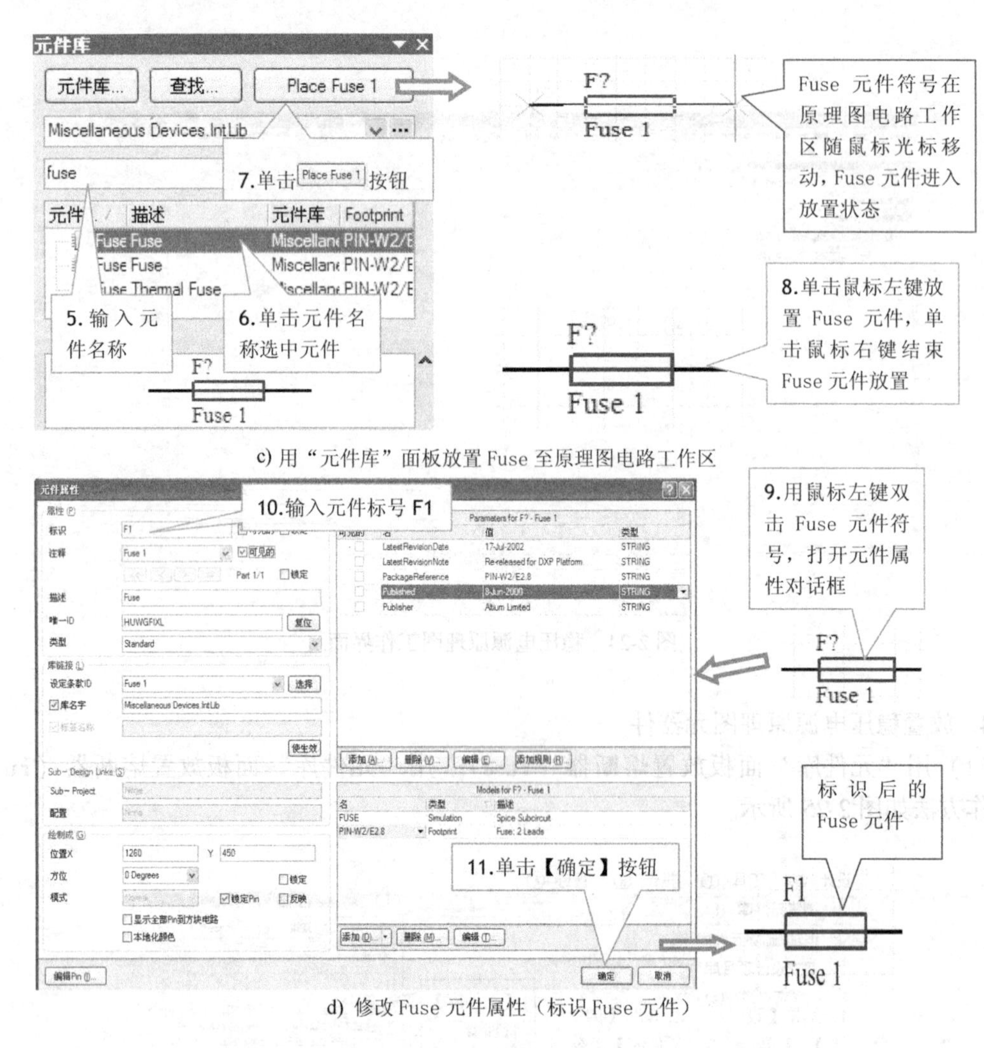

c) 用“元件库”面板放置 Fuse 至原理图电路工作区

d) 修改 Fuse 元件属性（标识 Fuse 元件）

图 2-25　用“元件库”面板放置熔断器（Fuse）（续）

（2）用菜单放置二极管(Diode 1N4007)　用菜单放置二极管的操作方法如图 2-26 所示。

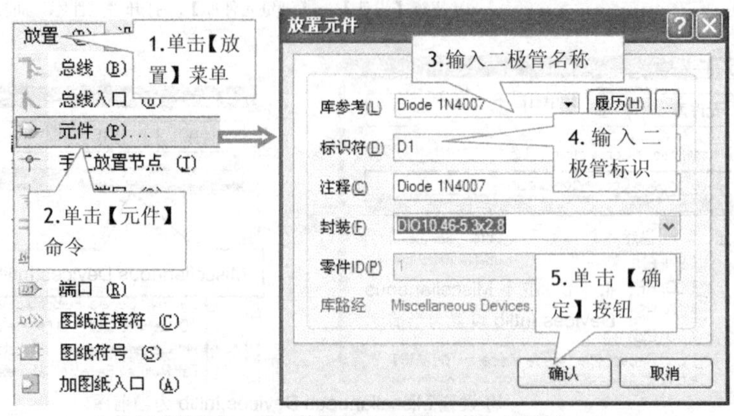

a) 执行【放置】→【元件】打开“放置元件”对话框

图 2-26　用菜单放置二极管的操作方法

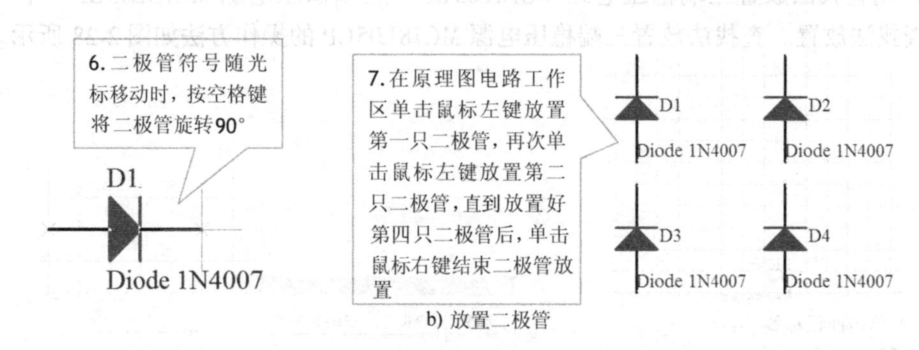

b) 放置二极管

图 2-26　用菜单放置二极管的操作方法（续）

（3）用工具栏放置电容器　用工具栏放置电容器的操作方法如图 2-27 所示。

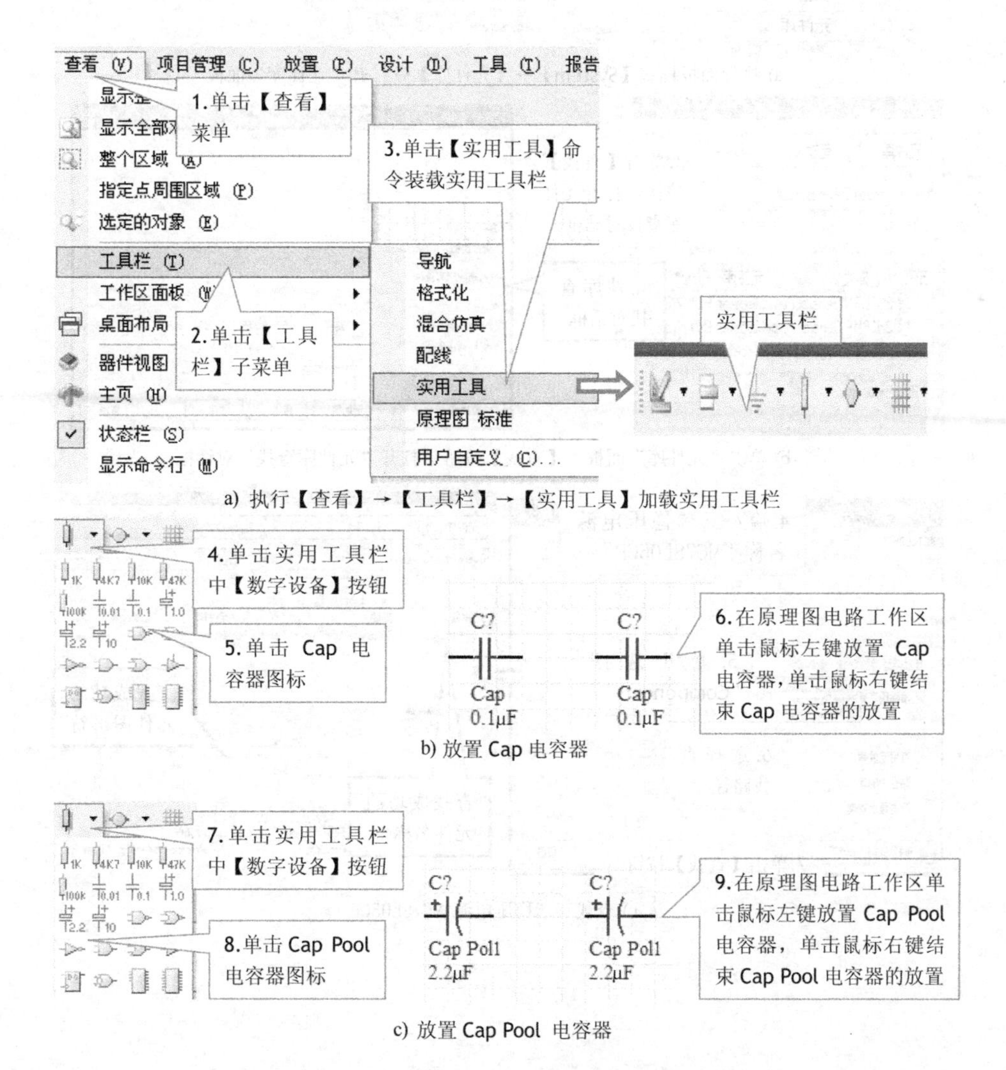

a) 执行【查看】→【工具栏】→【实用工具】加载实用工具栏

b) 放置 Cap 电容器

c) 放置 Cap Pool 电容器

图 2-27　用工具栏放置电容器的操作方法

（4）用查找法放置三端稳压电源 MC78L05CP　三端稳压电源 MC78L05CP 不在常用库中，用查找法放置。查找法放置三端稳压电源 MC78L05CP 的操作方法如图 2-28 所示。

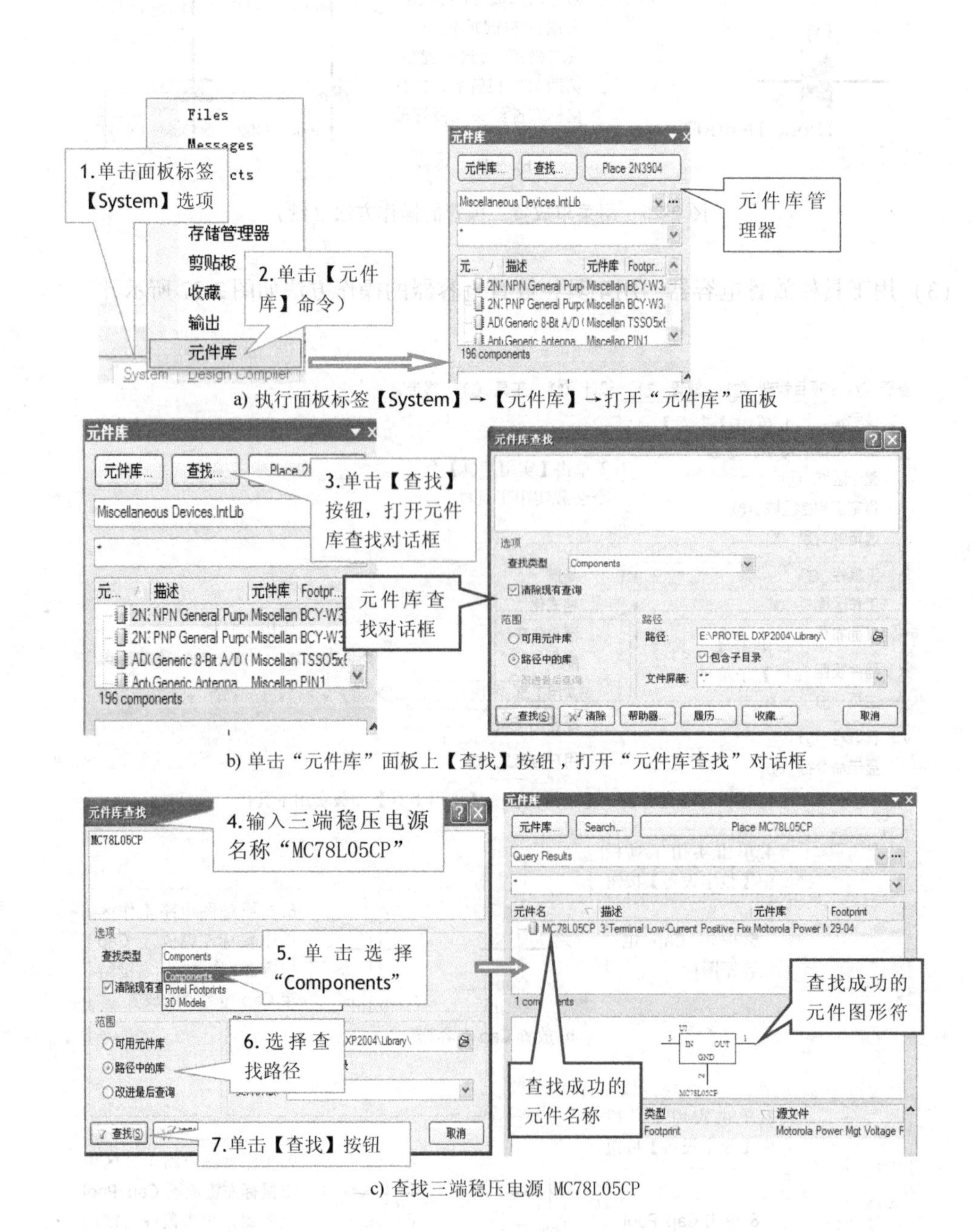

a) 执行面板标签【System】→【元件库】→打开“元件库”面板

b) 单击“元件库”面板上【查找】按钮，打开“元件库查找”对话框

c) 查找三端稳压电源 MC78L05CP

图 2-28　查找法放置三端稳压电源 MC78L05CP 的操作方法

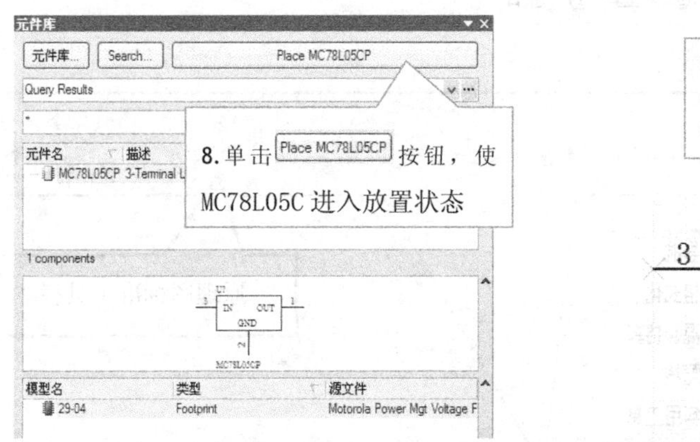

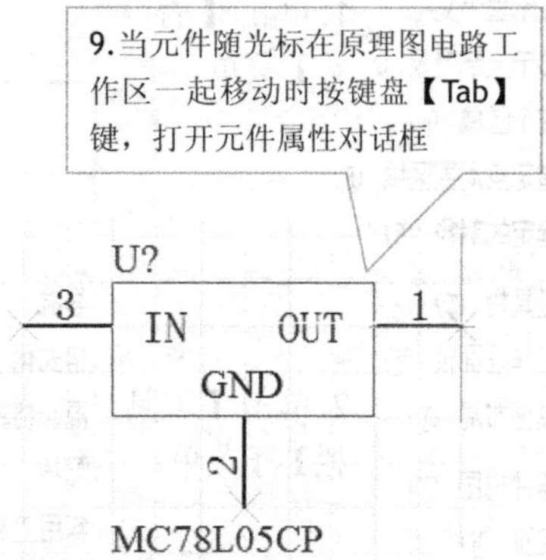

d) 单击“元件库”面板上 Place MC78L05CP 按钮，使 MC78L05CP 进入放置状态

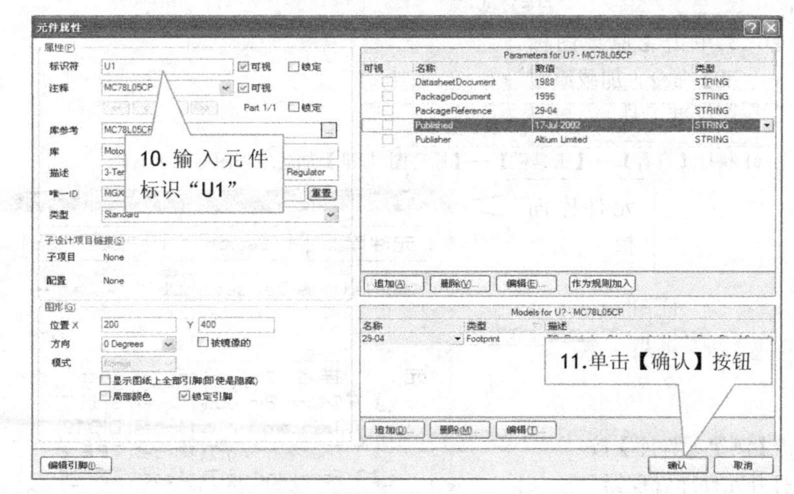

e) 修改三端稳压电源 MC78L05CP 属性

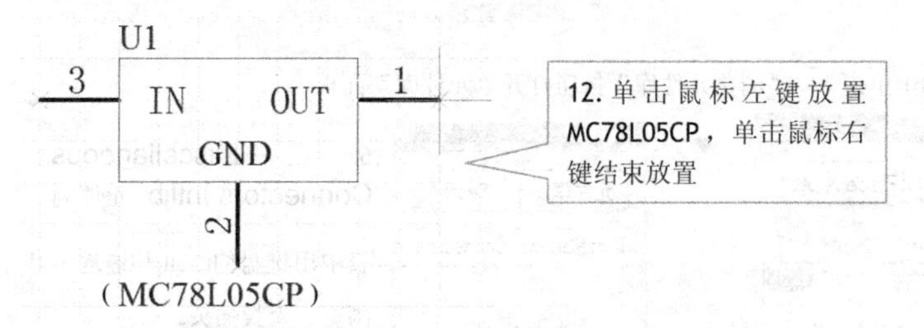

f) 放置三端稳压电源 MC78L05CP 至电路工作区

图 2-28 查找法放置三端稳压电源 MC78L05CP 的操作方法（续）

（5）浏览法放置插头 P1、P2 常用的插件在 Miscellaneous Connectors. Intlib 库中。执行【查看】→【工具栏】→【原理图 标准】，加载原理图标准工具栏，用原理图标准工具栏中的 “浏览元件库”按钮打开元件库面板，设置 Miscellaneous Connectors. Intlib 为当前库，在库中浏览、查找插头，利用元件库面板放置插头，操作步骤如图 2-29 所示。

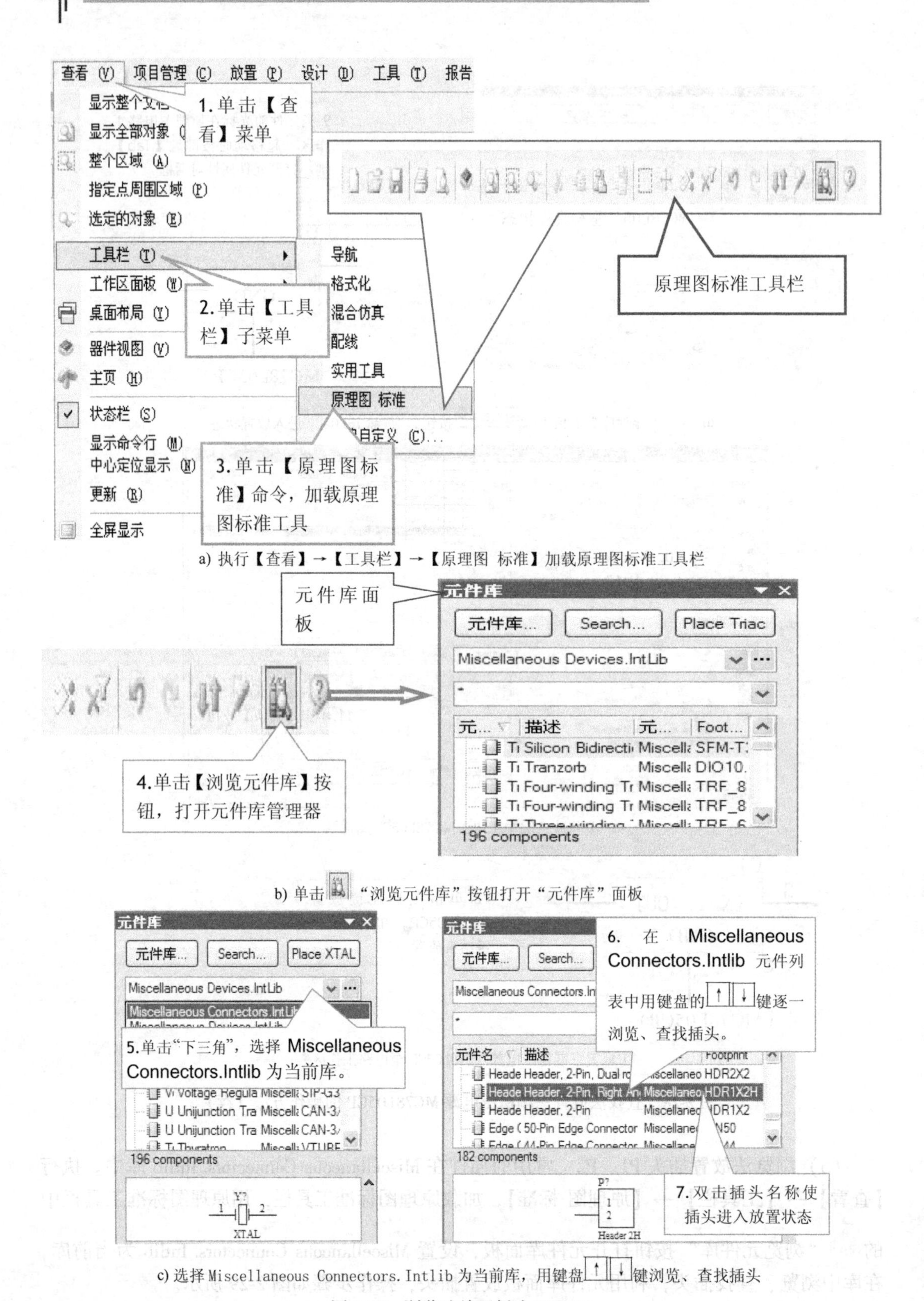

a) 执行【查看】→【工具栏】→【原理图 标准】加载原理图标准工具栏

b) 单击 “浏览元件库”按钮打开“元件库”面板

c) 选择 Miscellaneous Connectors. Intlib 为当前库，用键盘↑↓键浏览、查找插头

图 2-29 浏览法放置插头 P1、P2

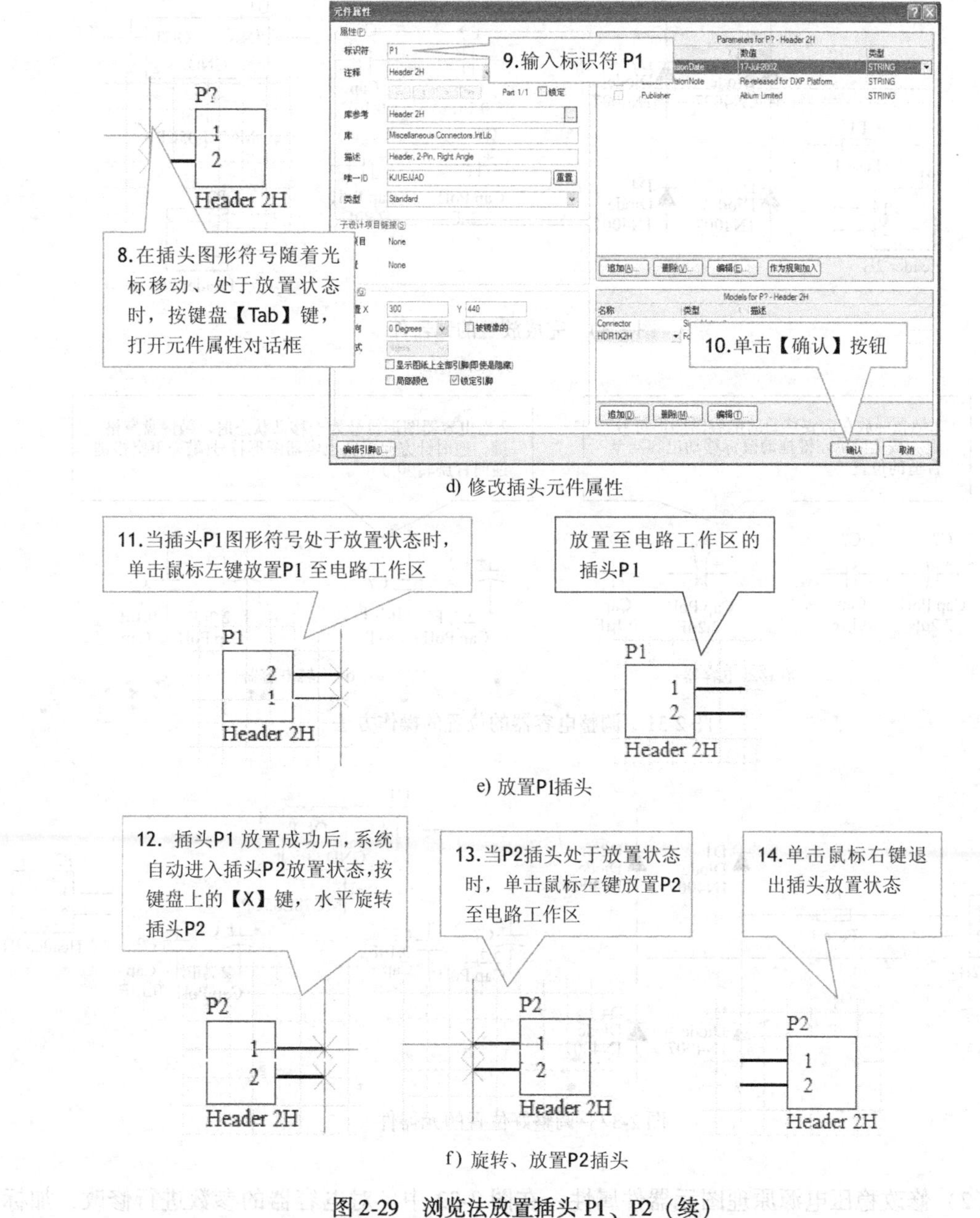

d) 修改插头元件属性

e) 放置P1插头

f）旋转、放置P2插头

图 2-29 浏览法放置插头 P1、P2（续）

完成放置的元器件如图 2-30 所示。

5. 调整稳压电源原理图元器件位置、修改元器件属性

（1）调整稳压电源原理图元器件位置

1）调整电容器的位置。调整电容器位置的操作方法如图 2-31 所示。

2）调整稳压电源与插头的位置。调整稳压电源与插头位置的操作方法与调整电容器位置的操作方法相同，调整好位置的元器件如图 2-32 所示。

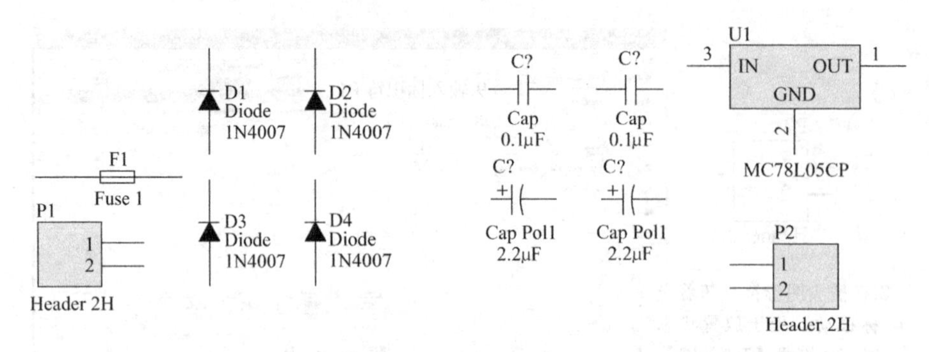

图 2-30　完成放置的元器件

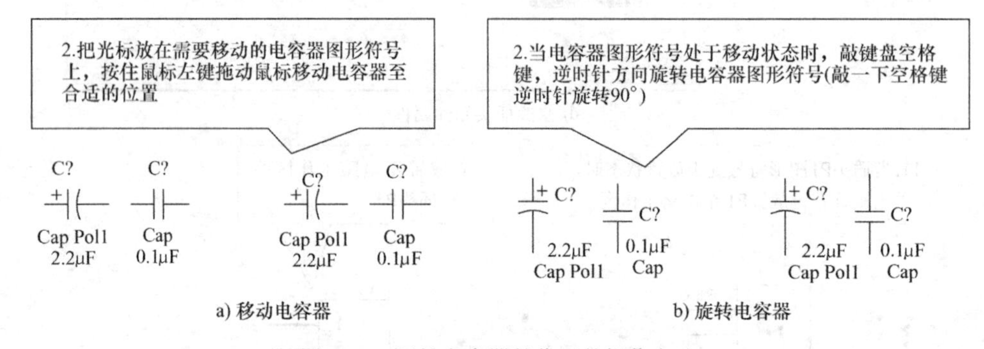

图 2-31　调整电容器的位置的操作方法

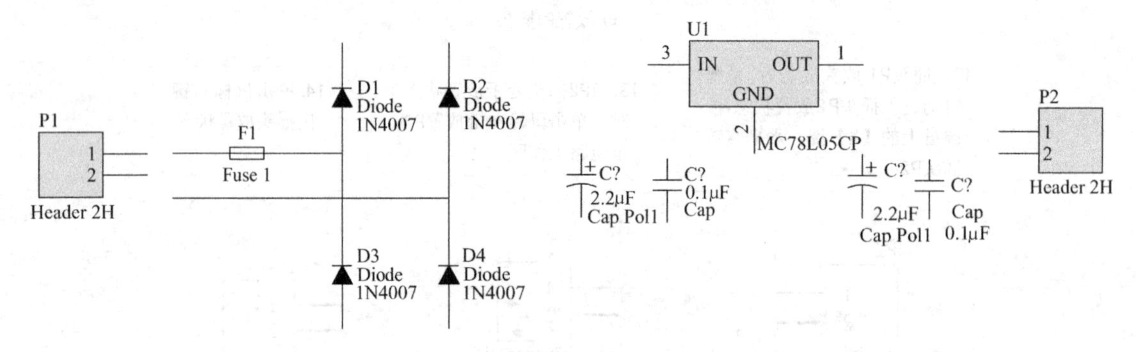

图 2-32　调整好位置的元器件

（2）修改稳压电源原理图元器件属性　在图 2-32 中，对电容器的参数进行修改、加标识，根据图 2-1 所示稳压电源原理图中的标识，按照图 2-33 所示操作方法修改电容器的属性。

修改好属性的元器件如图 2-34 所示。

6. 放置稳压电源导线

使用原理图配线工具栏放置导线最方便，如果原理图配线工具栏没有打开，最好先打开原理图配线工具栏，操作方法如图 2-35 所示。

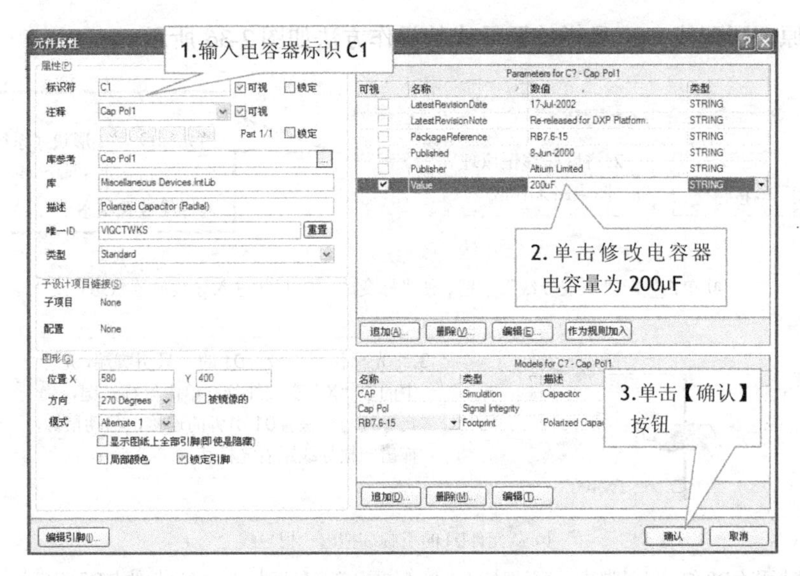

图 2-33 修改电容器的属性

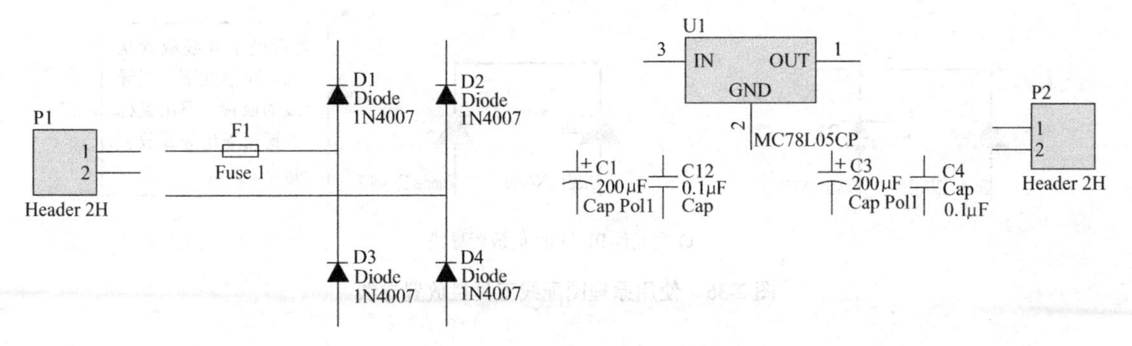

图 2-34 修改好属性的元器件

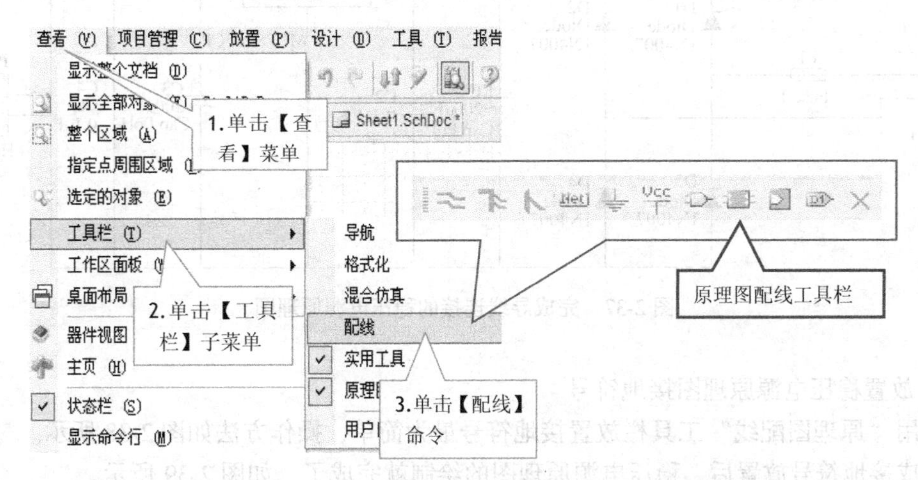

图 2-35 执行【查看】→【工具栏】→【配线】，打开“原理图配线”工具栏

使用“原理图配线”工具栏放置导线的操作方法如图 2-36 所示。

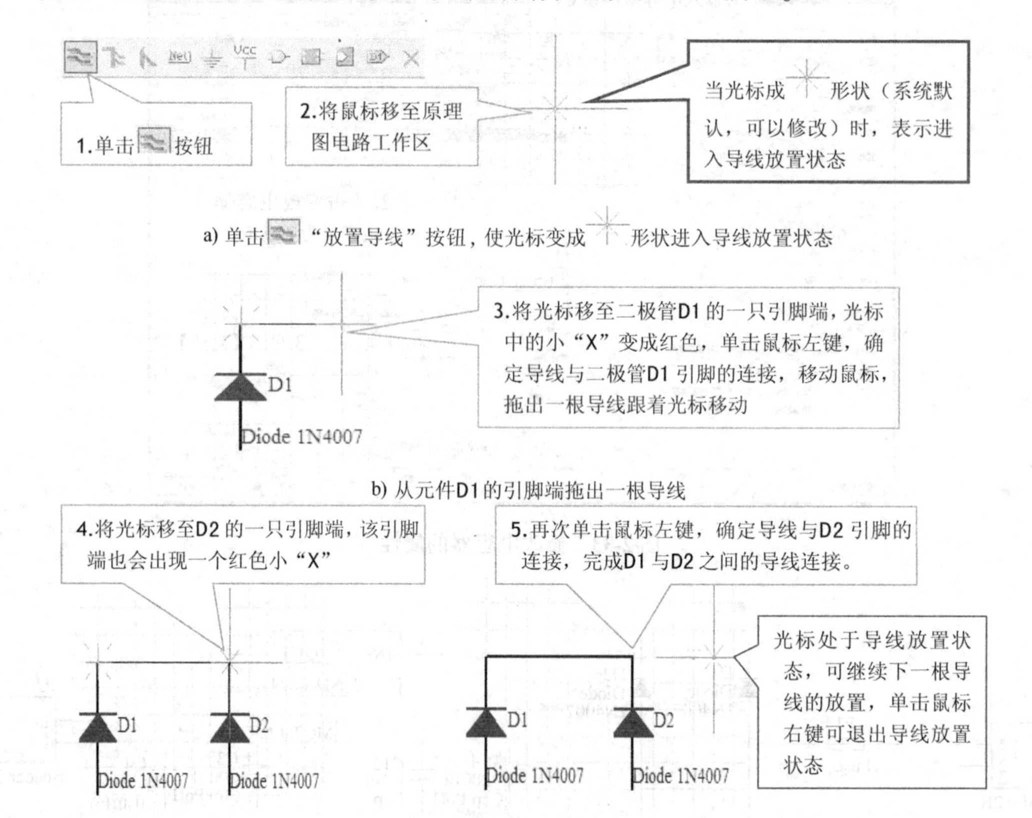

图 2-36　使用原理图配线工具栏放置导线

完成导线连接的稳压电源原理图如图 2-37 所示。

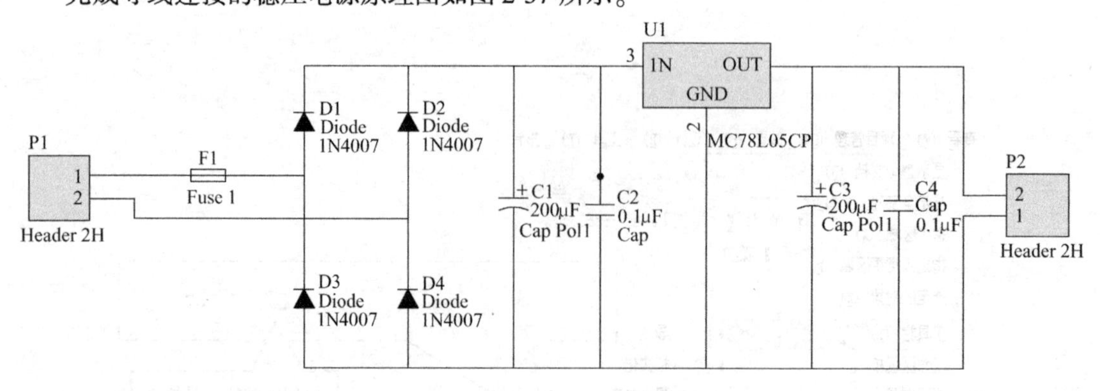

图 2-37　完成导线连接的稳压电源原理图

7. 放置稳压电源原理图接地符号

使用“原理图配线”工具栏放置接地符号最为简单，操作方法如图 2-38 所示。完成接地符号放置后，稳压电源原理图的绘制就完成了，如图 2-39 所示。

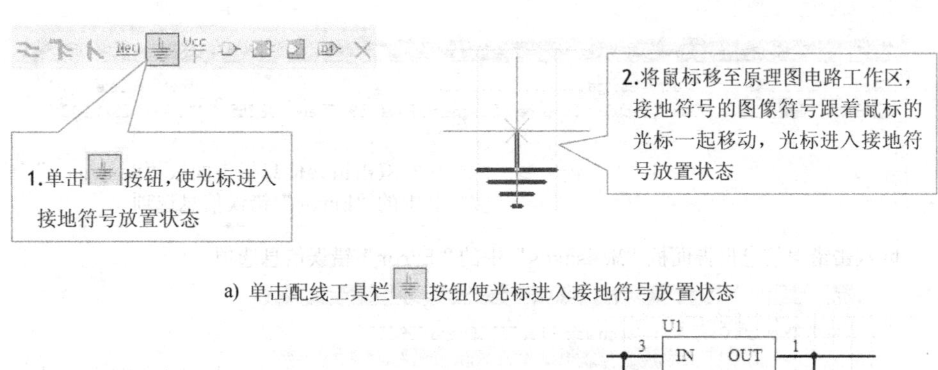

a) 单击配线工具栏按钮使光标进入接地符号放置状态

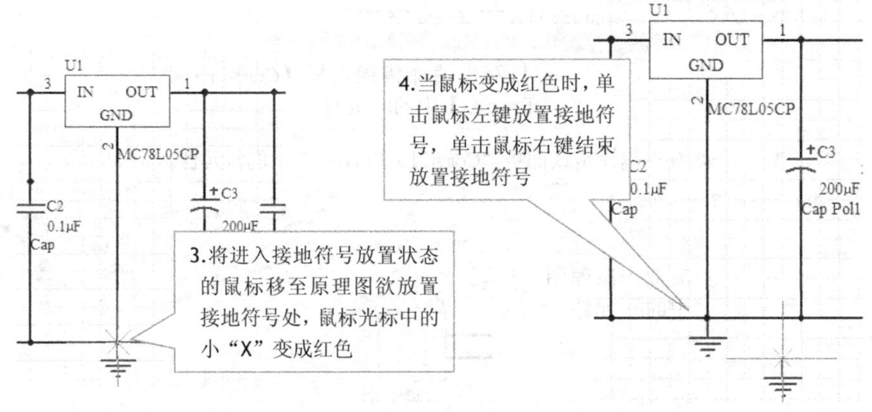

b) 放置接地符号

图 2-38　使用原理图配线工具栏放置接地符号

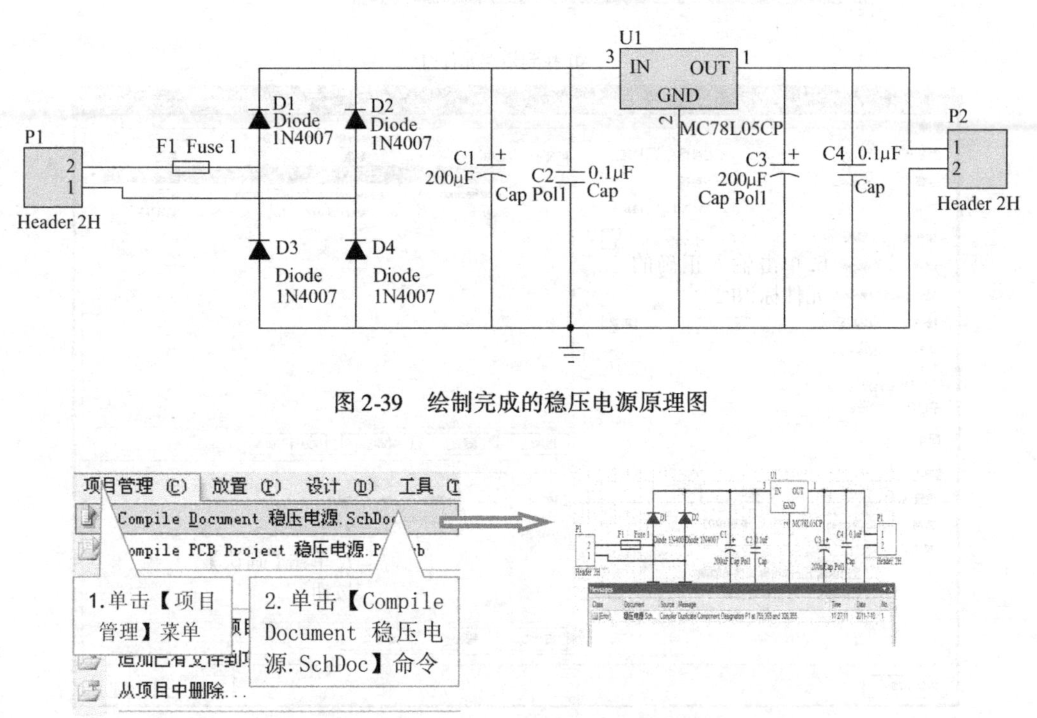

图 2-39　绘制完成的稳压电源原理图

a) 执行【项目管理】→【Compile Document 稳压电源.SchDoc】

图 2-40　编译、修改稳压电源原理图

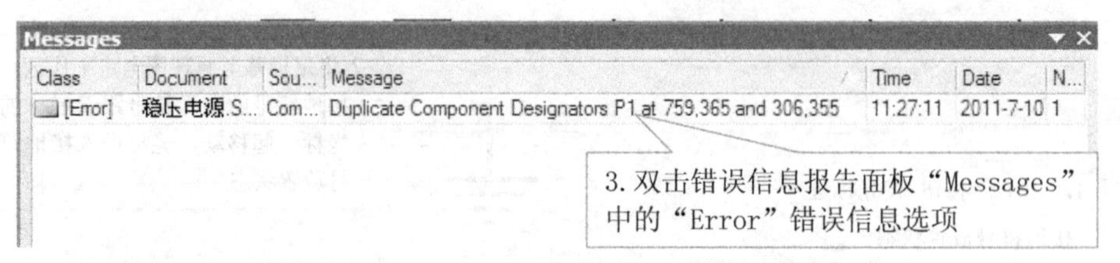

b) 双击错误信息报告面板“Messages”中的“Error”错误信息选项

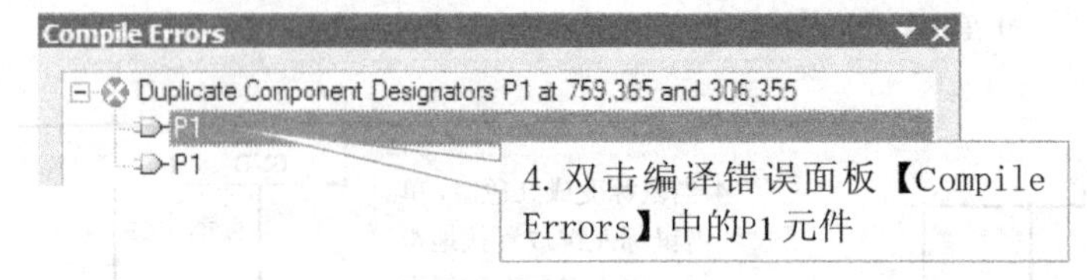

c) 双击编译错误面板“Compile Errors”中的P1元件

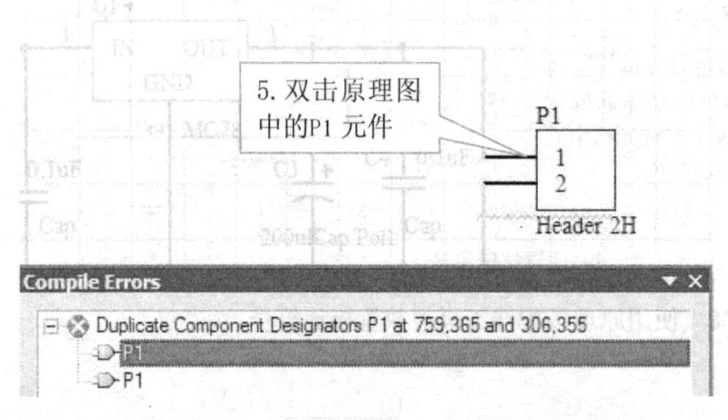

d) 找到错误元件P1

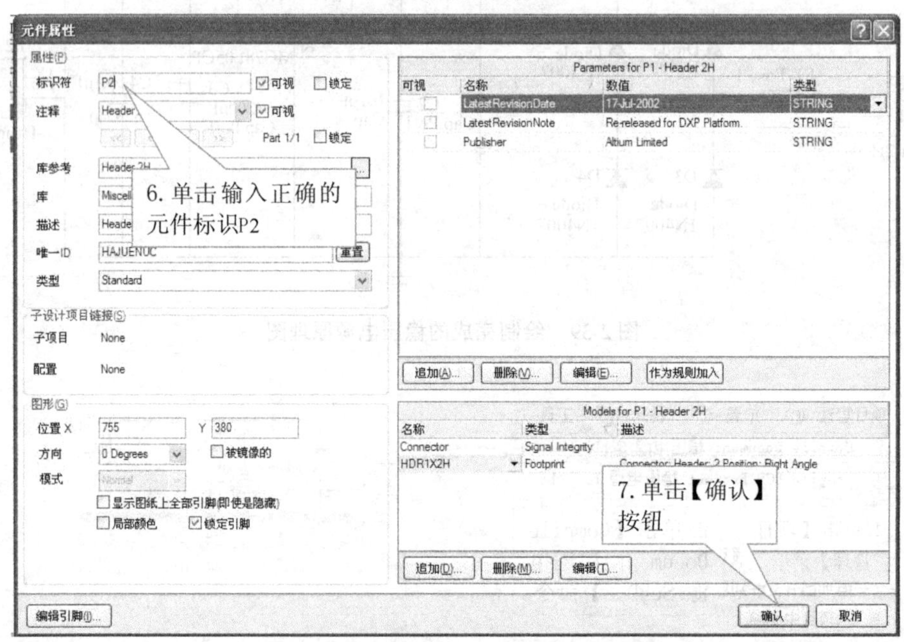

e) 把错误元件标识P1修改为P2

图 2-40　编译、修改稳压电源原理图（续）

教你一招：将光标置于电路工作区，按键盘【PgUp】键，以光标为中心放大图纸，按【PgDn】键以光标为中心缩小图纸。

8. 编译稳压电源原理图

（1）设置编译参数 本例选用系统默认参数。

（2）编译稳压电源原理图 编译、修改稳压电源原理图的操作方法如图 2-40 所示。为了讲解编译与修改原理图的方法，本例在原理图中特别设置了一个错误。

修改完原理图的错误以后，再次编译原理图，没有错误的原理图的错误信息报告面板“Messages”不会自己弹出，可以按照图 2-18 所示的操作方法查看编译结果。

9. 生成网络表、元器件清单

（1）生成网络表 在 Protel 的前期版本中，网络表是联系电路原理图和 PCB 之间的桥梁。在 Protel DXP 2004 中可以通过原理图直接调入 PCB 元器件封装和网络，但是我们可以通过网络表检查元器件参数是否正确，元器件封装是否合适，元器件之间的网络关系是否正确。生成网络表的方法如图 2-41 所示。

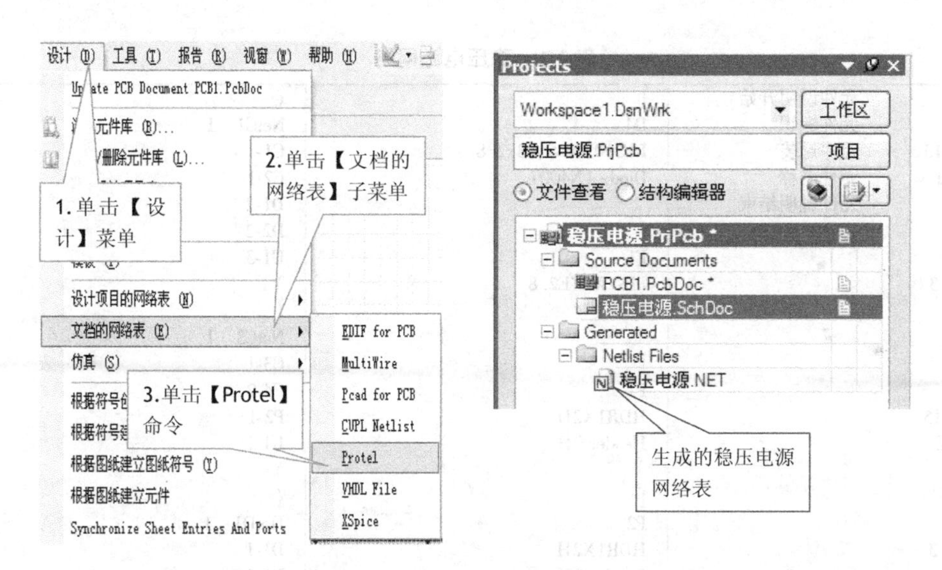

图 2-41 执行【设计】→【文档的网络表】→【Protel】，生成网络表

双击稳压电源网络表文件名称，可以打开稳压电源网络表，操作方法如图 2-42 所示。

网络表由元件说明与网络说明两部分组成，用“ [”符号表示元件说明开始，用“] ”符号表示元件说明结束，用“（”符号表示网络说明开始，用“）”符号表示网络说明结束。稳压电源网络见表 2-1。

（2）生成元器件报表清单 对于比较复杂的原理图，单凭人工统计元器件很容易出错。为了方便购买元器件，可以利用 Protel DXP 2004 提供的报表功能生成元器件报表清单，操作方法如图 2-43 所示。

双击如图 2-44 所示的稳压电源元器件清单表图标，可以打开表 2-2 稳压电源元器件清单。

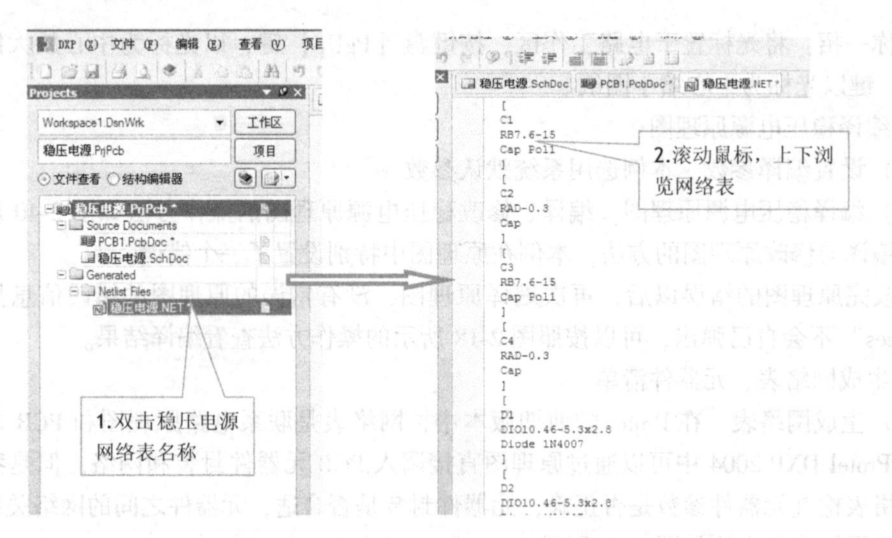

图 2-42　双击稳压电源网络表名称，打开、浏览稳压电源网络表

表 2-1　稳压电源网络

[	元件说明开始	[		(
C1	元件标识	D4		NetC1 _ 1
RB7. 6-15	元件封装	DIO10. 46-5, 3x2. 8		C1-1
Cap poll	元件名称	Diode 1N4007		C2-1
]	元件说明结束	]		D1-2
[		[		D2-2
C2		F1		U1-3
RAD-0. 3		PIN-W2/E2. 8		)
Cap		Fuse 1		(
]		]		NetC3 _ 1
[		[		C3-1
C3		P1		C4-2
RB7. 6-15		HDR1X2H		P2-1
Cap Poll		Header 2H		U1-1
]		]		)
[		[		(
C4		P2		HetD1 _ 1
RAD-0. 3		HDR1X2H		D1-1
Cap		Header 2H		D2-1
]		]		D3-2
[		[		D4-2
D1		U1		F1-2
DIO10. 46-5. 3x2. 8		29-04		P1-1
Diode 1N4007		MC78L05CP		)
]		]		(
[		(	网络说明开始	NetF1 _ 1
D2		GND	网络名称	F1-1
DIO10. 46-5. 3x2. 8		C1-2	网络连接引脚	P1-2
Diode 1N4007		C2-2		)
]		C3-2		
[		C4-1		
D3		D3-1		
DIO10. 46-5. 3x2. 8		D4-1		
Diode 1N4007		P2-2		
]		U1-2		
		)	网络说明结束	

注：汉字是添加的注释。

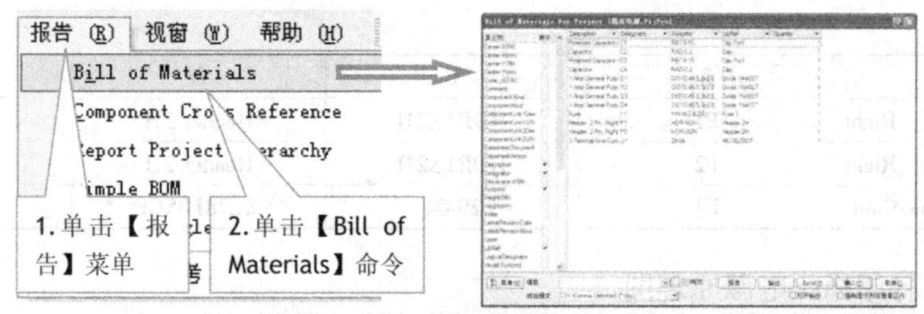

a) 执行【报告】→【Bill of Materials】打开元器件清单对话框

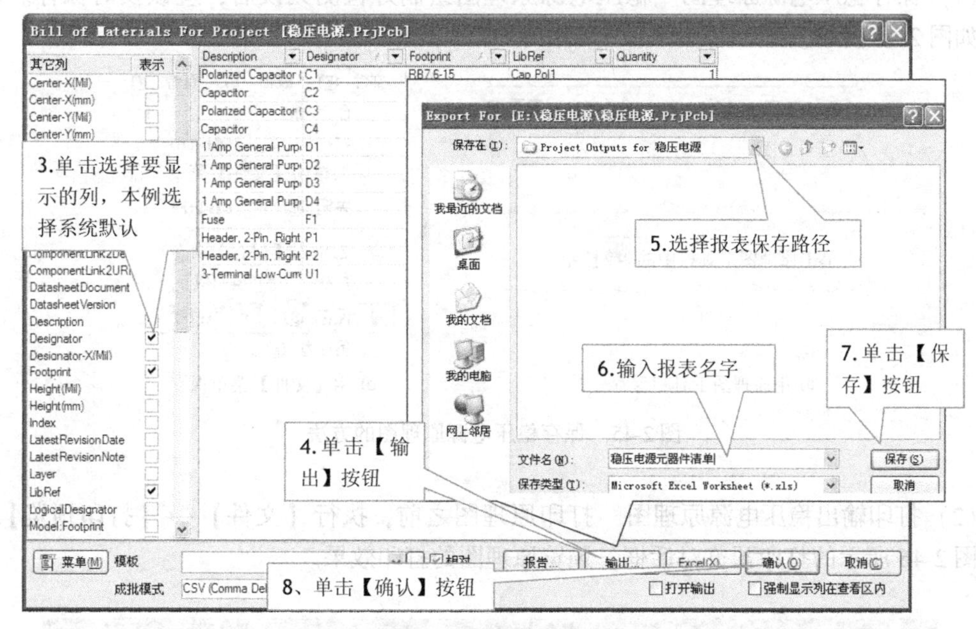

b) 生成、保存稳压电源元器件清单

图 2-43 生成元器件报表清单的操作方法

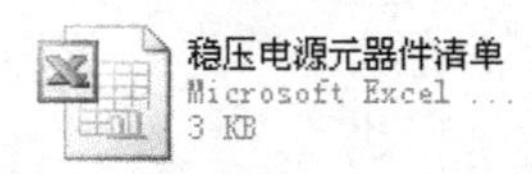

图 2-44 稳压电源元器件清单表图标

表 2-2 稳压电源元器件清单

	A	B	C	D	E
1	Description	Designator	Footprint	LibRef	Quantity
2	Polarized Capacitor	C1	RB7. 6-15	Cap Pol1	1
3	Capacitor	C2	RAD-0. 3	Cap	1
4	Polarized Capacitor	C3	RB7. 6-15	Cap Pol1	1
5	Capacitor	C4	RAD-0. 3	Cap	1
6	1Amp General Purp	D1	DIO 10. 46-5. 3x2. 8	Diode 1N4007	1
7	1Amp General Purp	D2	DIO 10. 46-5. 3x2. 8	Diode 1N4007	1
8	1Amp General Purp	D3	DIO 10. 46-5. 3x2. 8	Diode 1N4007	1
9	1Amp General Purp	D4	DIO 10. 46-5. 3x2. 8	Diode 1N4007	1
10	Fuse	F1	PIN-W2/E2. 8	Fuse 1	1

（续）

	A	B	C	D	E
11	Header，2-Pin，Right	P1	HDR1X2H	Header 2H	1
12	Header，2-Pin，Right	P2	HDR1X2H	Header 2H	1
13	3-Terminal Low-Cum	U1	29-04	MC78L05CP	1

10. 保存、打印稳压电源原理图

（1）保存稳压电源原理图　稳压电源原理图绘制好检测无误后，应该及时保存。保存方法如图 2-45 所示。

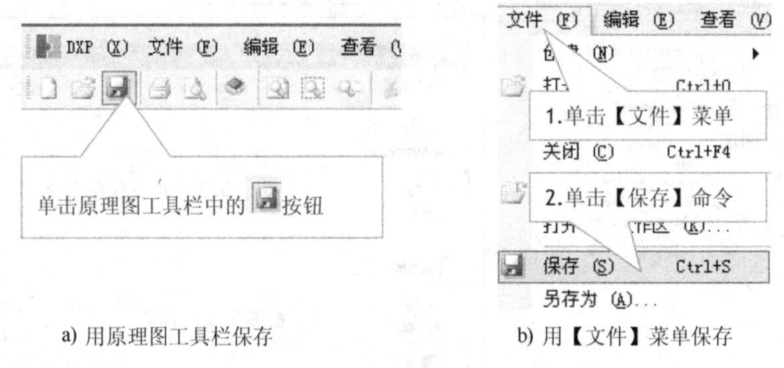

a) 用原理图工具栏保存　　b) 用【文件】菜单保存

图 2-45　保存稳压电源原理图的方法

（2）打印输出稳压电源原理图　打印原理图之前，执行【文件】→【打印预览】，打开如图 2-46 所示的打印预览对话框，预览原理图的打印效果。

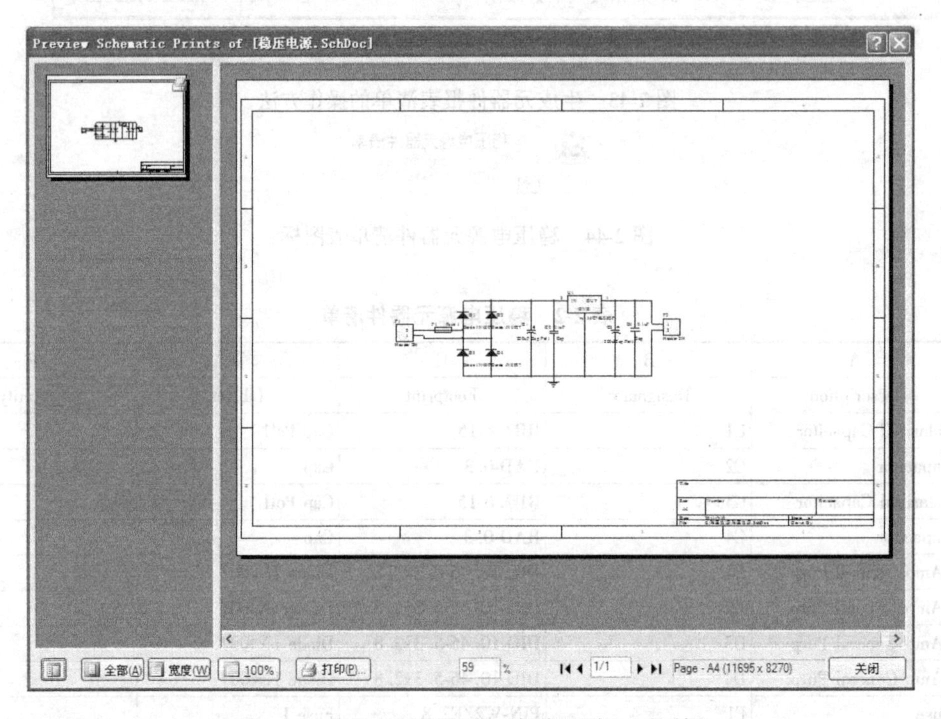

图 2-46　稳压电源原理图“打印预览”对话框

执行【文件】→【打印】，屏幕会自动弹出“打印文件”对话框，在复制区域设置所需打印原理图的份数，其余选项本例采用系统默认。打印设置好以后单击【确认】按钮，打印输出稳压电源原理图，操作方法如图2-47所示。

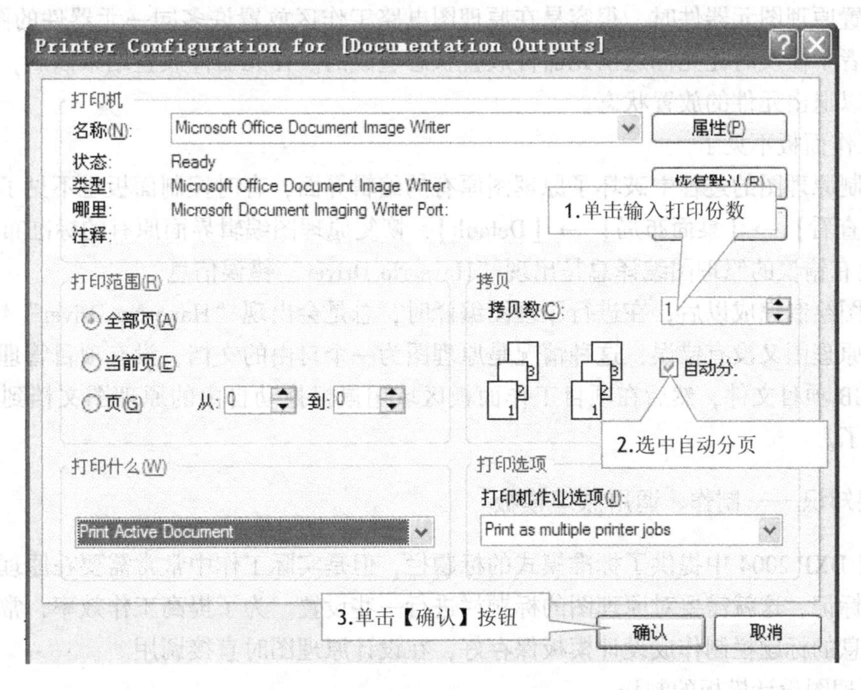

图2-47　“打印文件”对话框

检查评议

稳压电源原理图绘制职业能力检测见表2-3。

表2-3　稳压电源原理图绘制职业能力检测

检测项目	配分	技术要求	评分标准	得分
项目文件与原理图文件的创建	10	能创建PCB项目文件与原理图文件	1. 不能正确创建PCB项目文件，扣5分 2. 不能正确创建原理图文件，扣5分	
文件的保存	10	按照要求命名文件名，并保存到指定位置的文件夹中	1. 文件夹或文件名称有误，扣5分 2. 文件保存位置错误，扣5分	
原理图绘制	50	正确放置所有的元器件，正确放置每一根导线，正确给元器件添加标号和标称值，正确放置接地符号，原理图整体布局、走线合理	1. 漏画、错画元器件，每个扣2分 2. 漏画、错画导线，每条扣0.5分 3. 漏标、错标元器件标号、标称值，每个扣0.5分 4. 接地符号错误，扣2分 5. 原理图整体布局、布线不合理，扣10分	
生成网络表	10	能生产网络表	不能生产网络表，扣10分	
生成元器件清单	10	能生成元器件清单	不能生成元器件清单，扣10分	
安全文明绘图	10	安全文明绘图	操作不安全、不文明，扣1~10分	
		合计		

问题及防治

1. 在原理图电路工作区放置许多同一元器件的图形符号

在放置原理图元器件时，很容易在原理图电路工作区放置许多同一元器件的图形符号，这是初学者不懂及时让光标退出元器件放置状态造成的。在元器件放置结束以后，单击鼠标右键就可以退出元件的放置状态。

2. 工作面板不见了

在绘制原理图的过程中破坏了原理图原有的编辑界面，有时控制面板也不见了，这时可以执行【查看】→【桌面布局】→【Default】，恢复原理图编辑界面原有的标准布局。

3. 没有错误的原理图编译总是出现“Have No Driver”错误信息

原理图绘制完成以后，在进行原理图编译时，总是会出现“Have No Driver”错误信息，仔细检查原理图又没有错误，这种情况是原理图为一个自由的文档，没有项目管理，只要建立一个 PCB 项目文件，然后在项目工作面板区域用鼠标拖动自由的原理图文档到项目文件下就可以了。

扩展知识——制作、调用原理模板

Protel DXP 2004 中提供了标准模式的标题栏，但是实际工作中常常需要在原理图设计中留下企业标记，这就需要对原理图的标题栏进行一些设置。为了提高工作效率，常常把设置好基本信息的标题栏制作成设计模板保存好，在设计原理图时直接调用。

1. 原理图设计模板的制作

以制作如图 2-48 所示的考证原理图模板为例讲解原理图设计模板的制作方法。

<table>
<tr><td rowspan="3">考生信息</td><td>姓名</td><td colspan="2"></td></tr>
<tr><td>考号</td><td colspan="2"></td></tr>
<tr><td>单位</td><td colspan="2"></td></tr>
<tr><td colspan="4">图名</td></tr>
<tr><td colspan="4">文件名</td></tr>
<tr><td colspan="2">第　　幅</td><td colspan="2">共　　幅</td></tr>
<tr><td>考试时间</td><td></td><td>考试日期</td><td></td></tr>
</table>

图 2-48　考证原理图模板

制作原理图设计模板的操作步骤如下：

1）新建原理图文件。

2）隐藏原理图标题栏。隐藏原理图标题栏的操作方法如图 2-49 所示。

隐藏原理图标题栏后的原理图如图 2-50 所示。

3）绘制标题栏表格。要绘制标题栏表格，必须学会放置直线，放置直线的操作方法如图 2-51 所示。

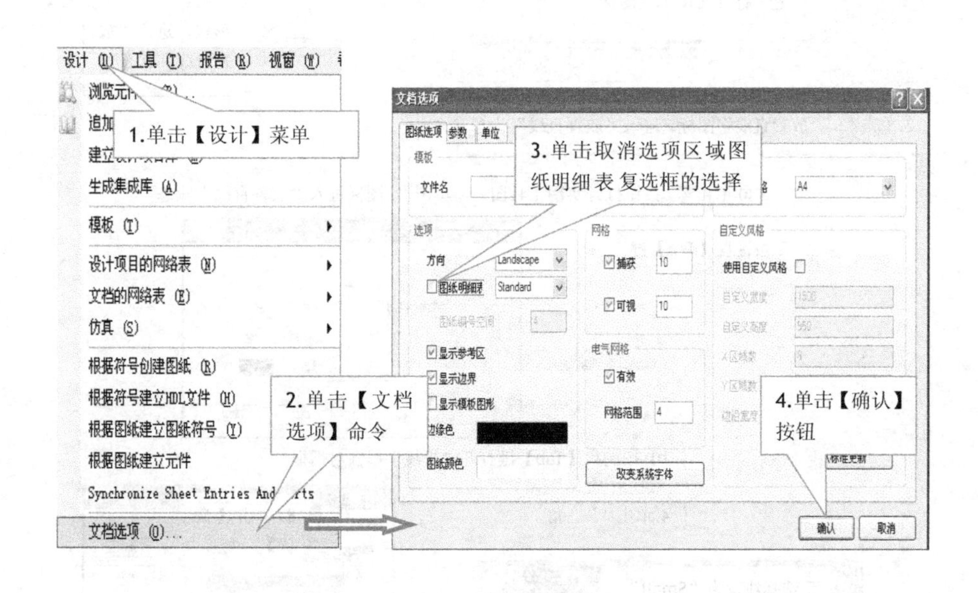

图 2-49 隐藏原理图标题栏的操作方法

图 2-50 隐藏原理图标题栏后的原理图

放置好一根直线后，光标还处于直线放置状态，此时单击鼠标左键可以开始放置另一根直线，如果单击鼠标右键就会让光标退出直线放置状态。

学会了放置直线，就可以轻松绘制出如图 2-52 所示的自定义标题栏表格。

4）添加标题栏文字。使用实用工具的“放置文本字符串”工具，可以在原理图中添加文字说明。在标题栏中添加文字“考生信息”的操作方法如图 2-53 所示。

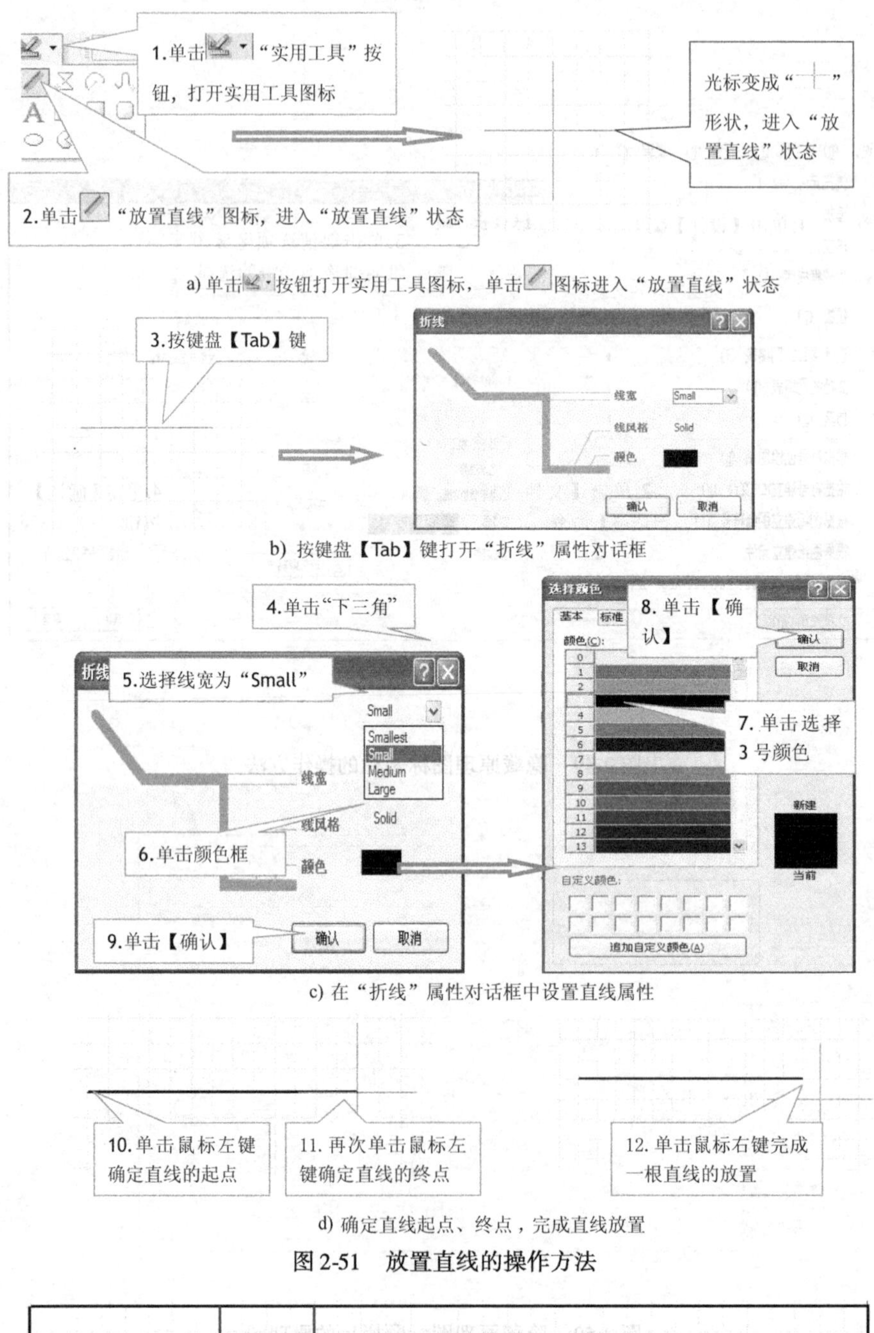

a) 单击按钮打开实用工具图标，单击图标进入“放置直线”状态

b) 按键盘【Tab】键打开“折线”属性对话框

c) 在“折线”属性对话框中设置直线属性

d) 确定直线起点、终点，完成直线放置

图 2-51　放置直线的操作方法

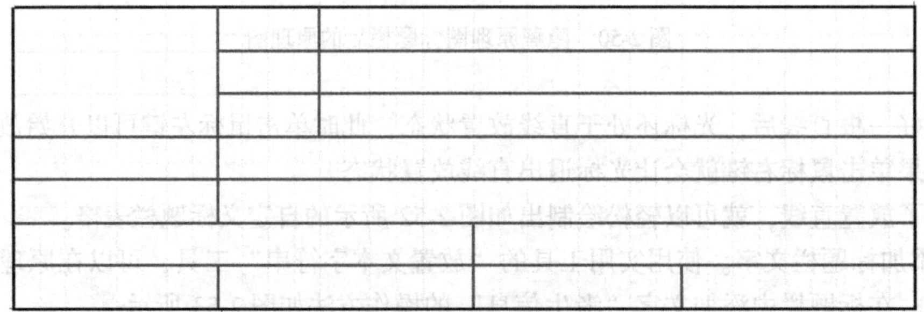

图 2-52　自定义标题栏表格

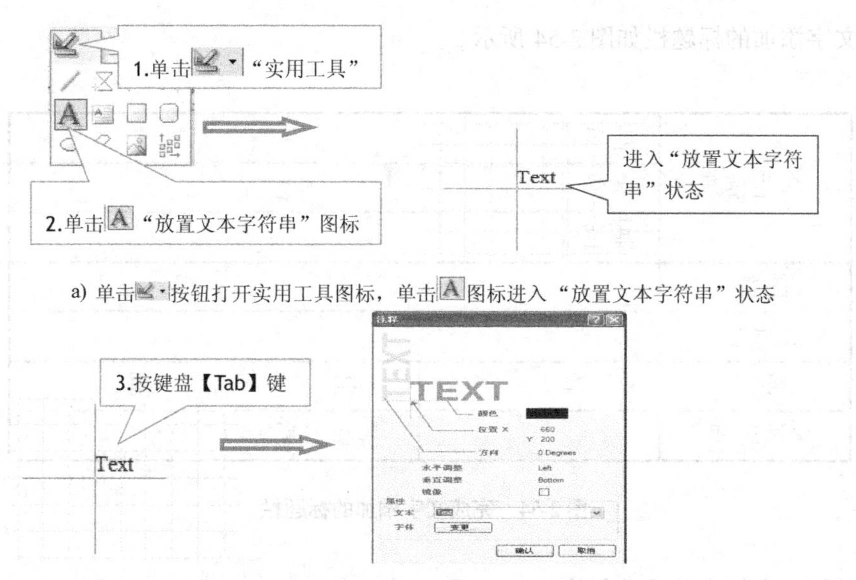

a) 单击按钮打开实用工具图标，单击图标进入“放置文本字符串”状态

b) 按键盘【Tab】键打开“注释”属性对话框

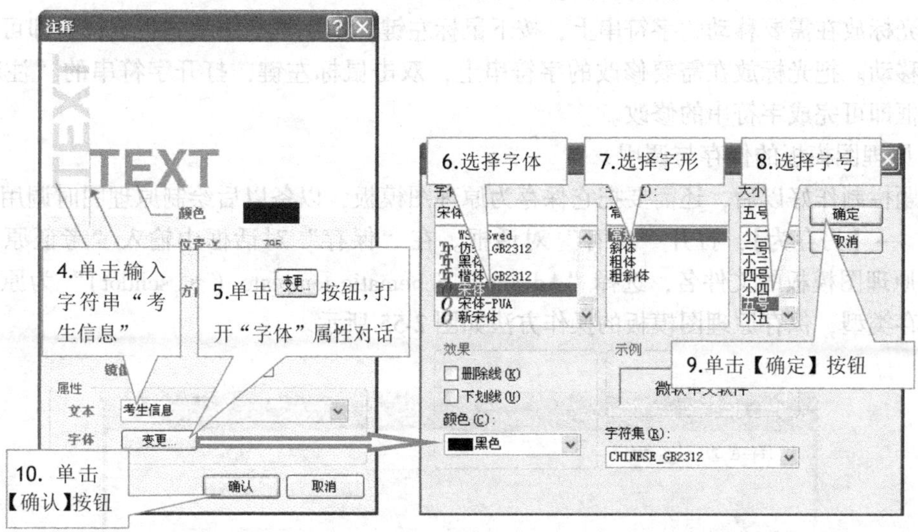

c) 修改文本字符串属性

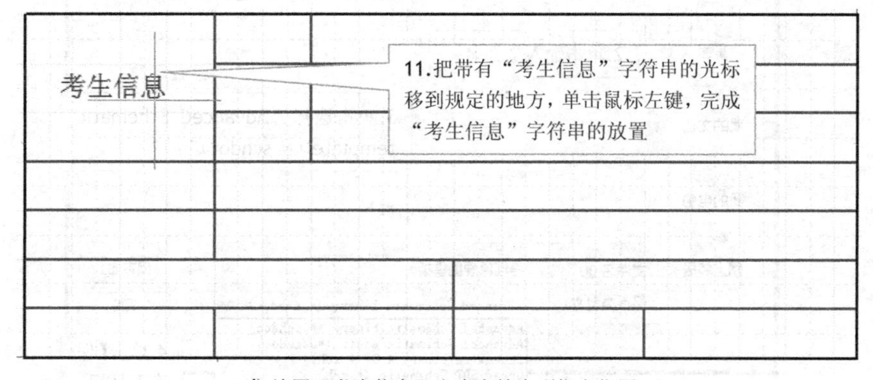

d) 放置“考生信息”文本字符串到指定位置

图 2-53 标题栏中添加“考生信息”字符串的操作方法

完成文字添加的标题栏如图 2-54 所示。

<table>
<tr><td rowspan="3">考生信息</td><td>姓名</td><td colspan="3"></td></tr>
<tr><td>考号</td><td colspan="3"></td></tr>
<tr><td>单位</td><td colspan="3"></td></tr>
<tr><td>图名</td><td colspan="4"></td></tr>
<tr><td>文件名</td><td colspan="4"></td></tr>
<tr><td colspan="3">第　　　　　　幅</td><td colspan="2">共　　　　　　幅</td></tr>
<tr><td>考试时间</td><td colspan="2"></td><td>考试日期</td><td></td></tr>
</table>

图 2-54　完成文字添加的标题栏

教你一招：字符串的移动与修改。

把光标放在需要移动的字符串上，按下鼠标左键，把字符串拖动到指定位置即可完成字符串的移动。把光标放在需要修改的字符串上，双击鼠标左键，打开字符串的“注释”属性对话框即可完成字符串的修改。

2. 原理图模板的保存与调用

标题栏制作好以后，还需要把它保存为原理图模板，以备以后绘制原理图时调用。执行【文件】→【另存为】，打开“保存”对话框。在“保存”对话框中输入“考证原理图模板”为原理图模板的文件名，选择“Advanced Schematic template（＊. schdot）”为原理图模板的保存类型，保存原理图模板的操作方法如图 2-55 所示。

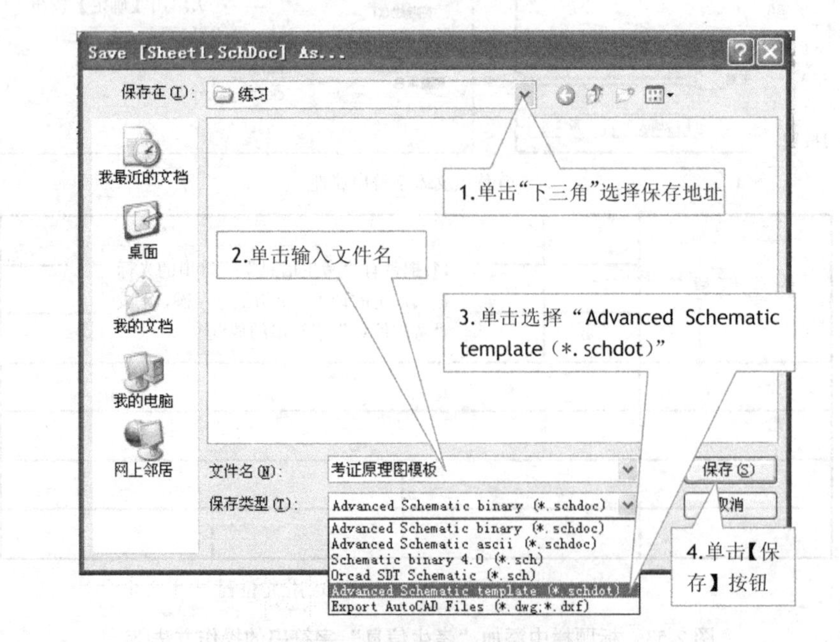

图 2-55　保存原理图模板的操作方法

原理图设计模板保存好以后，可以在其他的原理图里调用它。原理图设计模板的调用方法如图 2-56 所示。

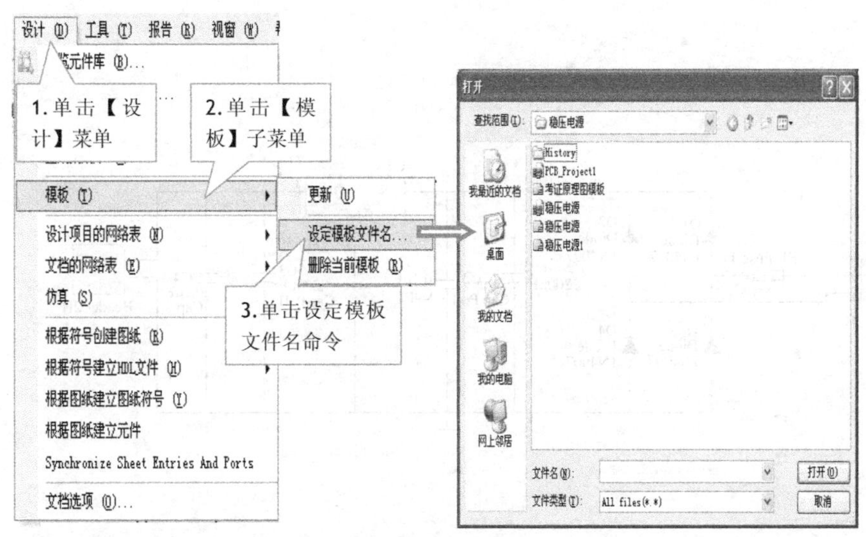

a) 执行【设计】→【模板】→【设计模板文件名】,打开“打开”对话框

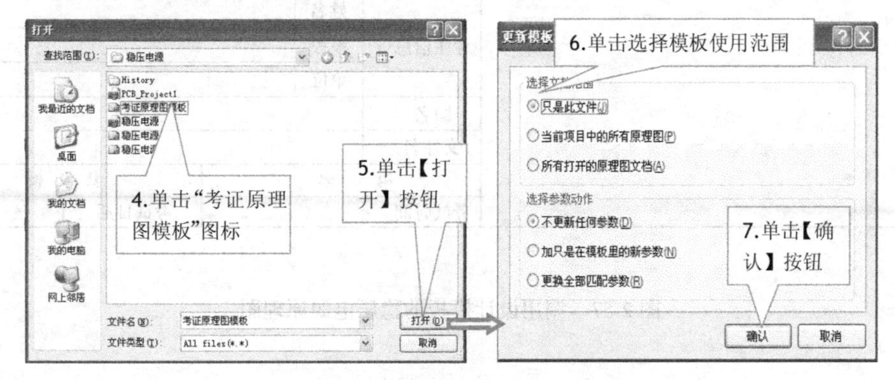

b) 打开模板文件，选择模板使用范围

图 2-56 调用原理图设计模板

完成原理图设计模板调用后的稳压电源原理图如图 2-57 所示。

巩固练习与考证要点

1. 巩固练习

1）绘制如图 2-58 所示的放大电路原理图。

2）绘制如图 2-59 所示的计数器电路原理图。

3）设计如图 2-60 所示的考证模板，以“考证原理图模板 . dot”命名，保存在 E 盘考证文件夹中。

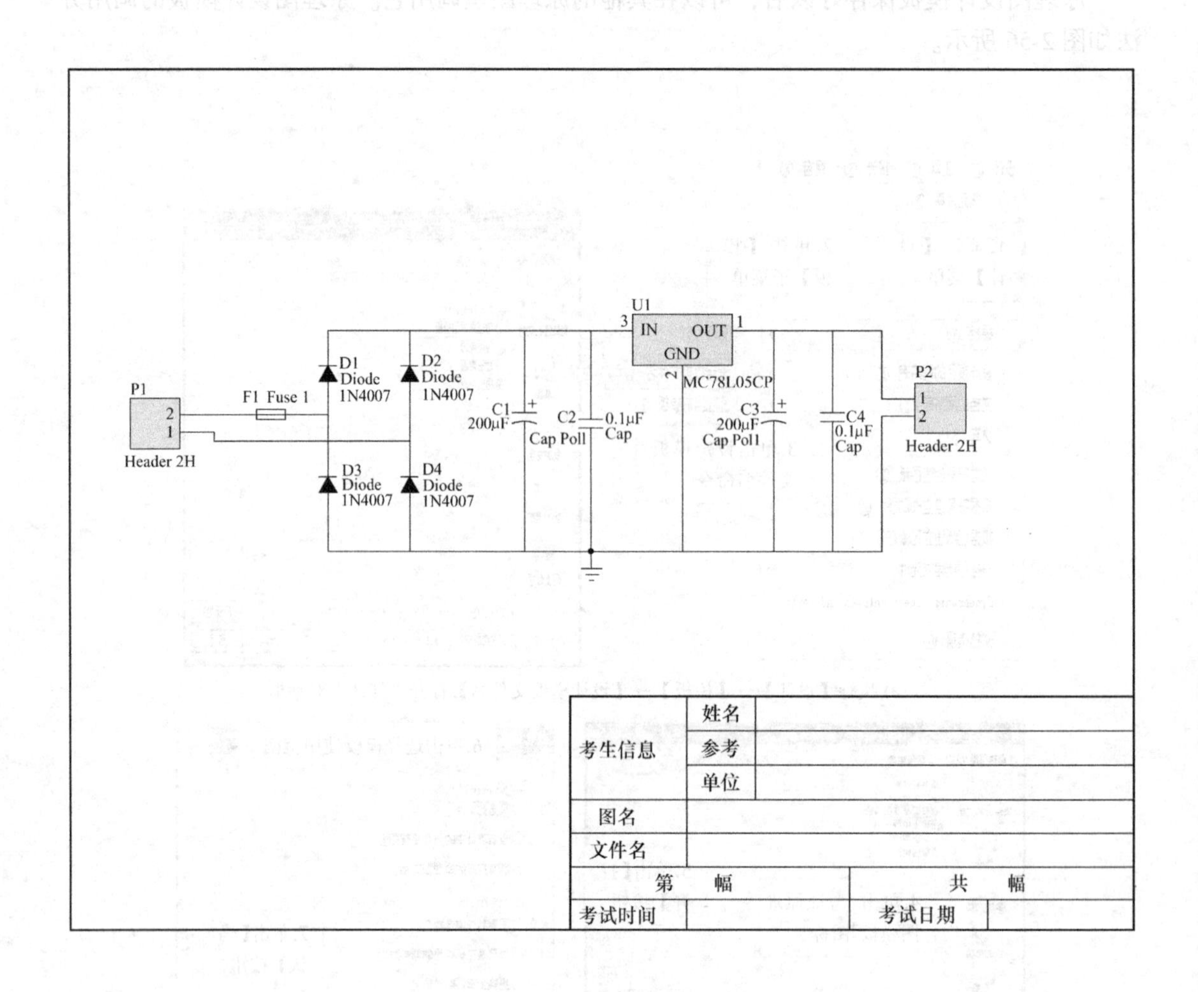

图 2-57　调用设计模板的稳压电源原理图

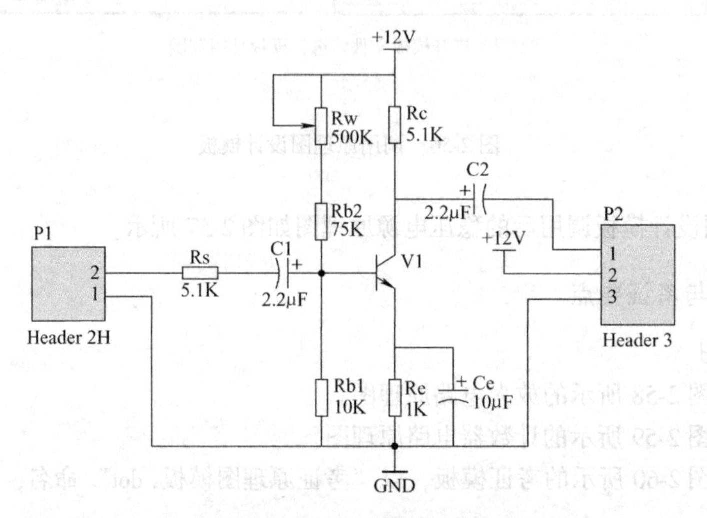

图 2-58　放大电路原理图

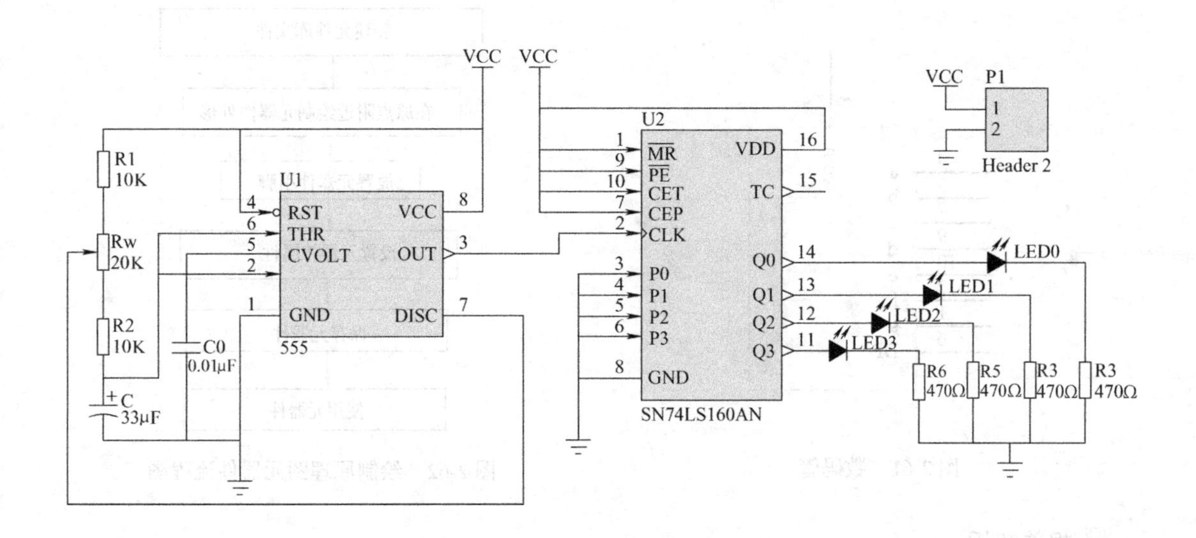

图 2-59　计数器电路原理图

考生姓名	刘洪	题号	CADE1	成绩	
准考证号	0123456789	出生年月	1990.08	性别	男
身份证号	510211199008085890	重庆科能高级技校			
评卷姓名					

图 2-60　考证模板

2. 考证要点

1）绘制普通原理图。

2）制作原理图设计模板。

3）保存、调用原理图设计模板。

任务 2　创建原理图库、制作原理图元器件

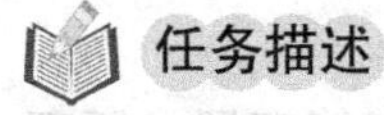

任务描述

用 Protel DXP 2004 软件绘制如图 2-61 所示的原理图元器件。

任务分析

原理图元器件是以库文件的形式保存的，制作原理图元器件需要先新建一个元件库，进入原理图元器件设计环境，然后制作元器件外形、添加元器件引脚、修改元器件属性。绘制原理图元器件流程图如图 2-62 所示。

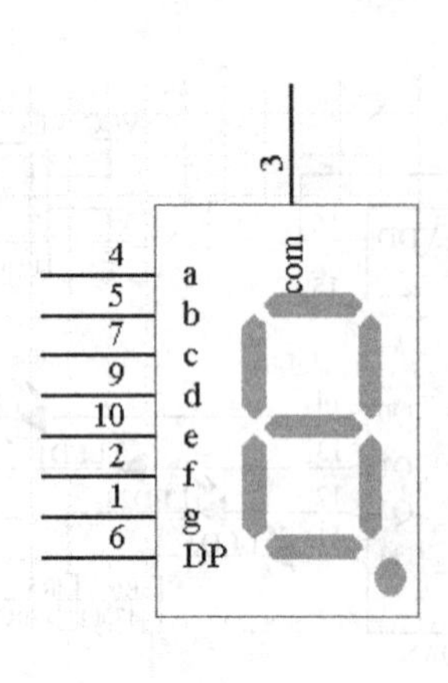

图 2-61 数码管

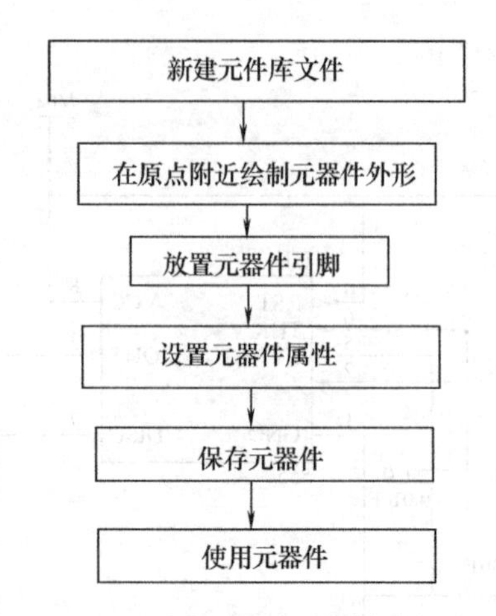

图 2-62 绘制原理图元器件流程图

相关知识

1. 原理图库编辑器

执行【文件】→【创建】→【库】→【原理图库】，启动原理图库编辑器，进入原理图库设计环境，同时可以看见系统自动创建的一个名为“Schlib1. SchLib”的原理图库文件，如图 2-63 所示。双击现有的原理图库文件图标，也可以启动原理图库编辑器，进入原理图库文件设计环境。

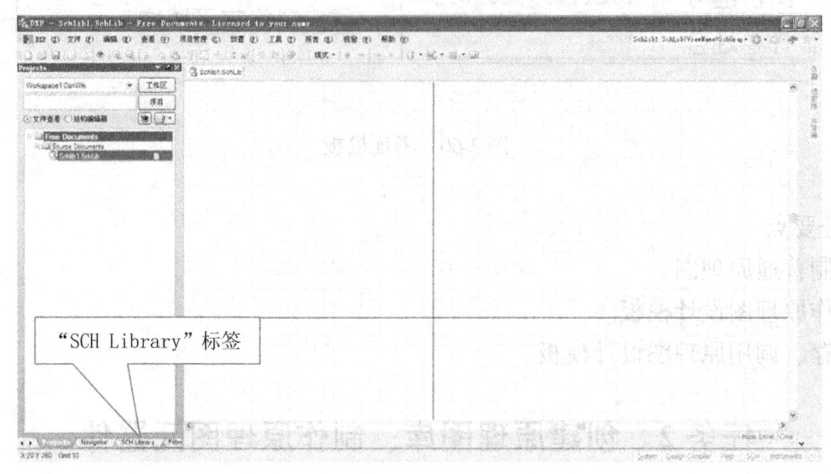

图 2-63 原理图库编辑器

单击原理图库编辑器左下角的“SCH Library”标签，可以打开原理图库管理器，原理图库管理器由元件区、别名区、引脚区与模型区组成，用于管理、编辑当前库中所有的元件，如图 2-64 所示。

执行【工具】→【重新命名元件】，打开元件重命名对话框，在对话框中输入元件的名称，然后单击【确认】按钮，完成元件的重命名，如图 2-65 所示。

执行【工具】→【新元件】，弹出新元件添加对话框，在对话框中输入新元件的名称，然后单击【确认】按钮，可完成新元件的添加。

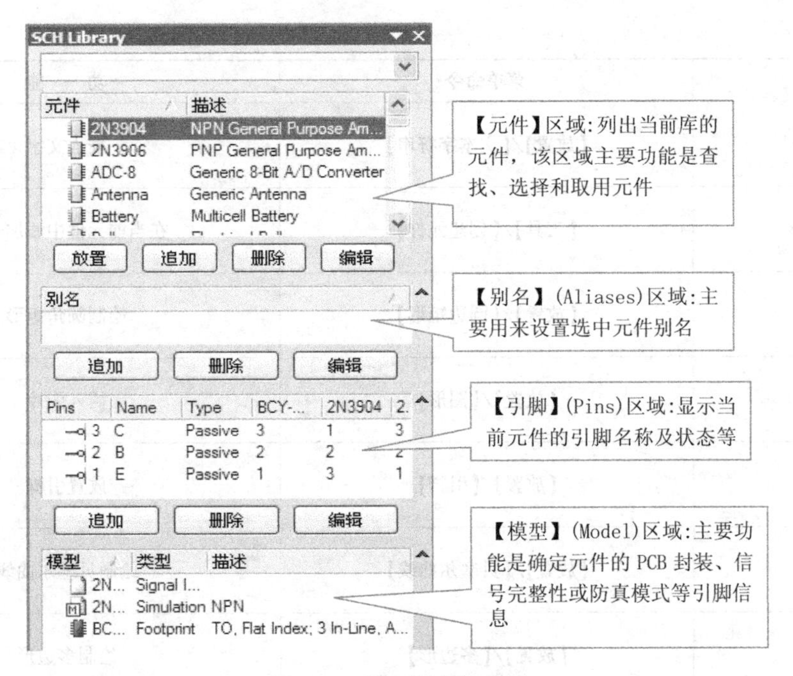

图 2-64　原理图库管理器

2. 绘图工具

单击实用工具栏上的按钮，可打开如图 2-66 所示的绘图面板，绘图面板上各按钮功能见表 2-4。

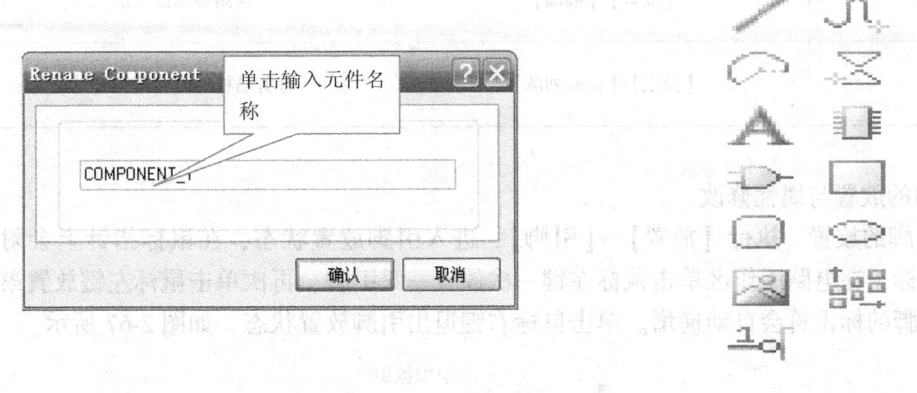

图 2-65　元件重命名对话框

图 2-66　绘图面板

表 2-4　绘图面板上各按钮功能

图标	菜单命令	功　能
	【放置】/【直线】	绘制直线
	【放置】/【椭圆弧】	绘制圆弧

（续）

图标	菜单命令	功　能
A	【放置】/【文本字符串】	插入文字
	【工具】/【创建元件】	在当前元件中添加子件
	【放置】/【圆边矩形】	绘制圆角矩形
	【放置】/【图形】	插入图片
	【放置】/【引脚】	放置引脚
	【放置】/【贝塞尔曲线】	绘制贝塞尔曲线
	【放置】/【多边形】	绘制多边形
	【创建】/【新元件】	创建新元件
	【放置】/【矩形】	绘制直角矩形
	【放置】/【椭圆】	绘制椭圆或圆形
	【设定】/【粘贴列队】	将剪贴板的内容阵列粘贴

3. 引脚的放置与属性修改

（1）引脚的放置　执行【放置】→【引脚】，进入引脚放置状态，在鼠标指针上会附着一只引脚图标，在电路工作区单击鼠标左键一次放置一只引脚，再次单击鼠标左键放置第二只引脚，引脚的标识符会自动递增。单击鼠标右键退出引脚放置状态，如图 2-67 所示。

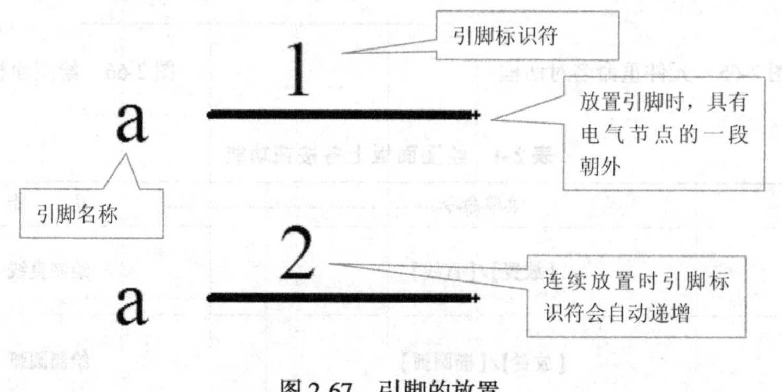

图 2-67　引脚的放置

(2) 引脚属性修改　双击引脚图标打开“引脚属性”对话框，可以对引脚名称、标识符等参数进行修改。修改完毕，按【确认】按钮保存修改内容并关闭对话框，如图2-68所示。

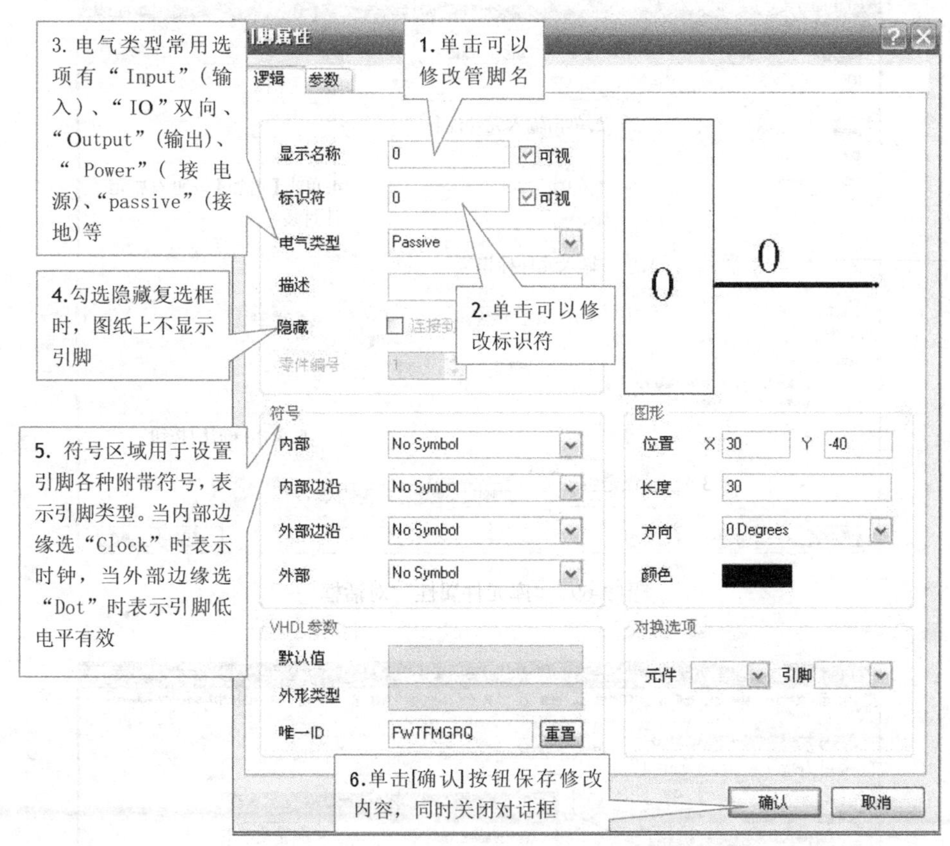

图2-68 “引脚属性”对话框

教你一招：当表示引脚名称的字母上带横线时，可以通过在名称栏输入“＊\”来实现。例如，在名称栏里输入“Q\”时，引脚的名称就会显示为$\overline{Q}$。

4. 元件属性修改

在完成元件外形绘制与引脚添加后，执行【工具】→【元件属性】，或者单击原理图库管理器中元件区域上的编辑按钮，都可以打开“Library Component Properties”库元件属性对话框，在此可以完成元件标识符、元件注释以及元件封装的添加等，如图2-69所示。

任务准备

启动Protel DXP 2004软件，打开Protel DXP 2004主界面。

任务实施

1. 创建原理图库文件

执行【文件】→【创建】→【库】→【原理图库】，启动原理图库编辑器，进入原理图库文件设计环境。执行【文件】→【保存】，把系统自动创建的“Schlib1. SchLib”原理图库文件命名为“自制元件库 . SchLib”保存，如图 2-70 所示。

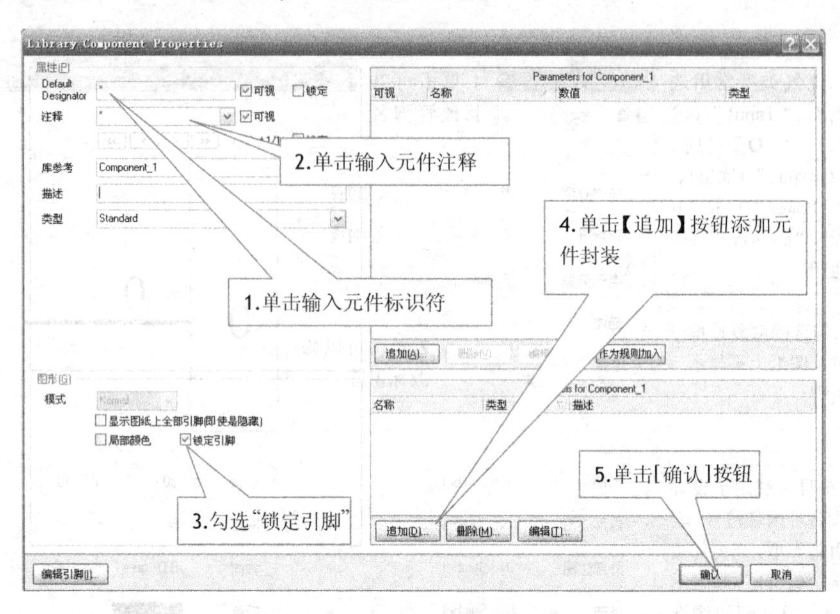

图 2-69 “库元件属性”对话框

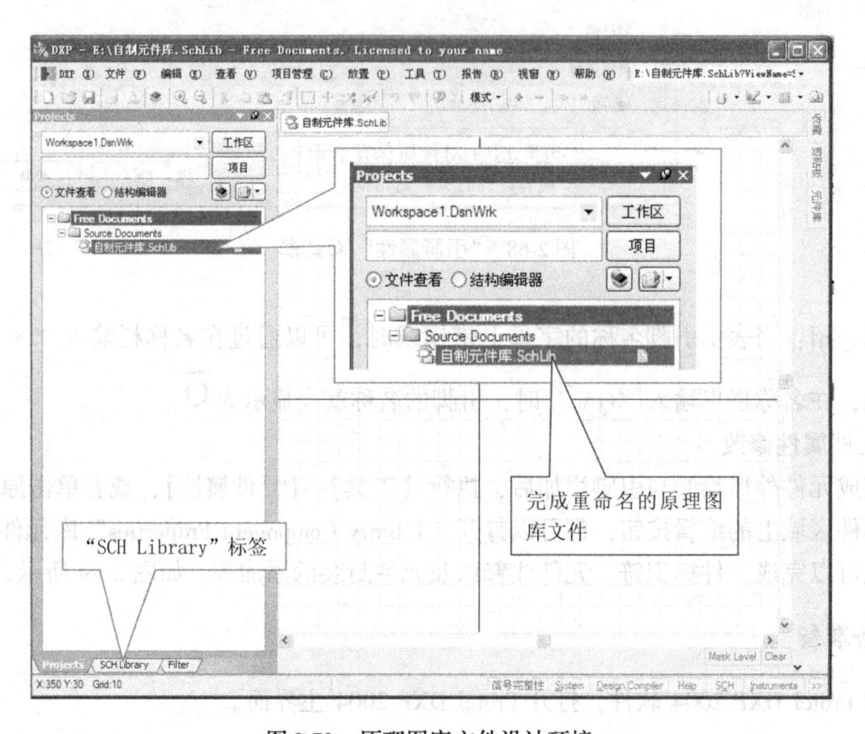

图 2-70 原理图库文件设计环境

单击图 2-70 中的“SCH Library”标签，打开原理图库管理器，在原理图库管理器的元件区域有一只系统自动创建的名为 Component _ 1 新元件，如图 2-71 所示。

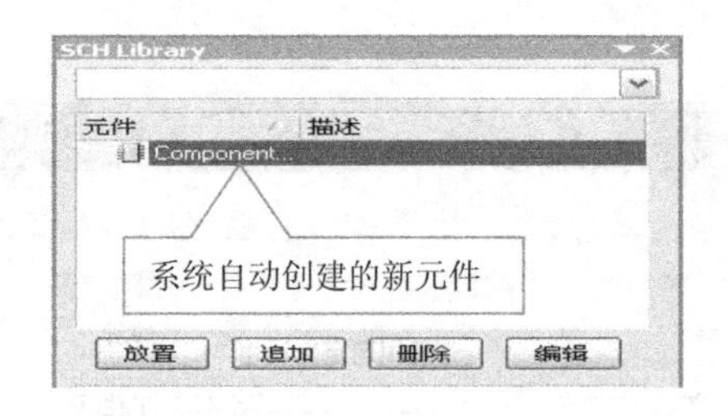

图 2-71 系统自动创建的 Component _ 1 新元件

执行【工具】→【重新命名元件】，弹出元件重命名对话框，如图 2-72a 所示。在对话框中输入“数码管”，单击【确认】按钮，如图 2-72b 所示。

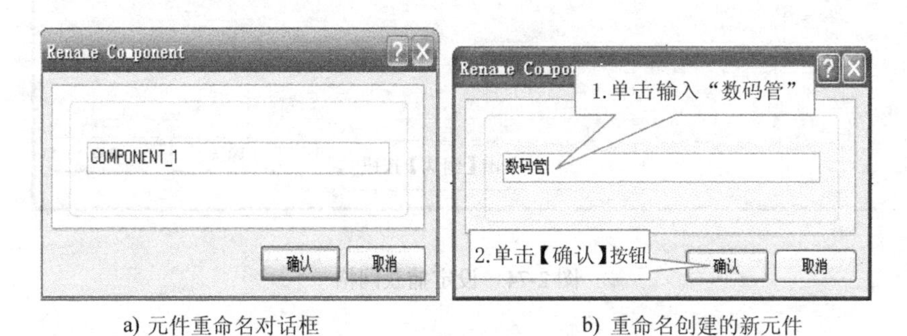

a) 元件重命名对话框　　b) 重命名创建的新元件

图 2-72 元件重命名

完成重命名后的原理图库元件如图 2-73 所示。

2. 设定捕获网格

由于所绘制的数码管外形中的图形很小，所以需要修改捕获网格才能完成相应的绘制工作。执行【工具】→【文档选项】，打开库编辑器工作区，单位选择系统默认的英制，在库编辑器选项的网格区域把捕获网格默认的“10”修改为“2”，如图 2-74 所示。

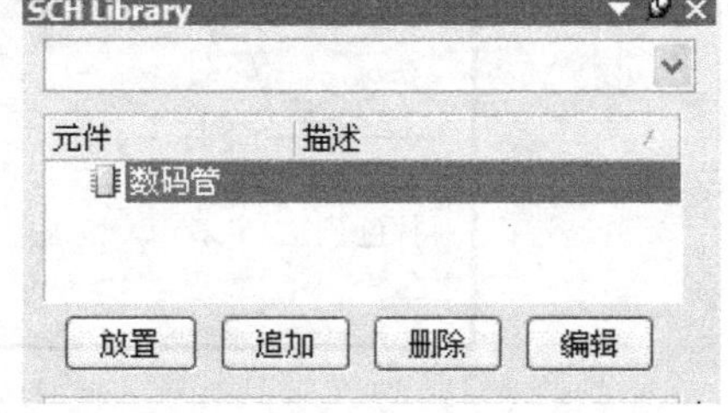

图 2-73 命名为数码管的原理图库元件

3. 绘制数码管外形

（1）绘制矩形框 单击按钮，打开绘图面板，单击其中的放置矩形按钮，进入矩形放置状态，按键盘上的【Tab】键，弹出“矩形属性”对话框，单击“填充色”打开“选择颜色”对话框，选择黄色，单击【确认】按钮完成填充色修改。按照同样的方法把边缘色修改为棕色，勾选画实心复选框，边缘宽选用系统默认的“Smallest”，单击【确认】按钮完成多边形属性修改，如图 2-75 所示。

在工作区放置一只引脚控制图形的比例，在第四象限靠近原点的位置单击鼠标左键确定矩形的左上角，再次单击鼠标左键确定矩形的右下角，如图 2-76 所示。根据元器件引脚多少，调整矩形的大小。

教你一招：在绘制矩形的大小时，放置一只引脚作为参考，让整个图形的比例更合适。

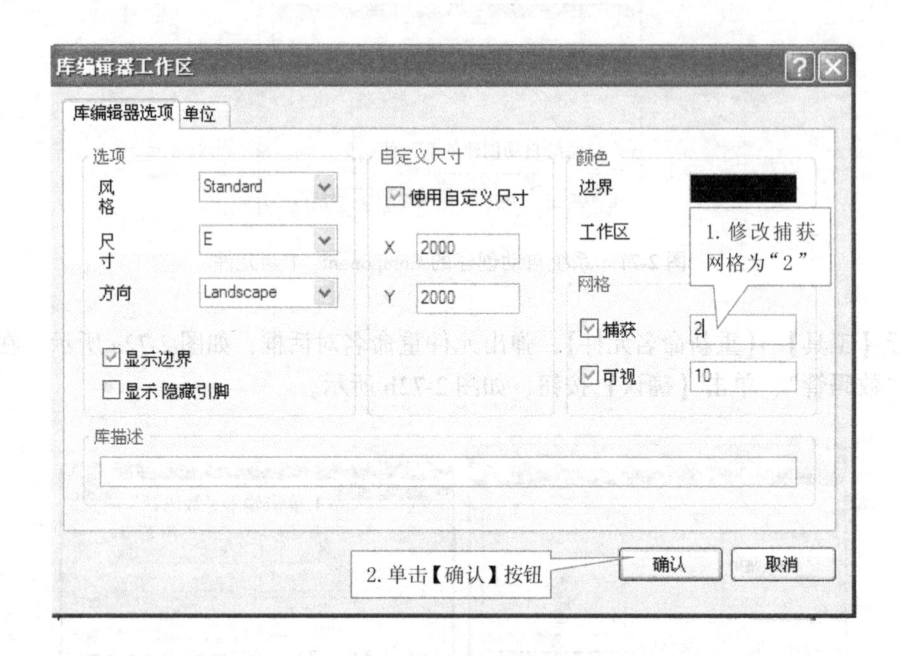

图2-74　设定捕获网格

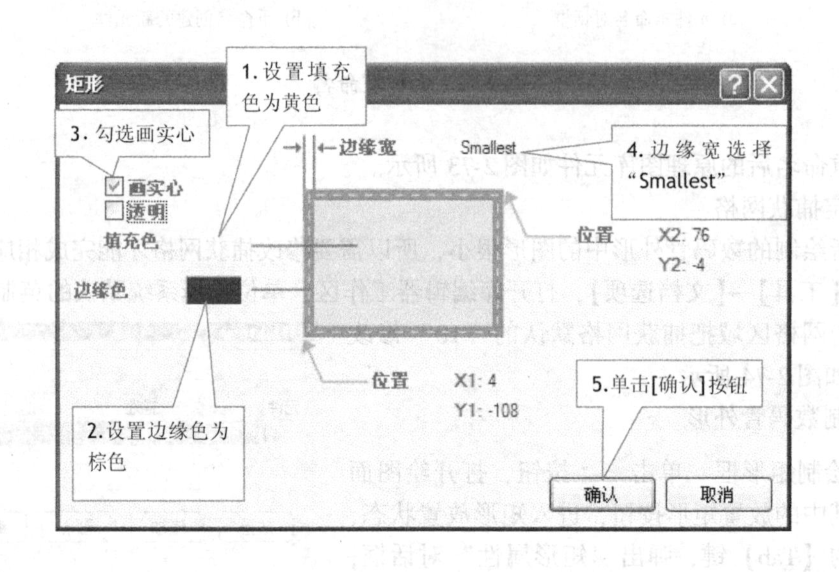

图2-75　“矩形属性”对话框

（2）绘制多边形　执行【放置】→【多边形】，进入多边形放置状态，按键盘上的【Tab】键，弹出“多边形”属性对话框，单击“填充色”打开“选择颜色”对话框，选择红色，单击【确定】按钮完成填充色修改。按照同样的方法把边缘色也修改为红色，勾选画实心复选框，单击【确认】按钮完成多边形属性修改，如图2-77所示。

单击鼠标左键确定多边形的第一个顶点，再次单击鼠标左键确定第二个顶点，按照如图2-78所示的顺序完成6个顶点的绘制，单击鼠标右键退出多边形的绘制状态。

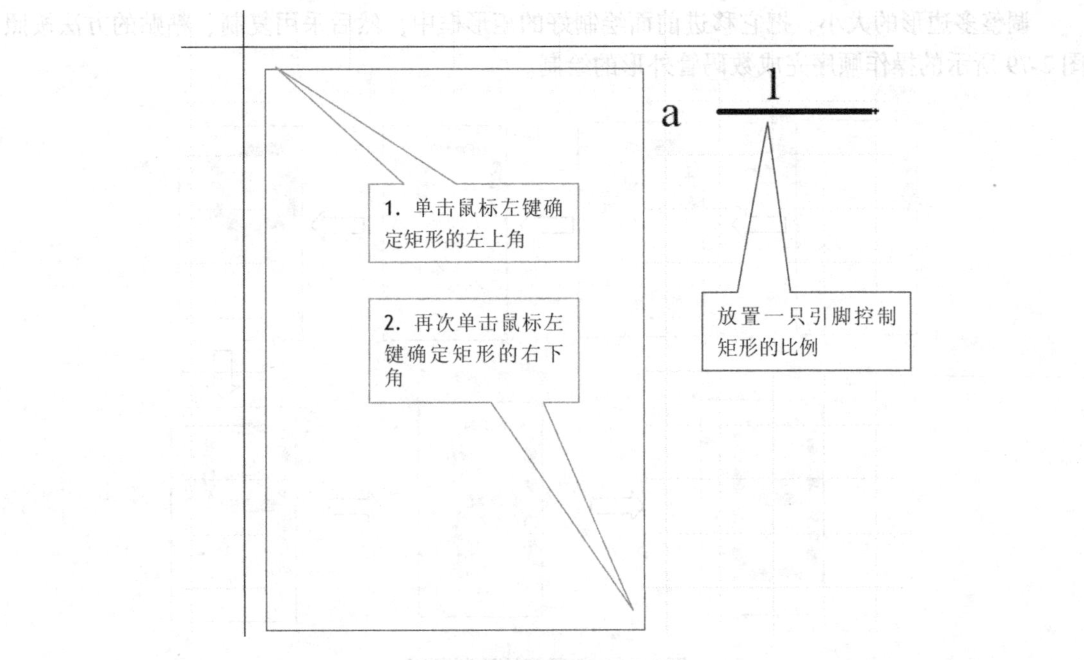

图 2-76　绘制矩形

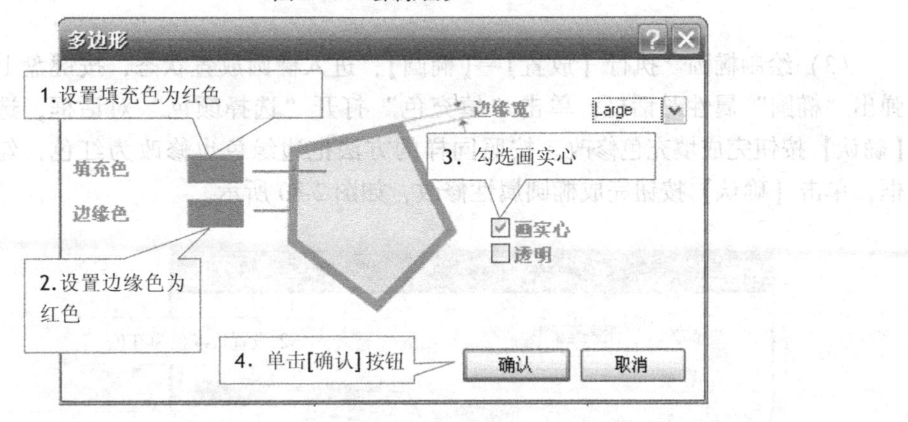

图 2-77　“多边形属性”对话框

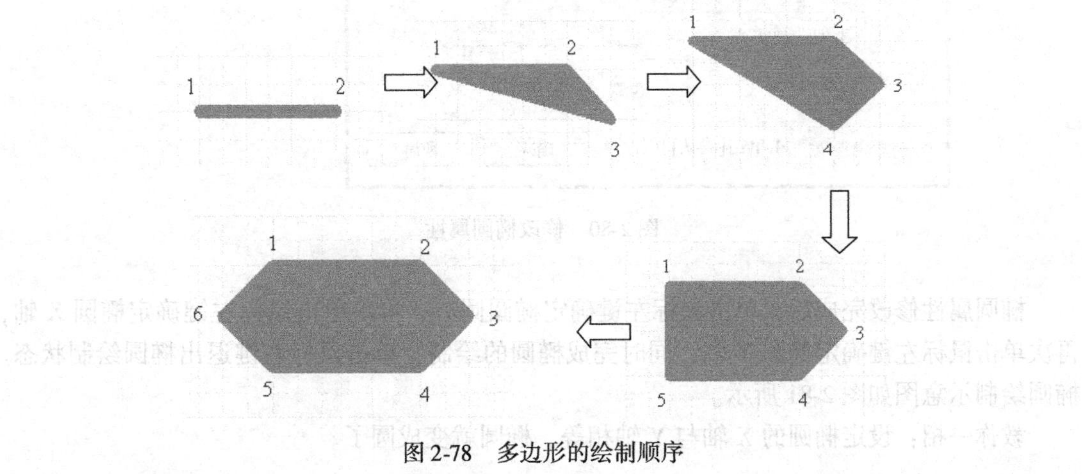

图 2-78　多边形的绘制顺序

调整多边形的大小，把它移进前面绘制好的矩形框中，然后采用复制、粘贴的方法按照图 2-79 所示的操作顺序完成数码管外形的绘制。

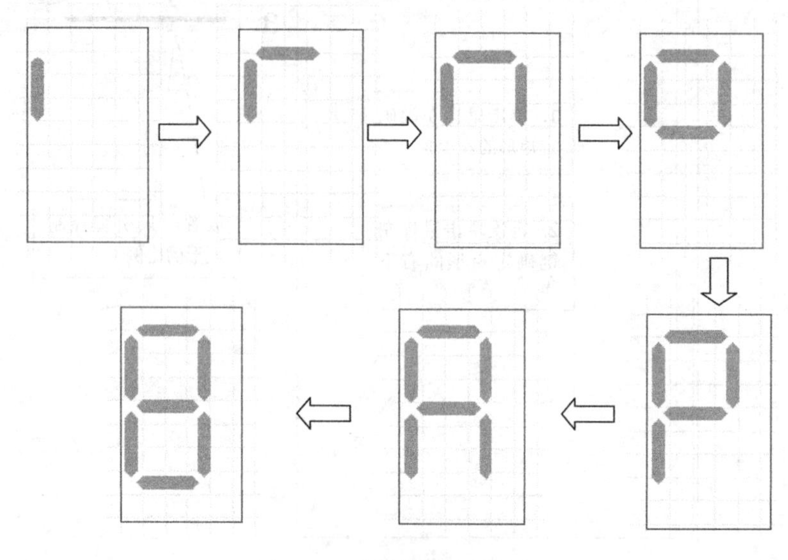

图 2-79　数码管的绘制顺序

（3）绘制椭圆　执行【放置】→【椭圆】，进入椭圆放置状态，按键盘上的【Tab】键，弹出“椭圆”属性对话框，单击“填充色”打开“选择颜色”对话框，选择红色，单击【确认】按钮完成填充色修改。按照同样的方法把边缘色也修改为红色，勾选画实心复选框，单击【确认】按钮完成椭圆属性修改，如图 2-80 所示。

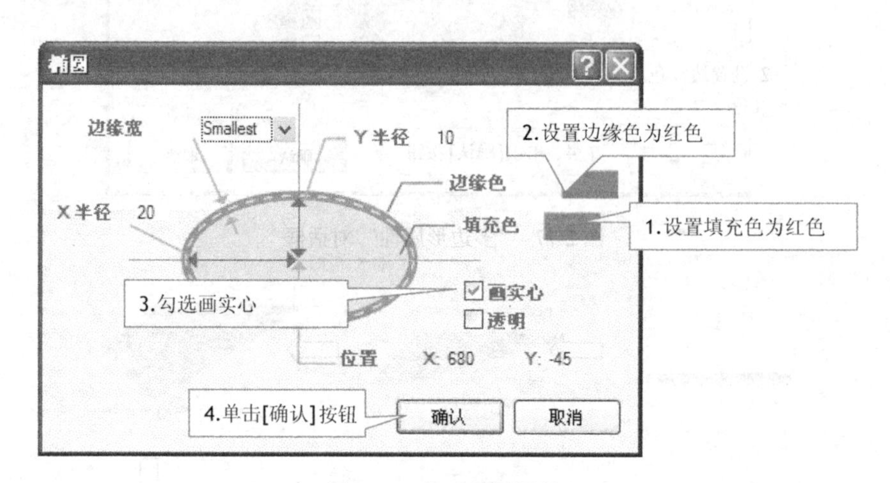

图 2-80　修改椭圆属性

椭圆属性修改完成后，单击鼠标左键确定椭圆圆心，再次单击鼠标左键确定椭圆 X 轴，再次单击鼠标左键确定椭圆 Y 轴，同时完成椭圆的绘制，单击鼠标右键退出椭圆绘制状态。椭圆绘制示意图如图 2-81 所示。

教你一招：设定椭圆的 X 轴与 Y 轴相等，椭圆就变成圆了。

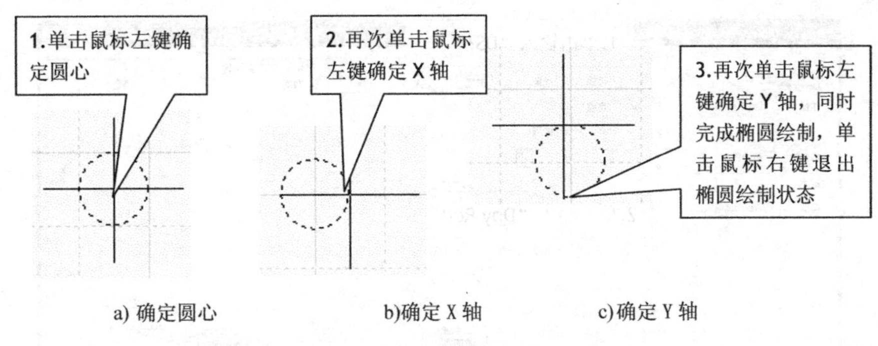

图 2-81 绘制椭圆示意图

调整椭圆为一个大小合适的圆，放置在数码管八字外形的右下角，绘制完成后的数码管外形如图 2-82 所示。

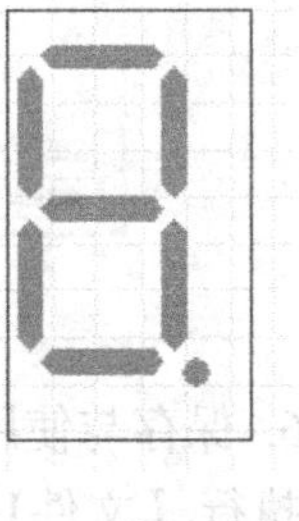

图 2-82 数码管外形

4. 添加数码管引脚

执行【放置】→【引脚】，进入放置引脚状态，单击左键将引脚放置到合适的位置。双击引脚弹出【引脚属性】对话框，根据需要修改“引脚属性”，并对相关参数进行修改，如图 2-83 所示。

依据相同的方法放置其他引脚并更改参数，完成引脚放置的数码管如图 2-84 所示。

5. 修改数码管属性

在数码显示管引脚添加完成后，执行【工具】→【元件属性】，打开“Library Component Properties”库元件属性对话框，添加元件的标识符与注释，如图 2-85 所示。

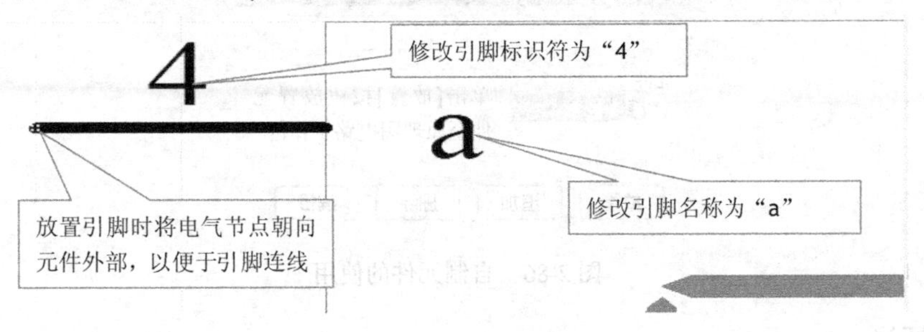

图 2-83 引脚放置

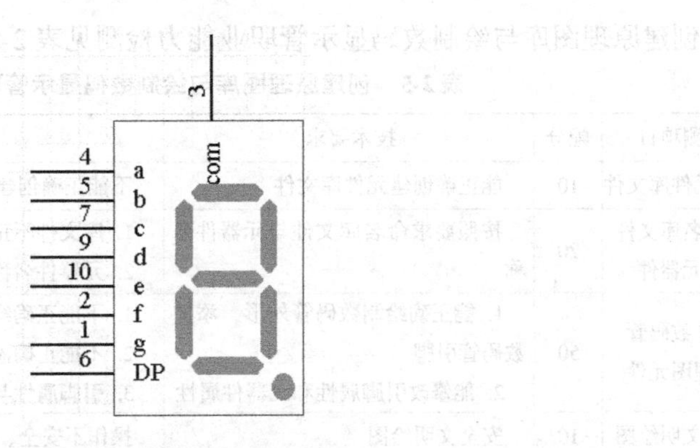

图 2-84 绘制完成的数码显示管

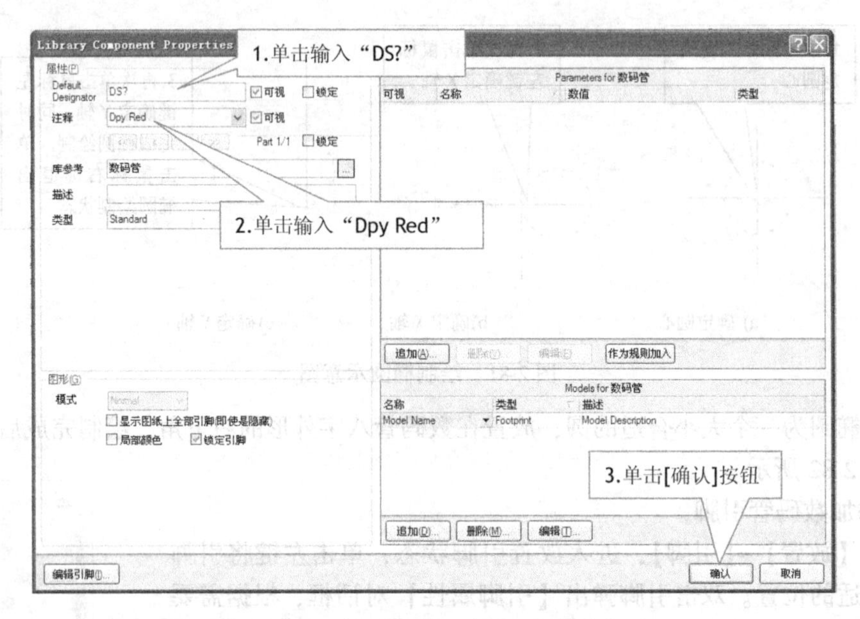

图 2-85 “库元件属性”对话框

6. 保存与使用数码管

执行【文件】→【保存】按钮，保存数码管，这样就完成了数码显示管的制作。单击图 2-86 中的【放置】按钮，可以把数码管放置到原理图的电路工作区，如果没有打开的原理图文件，系统会自动新建一个原理图文件。

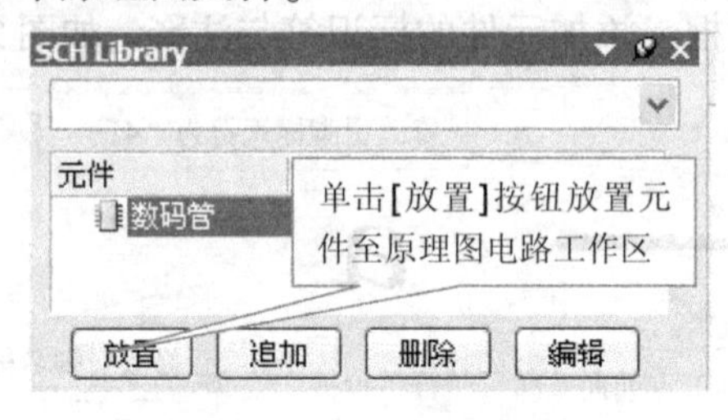

图 2-86 自制元件的使用

检查评议

创建原理图库与绘制数码显示管职业能力检测见表 2-5。

表 2-5 创建原理图库与绘制数码显示管职业能力检测

检测项目	配分	技术要求	评分标准	得分
创建元件库文件	10	能正确创建元件库文件	不能正确创建元件库文件，扣 10 分	
重命名库文件与元器件	20	按照要求命名库文件与元器件名称	1. 库文件不正确，扣 10 分 2. 元器件名称不正确，扣 10 分	
制作数码管原理图元件	50	1. 能正确绘制数码管外形，添加数码管引脚 2. 能修改引脚属性和元器件属性	1. 不能正确绘制外形，每处扣 30 分 2. 不能正确添加元器件引脚，每处扣 5 分 3. 引脚属性与元器件属性不正确，每处扣 5 分	
安全文明绘图	10	安全文明绘图	操作不安全、不文明，扣 1～10 分	
合计				

问题及防治

1. 创建的元器件放置到原理图中显得外形过大或者过小

这是由于所绘制的元器件外形的比例不合适造成的，可以先放置一个引脚，以此大小作为参考，再绘制元器件外形。

2. 放置到原理图中的元器件不能自由的移动

这是由于元器件绘制的位置远离了原点造成的，只要把所绘制的元器件移动到电路工作区第四象限靠近原点的位置就可以了。

3. 创建的元器件的引脚没有电气连接性能

这是由于元器件的引脚只有一端具有电气特性，在放置元器件引脚时，应将不具有电气特性的一段与元器件外形相连。

知识拓展——利用系统集成库中元件创建新元件

在创建自己的元件库过程中，当所绘制的元器件与系统集成库中的元器件比较相似时，采用把集成库中的元器件复制到自己创建的元件库中，通过简单的修改来创建新原理图元器件的方法，可以节省大量的时间，提高工作效率。例如，采用修改系统集成库中的 Dpy Red-CA 库元件来创建本任务中的数码管，将大大地提高工作效率。其操作步骤如下：

1）打开已有的自制元件库，并一直保持在打开状态

2）执行【文件】→【打开】，弹出文件打开对话框，选择 Protel DXP 2004 安装目录下的“Library”文件夹中的集成库文件“Miscellaneous Devices. IntLib”，如图 2-87 所示。

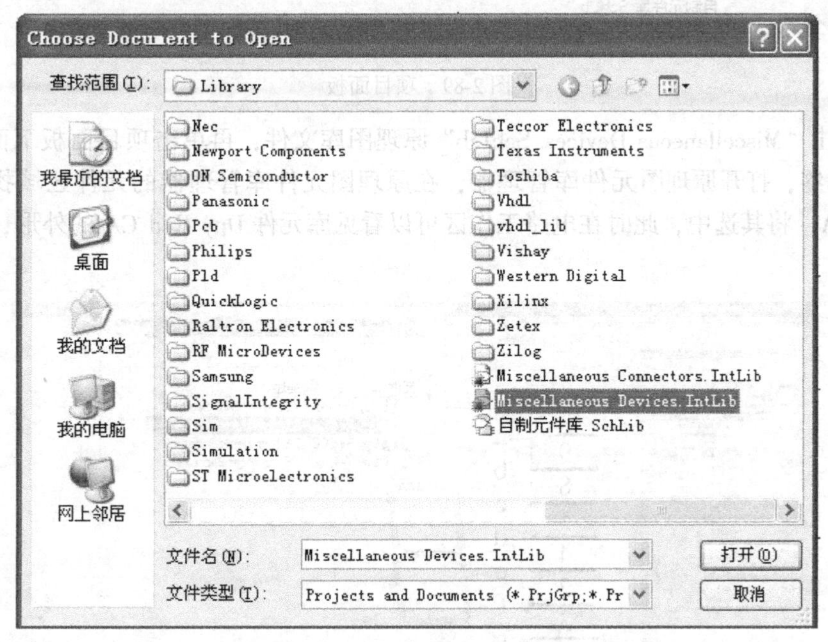

图 2-87　打开已有的库文件

3）单击图 2-87 中的【打开】按钮，系统弹出“抽取源码或安装”选择对话框，如图 2-88 所示。

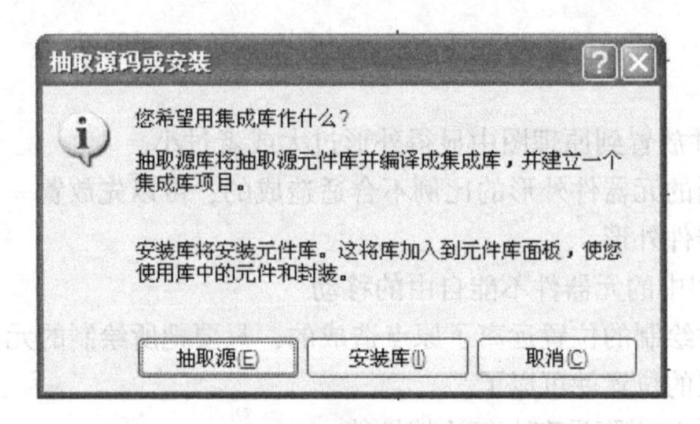

图2-88 “抽取源码或安装”选择对话框

4）单击图2-88中的【抽取源】按钮，就可以在项目面板上看见从集成库文件“Miscellaneous Devices. IntLib”中抽取的原理图库文件“Miscellaneous Devices. SchLib”，如图2-89所示。

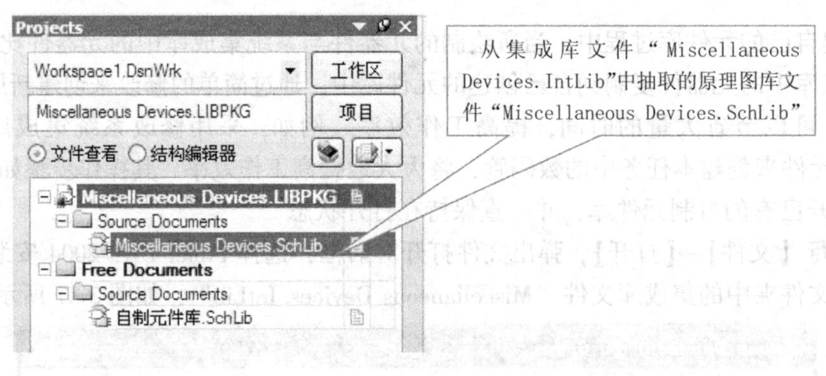

图2-89 项目面板

5）双击“Miscellaneous Devices. SchLib”原理图库文件，再单击项目面板下面的“SCH Library”标签，打开原理图元件库管理器，在原理图元件库管理器的元件区域找到库元件Dpy Red CA，将其选中，此时在电路工作区可以看见库元件Dpy Red CA的外形，如图2-90所示。

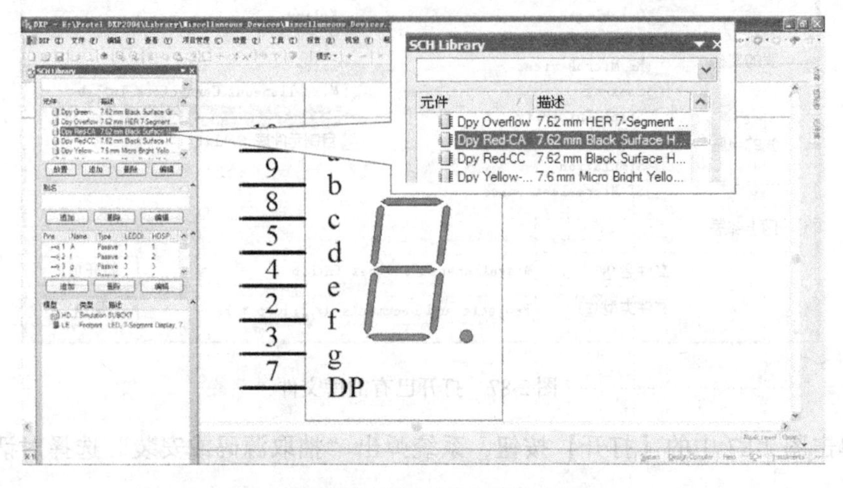

图2-90 元件库管理器元件区域上的库元件Dpy Red CA

6）执行【工具】→【复制元件】，弹出如图 2-91 所示的目标库文件选择对话框，选中“自制元件库．SchLib”，然后单击【确认】按钮。

图 2-91　目标库文件选择对话框

7）单击“自制元件库．SchLib”，使之为当前活动文件，点击项目面板上的“SCH Library”标签，在原理图元件库管理器的元件区域，可以看见从“Miscellaneous Devices. SchLib”原理图库文件复制到“自制元件库．SchLib”中的 Dpy Red CA 库元件，如图 2-92 所示。

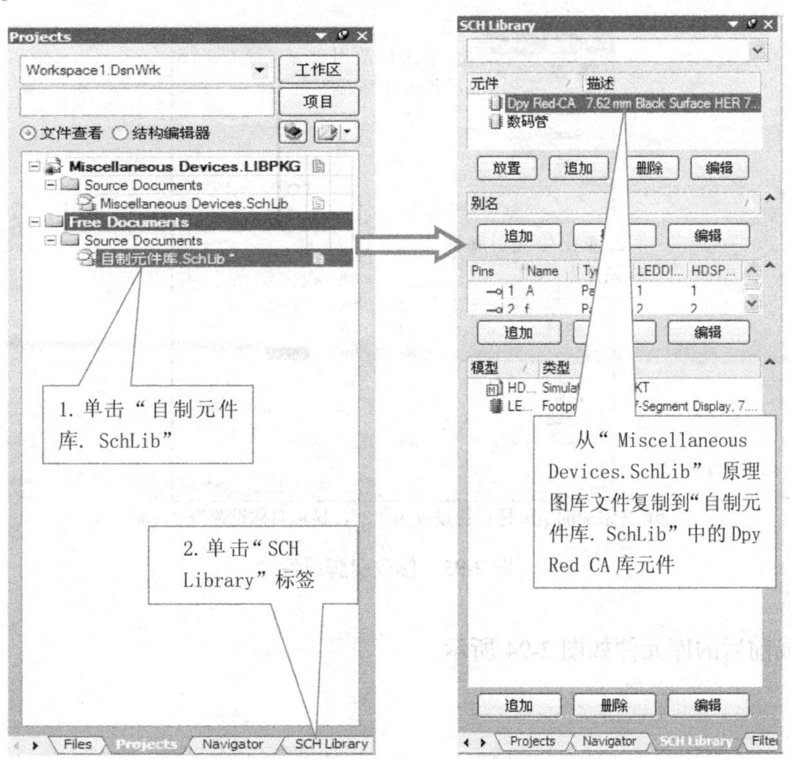

图 2-92　查看复制结果

8）根据需要修改库元件。

①删除多余引脚。选中引脚“1”、“6”，将其删除。

②修改引脚属性。双击引脚“10”，打开引脚属性对话框，将引脚标识修改为“4”，如图 2-93a 所示，按照同样的方法依次完成余下引脚的修改。

③添加引脚“3”。执行【工具】→【复制元件】，进入放置引脚状态，按［Tab］键打开

“引脚属性”对话框，把引脚标识符修改为“3”，显示名称修改为“com”，如图 2-93b 所示，然后把引脚放置在相应的位置。

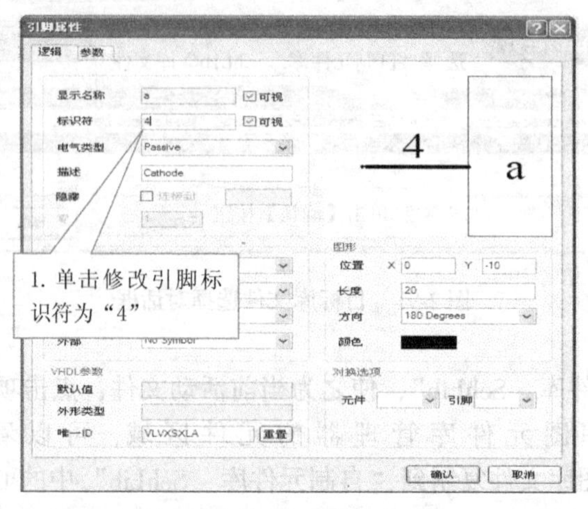

a）将引脚标识符“10“修改为“4”

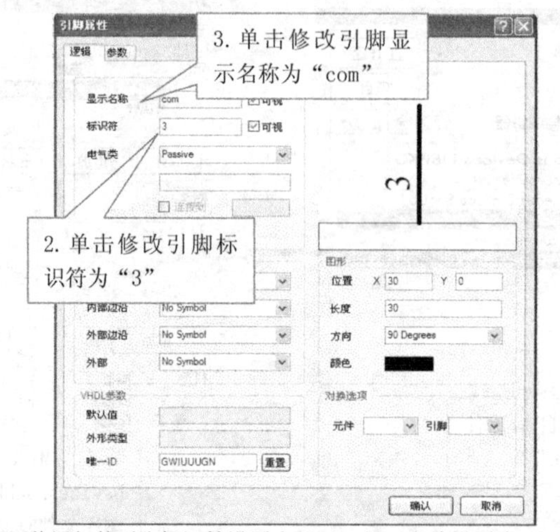

b）将添加的引脚标识符设置为“3”，显示名称设置为“com”

图 2-93　修改引脚属性

修改完成前后的库元件如图 2-94 所示。

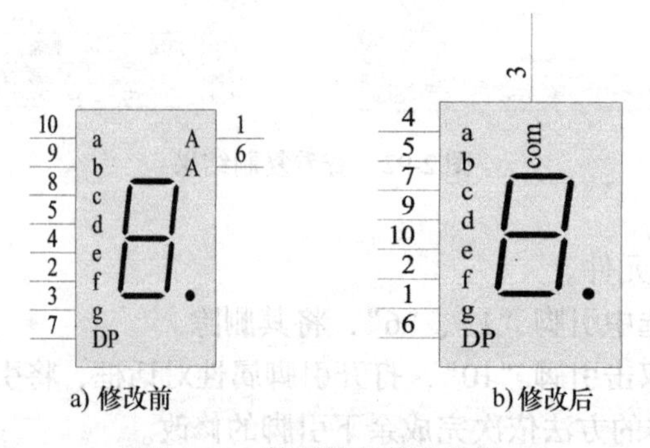

a) 修改前　　b) 修改后

图 2-94　数码管的修改效果

9）重命名库元件　执行【工具】→【重命名新元件】，打开库元件重命名对话框，在对话框中输入“七段数码管”，单击【确认】按钮，完成库元件的重命名。在原理图元件库管理器的元件区域，可以看到库元件已经更名为七段数码管，如图2-95所示。最后执行【文件】→【保存】，把创建的库元件保存在“自制元件库．SchLib”中。

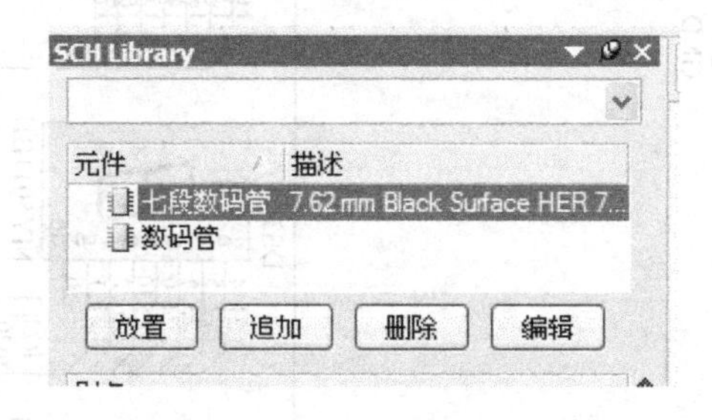

图2-95　创建的新元件更名为“七段数码管”

巩固练习与考证要点

1. 巩固练习

1）创建一个名为“My. SchLib”的原理图库文件。

2）在“My. SchLib”元件库中绘制如图2-96所示的“变压器”原理图元件和如图2-97所示的“74LS160”原理图元件。

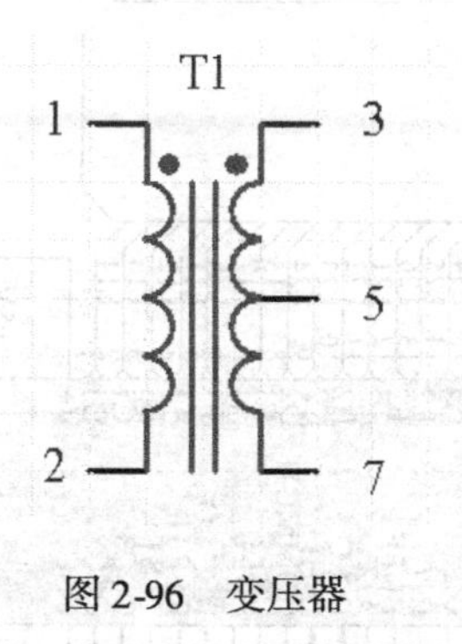

图2-96　变压器

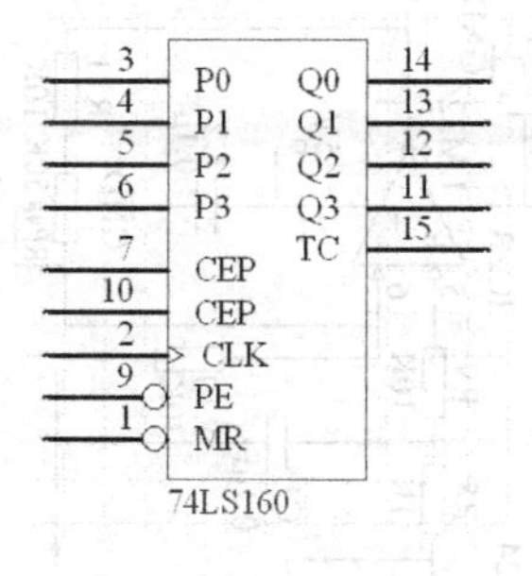

图2-97　74LS160

2. 考证要点

1）创建自己的元件库，学会保存和使用。

2）绘制新的元器件，学会添加引脚和更改元器件属性。

任务3　设计温度显示与控制电路原理图

任务描述

用Protel DXP 2004软件绘制如图2-98所示的温度显示与控制电路原理图。

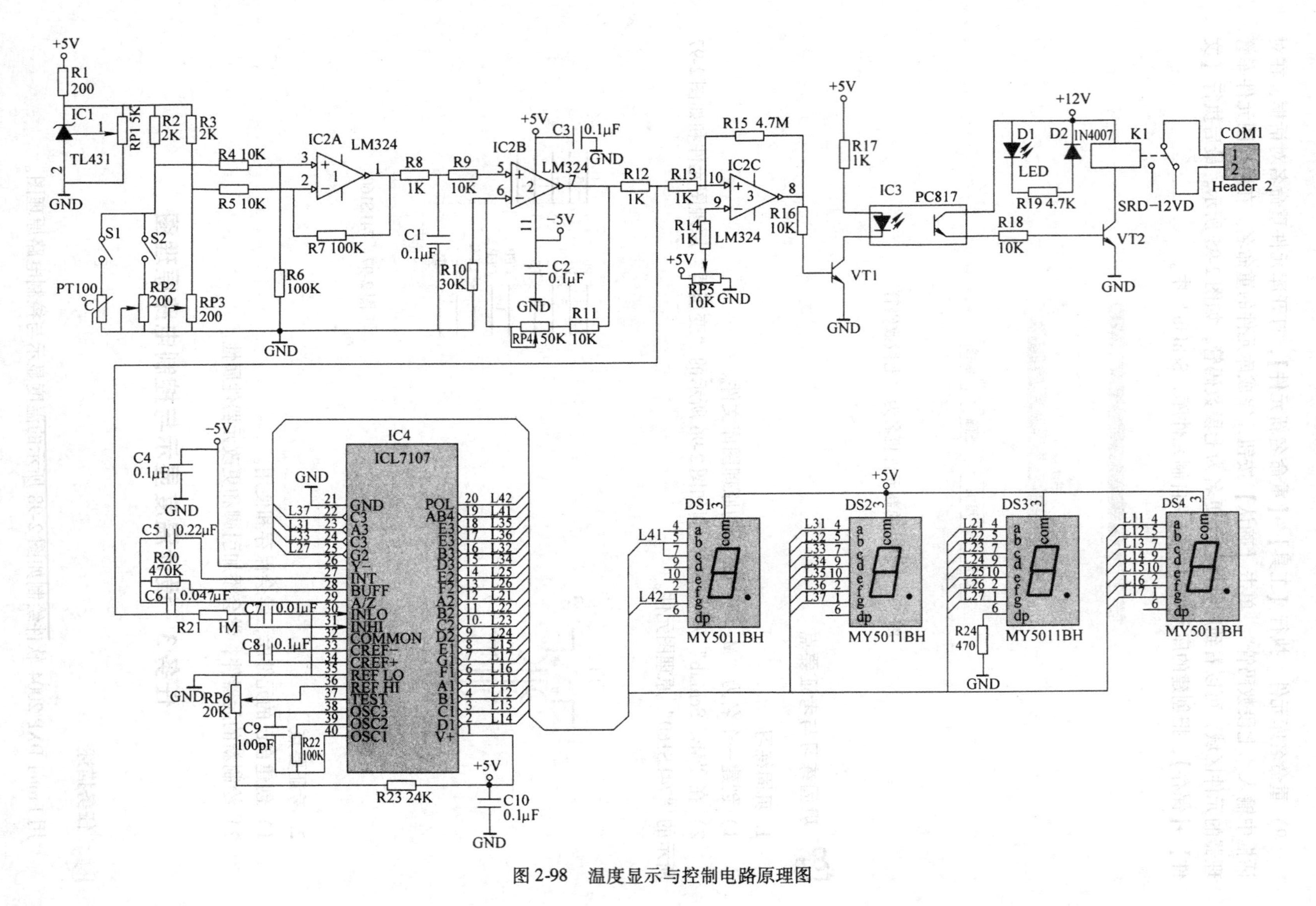

图 2-98 温度显示与控制电路原理图

任务分析

温度显示与控制电路原理图使用了总线与网络标号简化电路图，还使用了自制的元器件，因此在绘制原理图时需要把自制的元件库加载至当前的项目中，还需要学习绘制总线与放置网络标号的方法。绘制温度显示与控制电路原理图的工作流程图如图 2-99 所示。

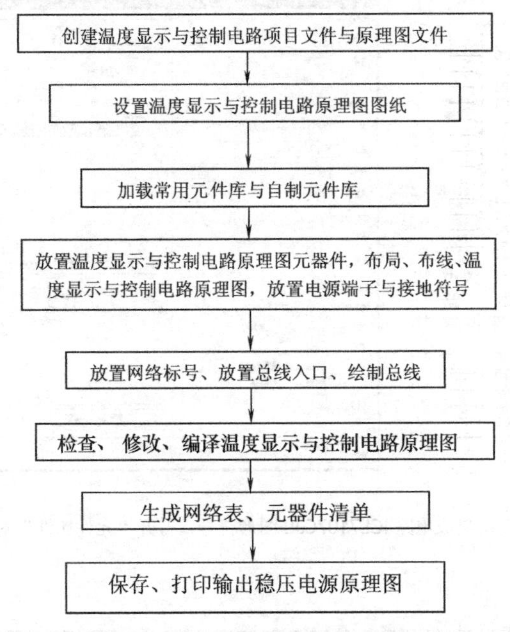

图 2-99　绘制温度显示与控制电路原理图的工作流程图

相关知识

1. 集成电路属性的修改

在绘制原理图时，有时为了使电路图便于识读和导线的连接，需要修改集成电路的引脚名称，移动集成电路的引脚位置，即修改集成电路的属性。修改集成电路 ICL7107CJL 属性的操作方法如图 2-100 所示。

教你一招：当引脚处于浮动状态时，按空格键可以逆时针旋转引脚 90°，按【Tab】键可以打开引脚属性对话框。

2. 总线、总线分支、网络标号的放置

在绘制原理图时，常常会遇到一些连接距离较长、数量较多的导线，如果每一根导线均为直线连接，就会产生很多交叉的导线，从而导致原理图难以识读与分析，这时常常采用网络标号、总线来表示原理图中一些导线的连接关系，使原理图便于识读。

（1）总线　总线代表具有相同电气特性的一组导线。总线不是单独的一根普通导线，它可以用总线分支引出各条导线。在原理图绘制中，需要连接一组数量较多而且具有相同电气特性的导线时，通常采用总线方法绘制，这样可以使原理图简化便于识读。单击按钮或者执行菜单【放置】→【总线】，使光标变成　形状，进入总线放置状态，此时按

【Tab】键可以修改总线的属性，按【Shift】+【空格键】可以使总线的转角角度在直角、45°、与任意角度之间切换。总线的绘制方法与导线的绘制方法类似。

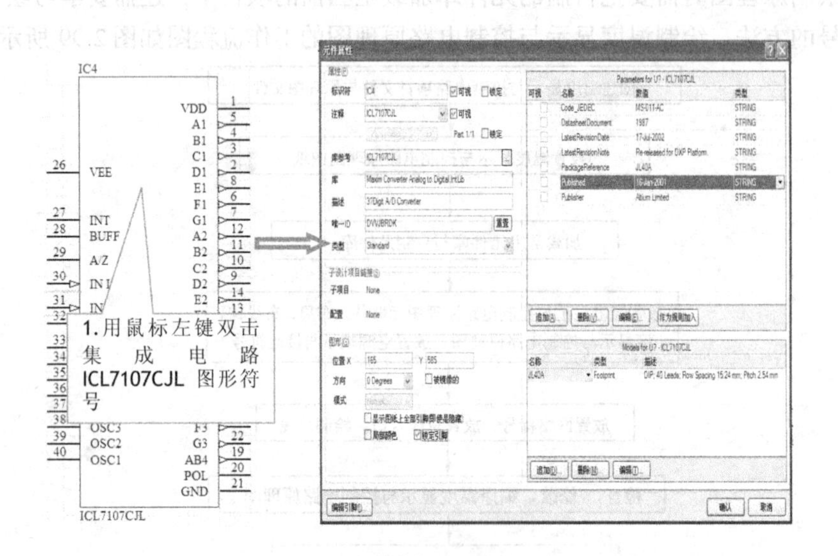

a) 双击集成电路 ICL7107CJL 图形符号，打开“元件属性”对话框

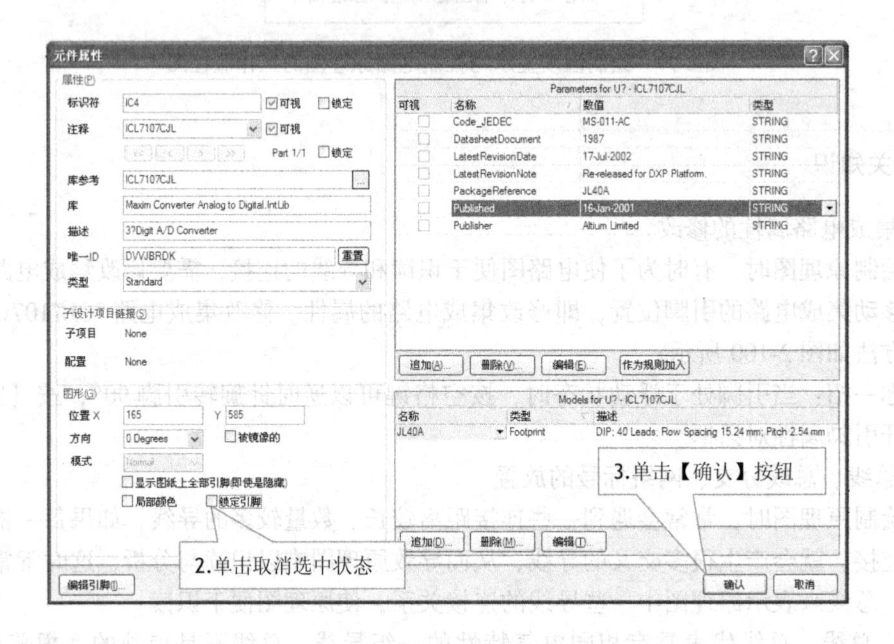

b) 取消集成电路 ICL7107CJL 引脚的锁定状态

图 2-100　修改集成电路 ICL7107CJL 的属性

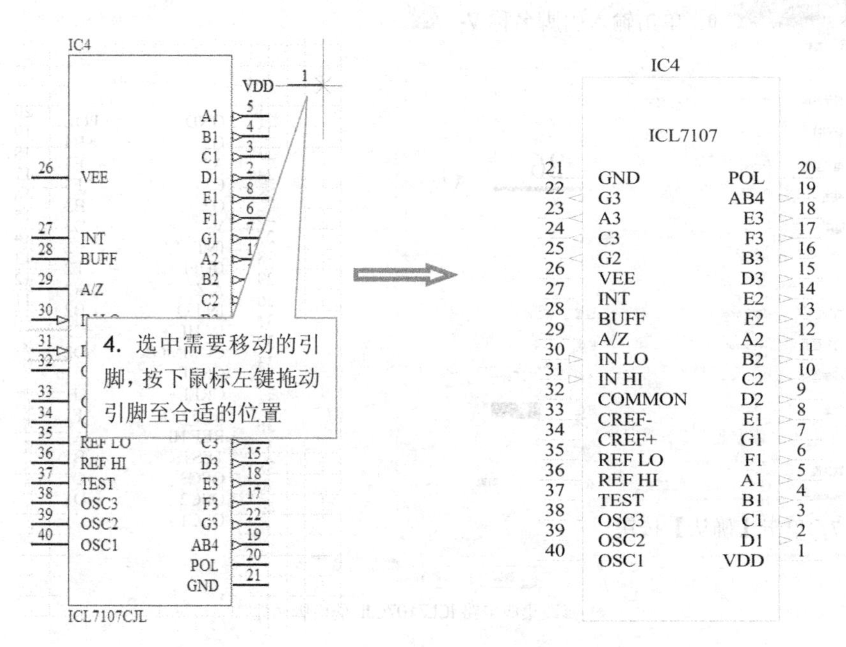

c) 移动集成电路 ICL7107CJL 的引脚

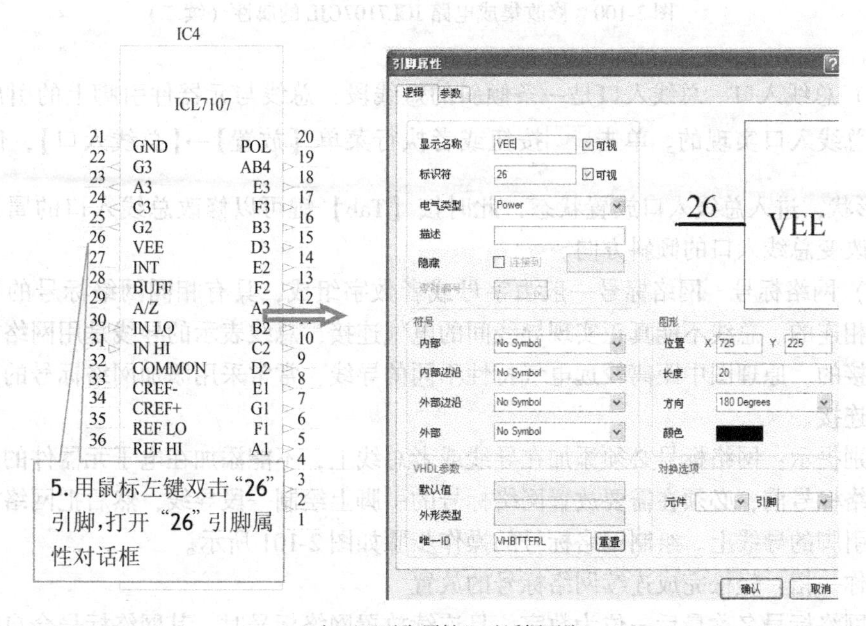

d) 打开“引脚属性”对话框引脚

图 2-100　修改集成电路 ICL7107CJL 的属性（续一）

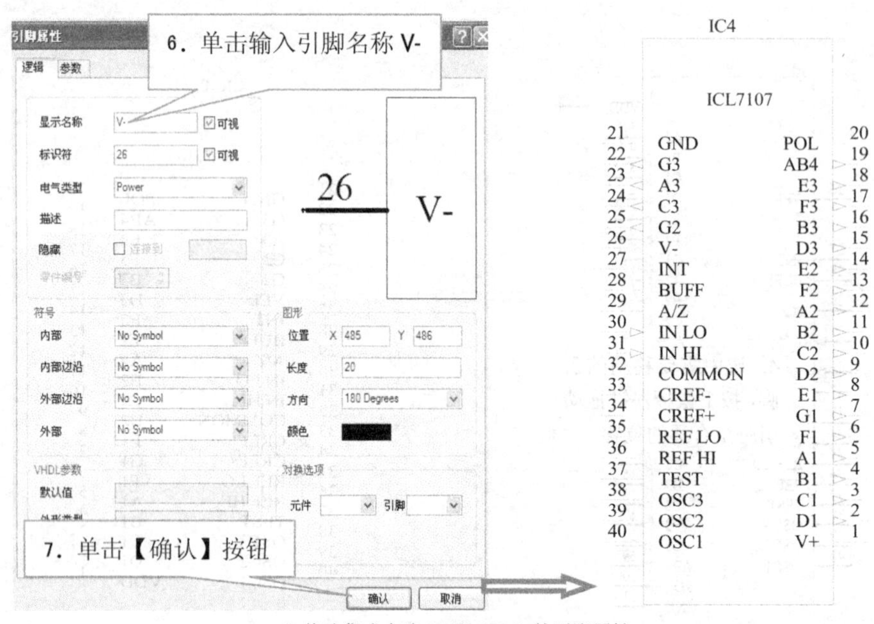

e）修改集成电路 ICL7107CJL 的引脚属性

图 2-100　修改集成电路 ICL7107CJL 的属性（续二）

（2）总线入口　总线入口是一条倾斜的短线段，总线与元器件引脚上的引出线的连接是通过总线入口实现的。单击按钮或者执行菜单【放置】→【总线入口】，使光标变成形状，进入总线入口放置状态，此时按【Tab】键可以修改总线入口的属性，按空格键可以改变总线入口的倾斜方向。

（3）网络标号　网络标号一般由字母或者数字组成，具有相同网络标号的导线，其电气上是相连的。总线不能真正实现导线间的电气连接，总线表示的导线是用网络标号来实现电气连接的。原理图中距离较远电气特性不同的导线，常常采用添加网络标号的方法来表示导线的连接。

特别提示：网络标号必须添加在导线或者总线上，不能添加在电子元器件的引脚上。在放置网络标号前，必须在需要放置网络标号的引脚上绘制一段导线，然后把网络标号添加在元器件引脚的导线上。绘制网络标号的操作步骤如图 2-101 所示。

教你一招：轻松完成连续网络标号的放置

当网络标号名称最后一位为数字，且连续放置网络标号时，其网络标号会自动递增，如图 2-101e 所示。当需要放置标号末尾为连续数字的网络标号时，先修改好标号数字最小的网络标号的属性，然后在需要放置网络标号的地方连续单击鼠标左键，即可轻松完成标号末尾为连续数字的网络标号的放置。

任务准备

启动 Protel DXP 2004 软件，打开 Protel DXP 2004 主界面。

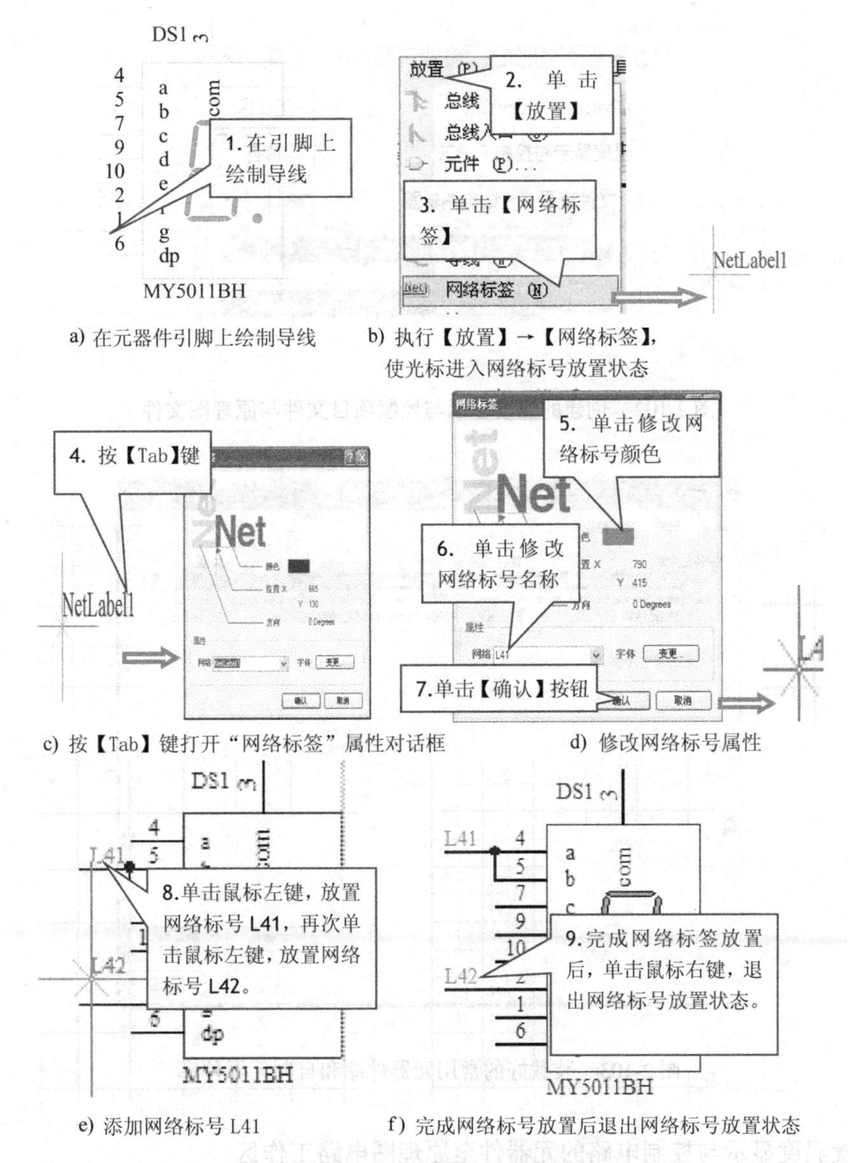

a) 在元器件引脚上绘制导线　　b) 执行【放置】→【网络标签】，使光标进入网络标号放置状态

c) 按【Tab】键打开“网络标签”属性对话框　　d) 修改网络标号属性

e) 添加网络标号 L41　　f) 完成网络标号放置后退出网络标号放置状态

图 2-101　在元件引脚上放置网络标号

任务实施

1. 创建温度显示与控制电路项目文件与原理图文件

执行【创建】→【项目】→【PCB 项目】，创建一个新项目文件，以温度显示与控制文件名保存。执行菜单【创建】→【原理图】，创建一个新原理图文件，以温度显示与控制文件名保存，如图 2-102 所示。

2. 设置温度显示与控制电路图纸

执行菜单【设计】→【文档选项】，打开文档选项对话框，设置图纸的大小为 A3，把图纸的捕获网格设置为 5，图纸的其余参数选择系统默认。

3. 加载常用元件库和自制元件库至当前项目中（见图 2-103）

图 2-102　创建的温度显示与控制项目文件与原理图文件

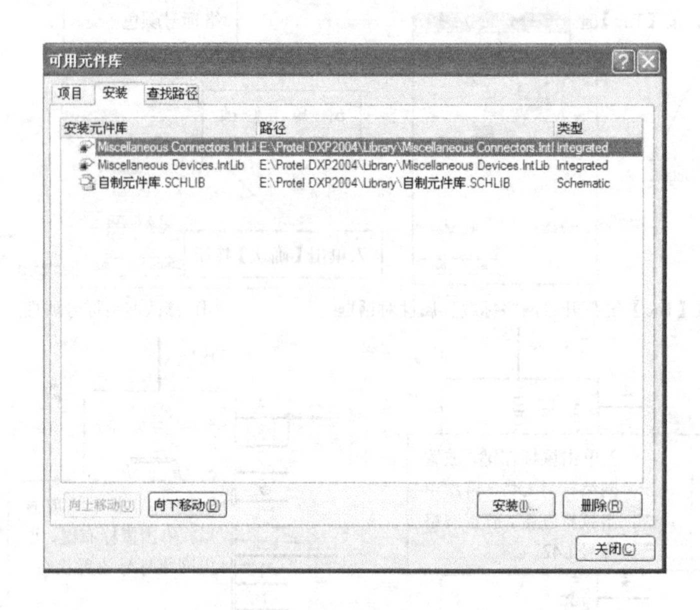

图 2-103　装载好的常用元器件库和自制元器件库

4. 放置温度显示与控制电路的元器件至原理图电路工作区

调整元器件位置、修改元器件属性，放置导线、电源端子与接地符号，如图 2-104 所示。

5. 绘制总线

集成电路 ICL7107 与数码管之间的连线是一组电气特性相同的导线，采用总线方法绘制。绘制总线分为放置网络标号、放置总线出入端口和放置总线三步。

（1）放置网络标号　网络标号不能直接放置在元器件引脚上，在元器件引脚上放置网络标号时，先在需要放置网络标号的引脚上绘制一段导线，然后把网络标号放置在引脚的导线上。在元器件引脚上放置网络标号的操作步骤如下：

1）在需要放置网络标号的元器件引脚上绘制一段导线，如图 2-105 所示。

2）执行【放置】→【网络标签】，使光标进入网络标号放置状态，在光标处于浮动状态时按【Tab】键，打开网络标签属性对话框，根据需要修改网络标签的属性。

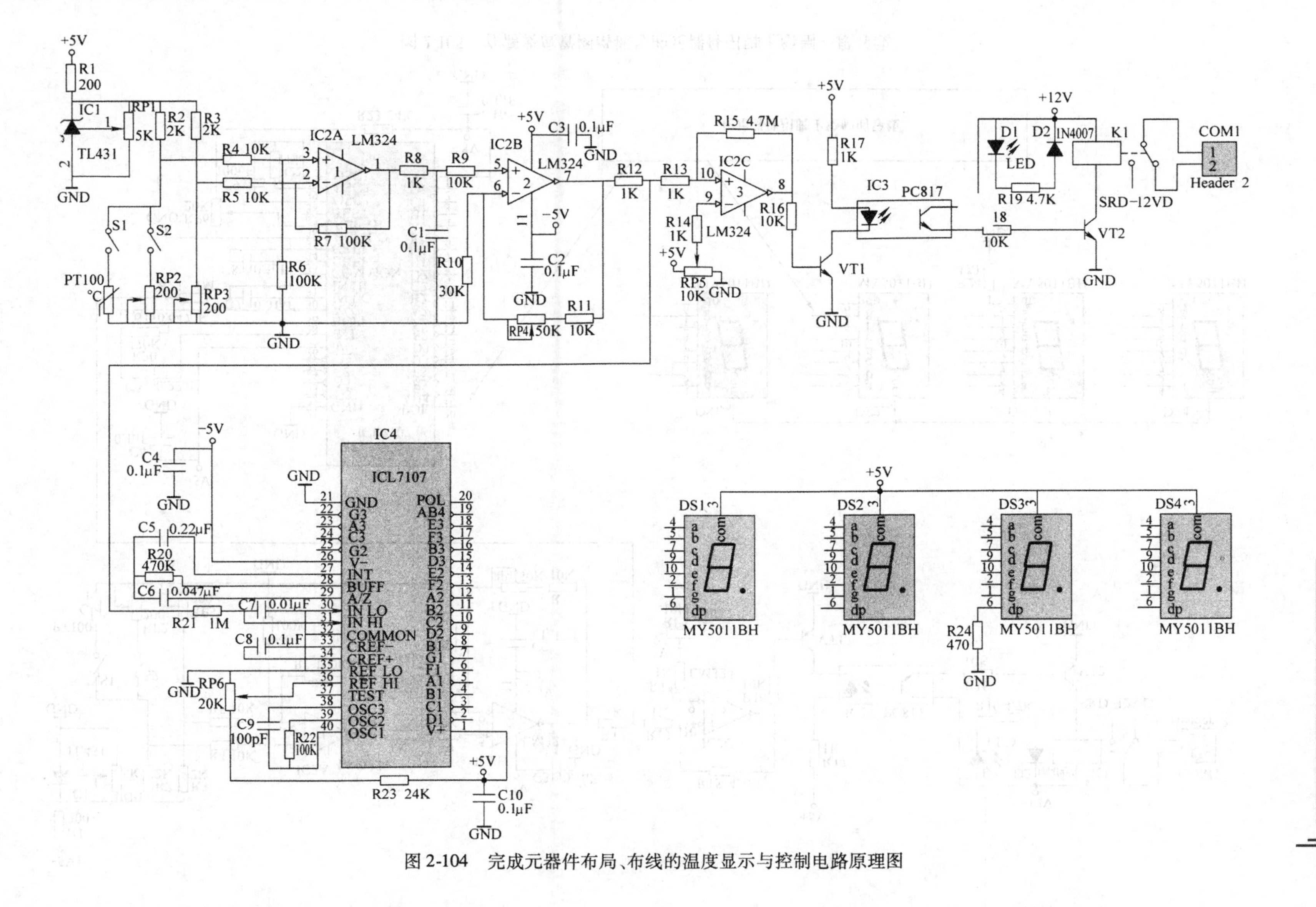

图 2-104 完成元器件布局、布线的温度显示与控制电路原理图

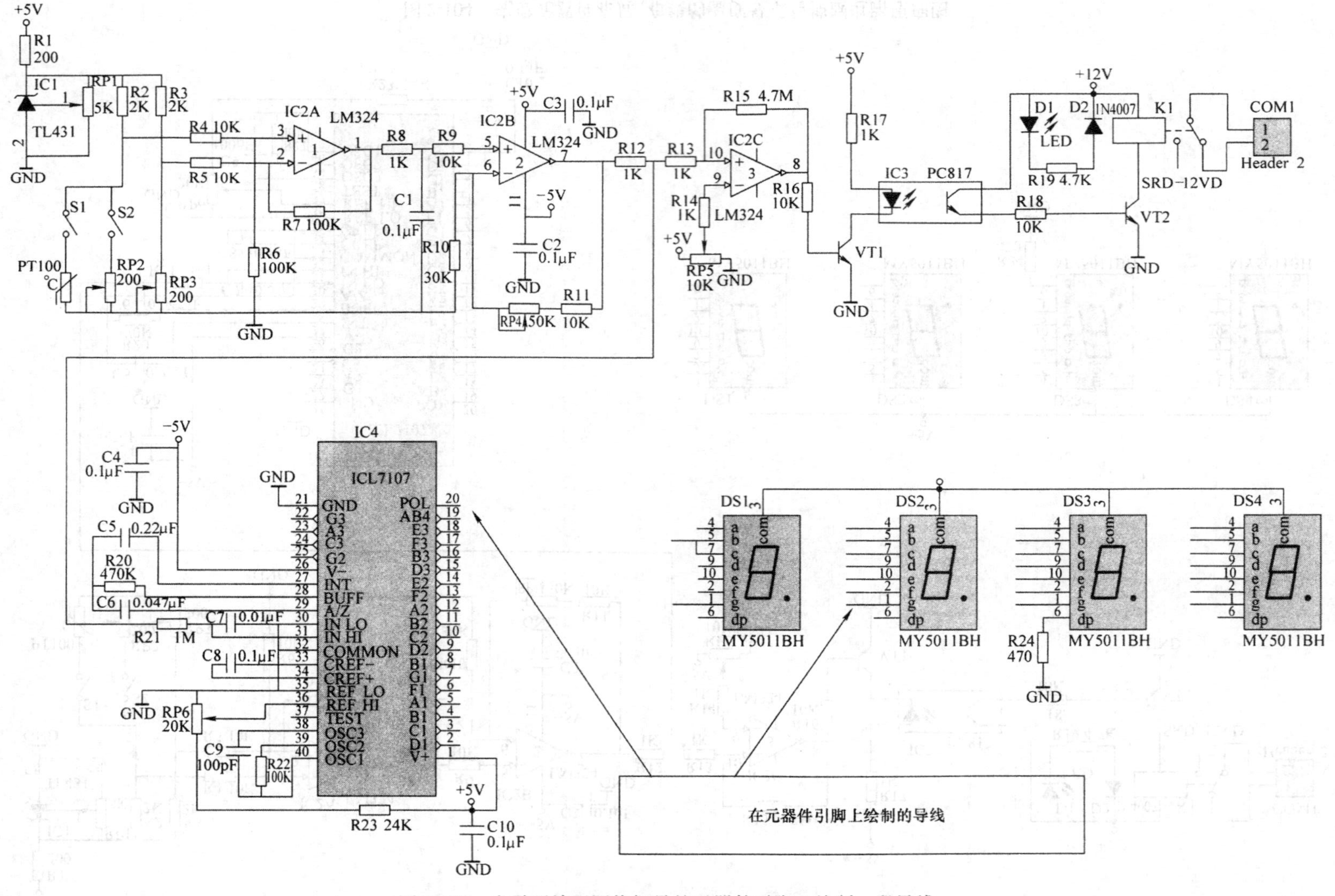

图 2-105　在需要放置网络标号的元器件引脚上绘制一段导线

3）单击鼠标左键依次放置网络标号。

4）网络标号放置结束以后，单击鼠标右键退出网络标号放置状态。

放置好网络标号的温度显示与控制电路如图 2-106 所示。

（2）放置总线入口 总线入口用于实现元器件与总线的连接，放置总线入口的操作步骤如下：

1）执行菜单【放置】→【总线入口】，使光标变成形状，进入总线入口放置状态。

2）在光标处于浮动状态时，按空格键根据需要选择总线入口倾斜方向，按【Tab】键打开总线入口属性对话框修改总线入口的属性。本例修改总线入口的颜色为 227（红色）。

3）单击鼠标左键放置总线入口。

4）总线入口放置结束以后，单击鼠标右键结束总线入口放置状态。

放置好总线入口的温度显示与控制电路如图 2-107 所示。

（3）放置总线 本任务的总线用于表示集成电路 ICL7107 与数码管之间的一组电气特性相同的一组导线。绘制总线的步骤如下：

1）执行菜单【放置】→【总线】，使光标变成形状，进入总线绘制状态。

2）在光标处于浮动状态时，按【Tab】键打开总线属性对话框，根据需要修改总线的属性。本例修改总线的颜色为 229（蓝色），总线宽度为 Medium。

3）在总线起点单击鼠标左键确定一段总线的起点，在总线终点单击鼠标左键确定这段总线的终点，单击鼠标右键完成一段总线的绘制。

4）总线绘制结束以后，再次单击鼠标右键结束总线绘制状态。

完成总线绘制的温度显示与控制电路如图 2-108 所示。

6. 编译温度显示与控制电路原理图

本任务选用系统默认的编译参数。执行菜单【项目管理】→【Compile PCB Prject 温度控制与显示 . PriPCB】，编译温度显示与控制电路原理图。如果原理图的错误信息报告面板【Messages】没有自动弹出，则表示原理图没有错误，可以保存、打印原理图。

7. 生成网络表、元器件清单

执行【设计】→【文档的网络表】→【Protel】，生成温度显示与控制电路网络表。执行【报告】→【Bill of Materials】，打开元器件清单对话框，生成、保存温度显示与控制电路元器件清单。

8. 保存、打印温度显示与控制电路原理图

单击原理图工具栏中的（保存按钮），保存温度显示与控制电路原理图。执行菜单【文件】→【打印预览】，打开“打印预览”对话框，预览原理图的打印效果。执行菜单【文件】→【打印】，打开“打印文件”对话框，在复制区域设置所需打印原理图的份数，单击【确认】按钮，打印输出温度显示与控制电路原理图。

检查评议

温度显示与控制电路原理图绘制职业能力检测见表 2-6。

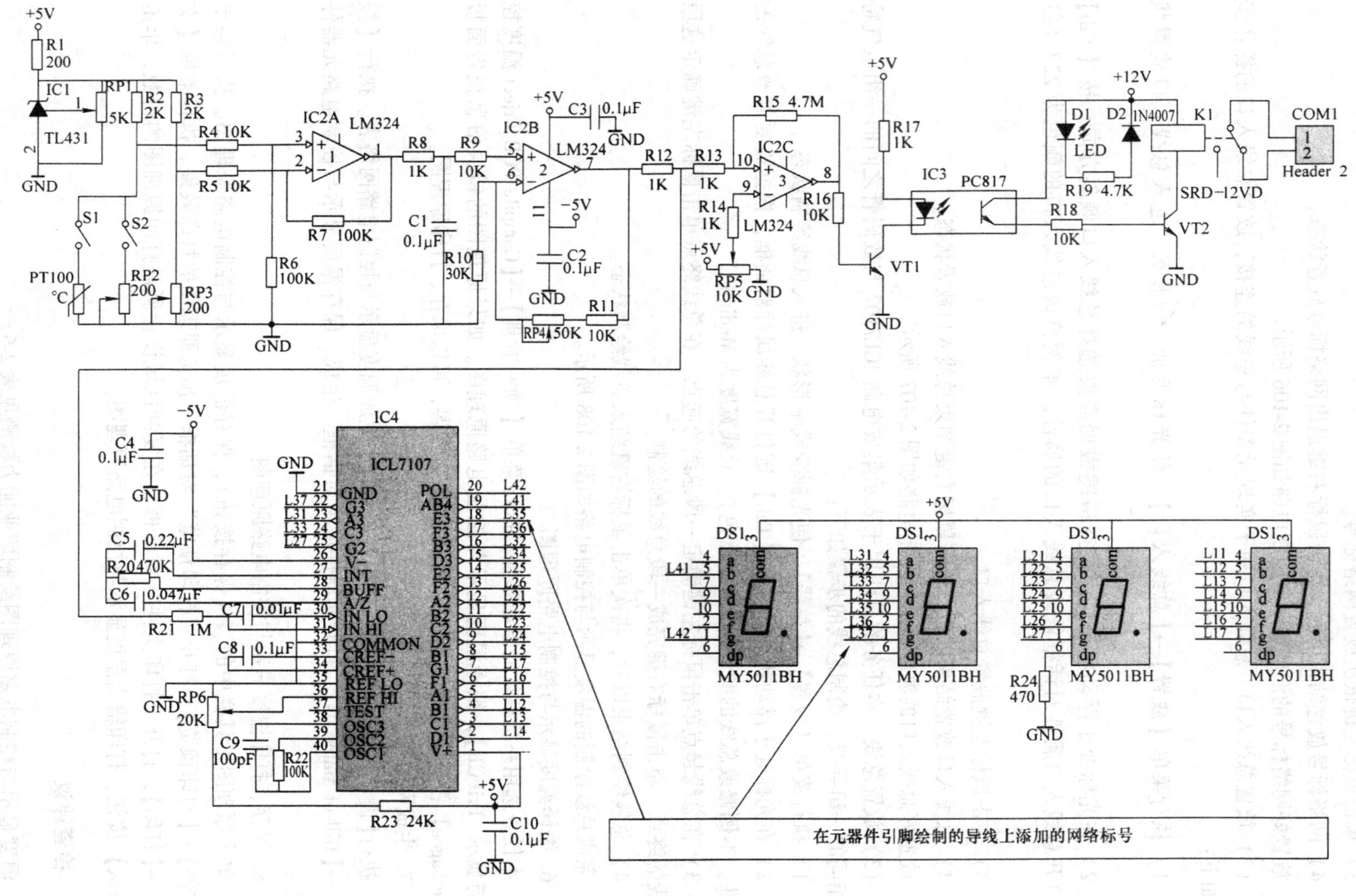

图 2-106　放置温度显示与控制电路的网络标号

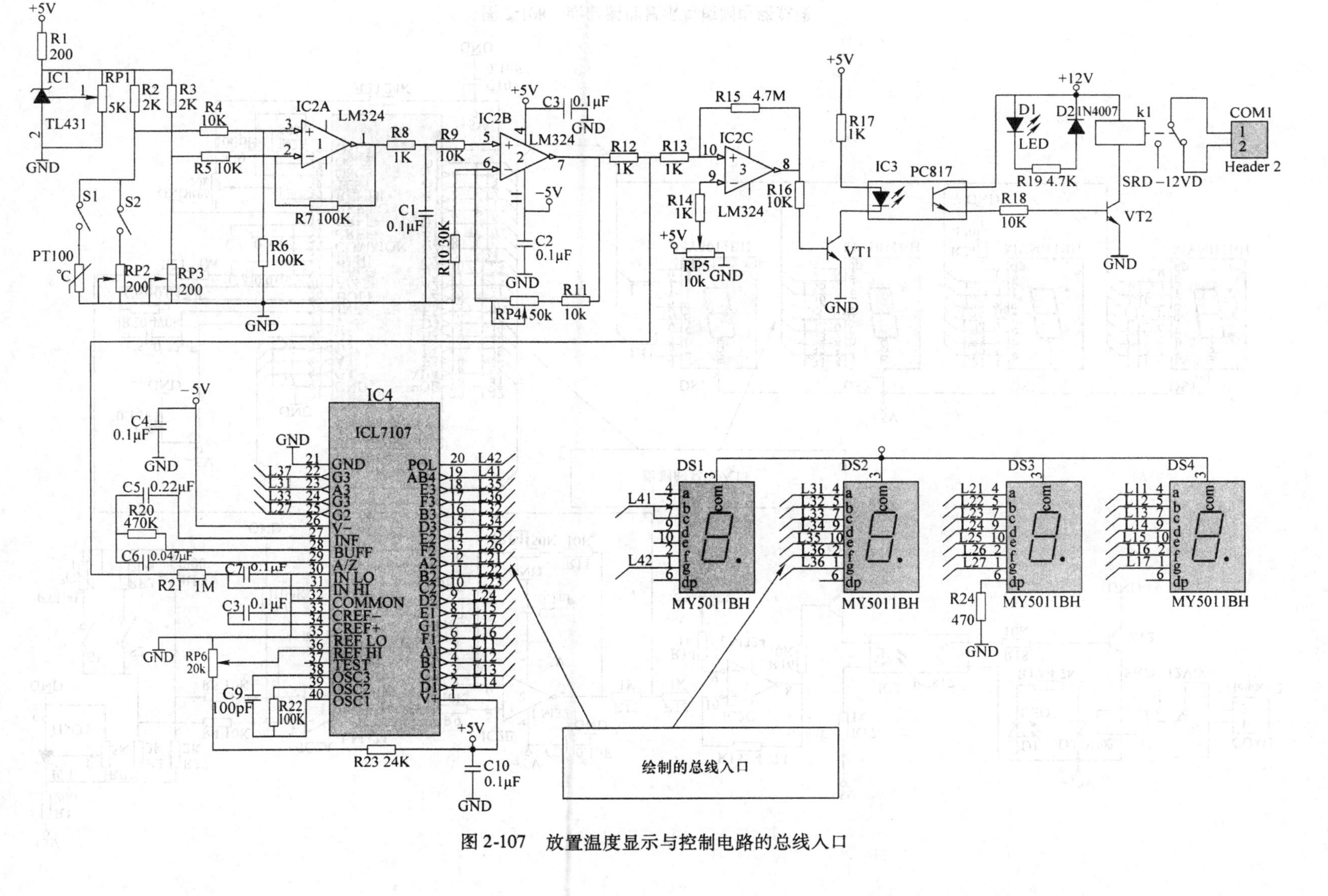

图 2-107 放置温度显示与控制电路的总线入口

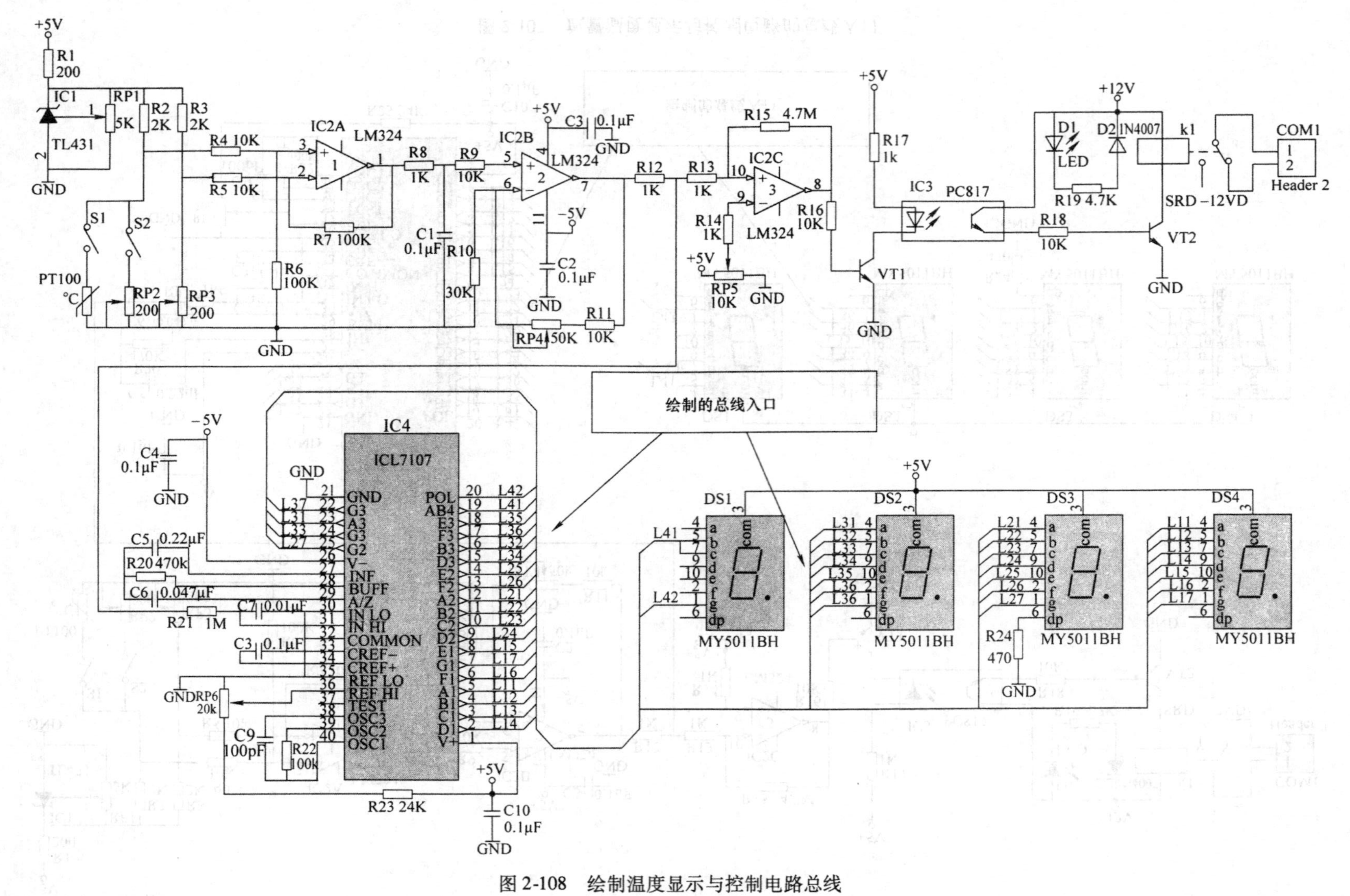

图 2-108　绘制温度显示与控制电路总线

表 2-6 温度显示与控制电路原理图绘制职业能力检测

检测项目	配分	技术要求	评分标准	得分
项目文件与原理图文件的创建	5	能创建 PCB 项目文件与原理图文件	1. 不能正确创建 PCB 项目文件，扣 5 分 2. 不能正确创建原理图文件，扣 5 分	
文件的保存	5	按照要求命名文件名，并保存到指定位置的文件夹中	1. 文件夹或文件名称有误，扣 5 分 2. 文件保存位置错误，扣 5 分	
原理图绘制	70	正确放置所有的元器件，正确放置每一根导线，正确给元器件添加标号和标称值，正确放置接地符号，正确放置网络标号、放置总线入口、正确绘制总线，原理图整体布局、走线合理	1. 漏画、错画元器件，每个扣 2 分 2. 漏画、错画导线，每条扣 0.5 分 3. 漏标、错标元器件标号、标称值，每个扣 0.5 分 4. 接地符号错误，扣 2 分 5. 网络标号、总线入口放置错误，每处扣 1 分 6. 总线原理图整体布局、布线不合理，扣 10 分	
生成网络表	5	能生产网络表	不能生产网络表，扣 5 分	
生成元器件清单	5	能生成元器件清单	不能生成元器件清单，扣 5 分	
安全文明绘图	10	安全文明绘图	操作不安全、不文明，扣 1 ~ 10 分	
		合计		

问题及防治

1. 总线转角的角度切换不成功

在绘制总线时，时常会出现按【Shift】+【空格键】不能成功切换总线的转角角度，这是输入状态处于中文状态造成的。只要把中文输入状态切换为英文输入状态，按【Shift】+【空格键】就可以让总线的转角角度在 90°、45°与任意角度之间切换。

2. 有一些元器件在编译时提示找不到封装

在编译原理图时，有时会出现找不到元器件封装的问题，这是由于元器件没有在常用元件库，只要把该元器件重新查找放置一遍就可以了。

扩展知识——层次原理图的设计

1. 层次原理图简介

当需要设计的电路比较复杂时，为了加快设计速度，加快产品研发周期，常常分工合作设计，将一个复杂的电路分成多个模块，分配给不同的研发人员，定义好各个模块之间的连接关系，最后把各模块组合起来，完成复杂电路的设计。层次性原理图就是为了适应这种复杂电路设计需要而产生的产物。层次原理图设计其实是一种模块化设计，它把整个电路分成多个模块，分别绘制在多张图纸上，然后用一张图纸来定义模块之间的连接关系。绘制每一个模块的电路图称为子原理图，定义各模块之间连接关系的电路图称为母原理图，又称为主原理图，如图 2-109 所示。

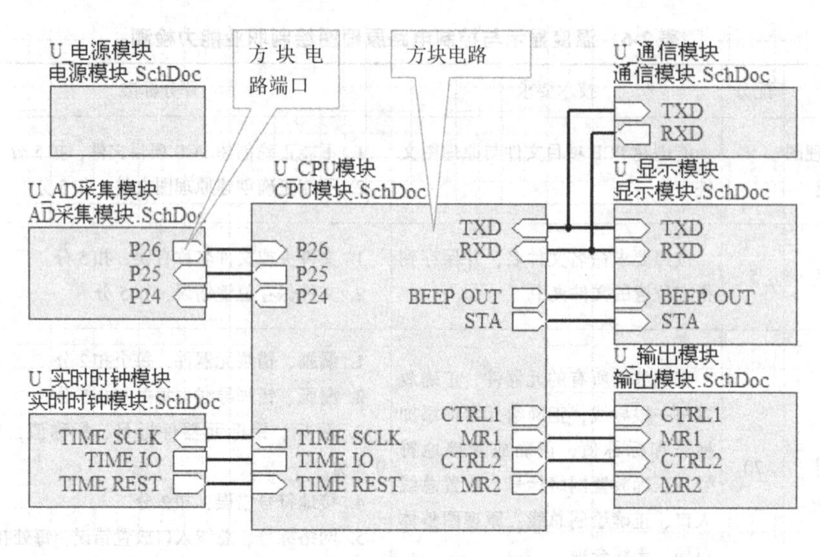

图 2-109　数据采集器主原理图

在主原理图中，用方块电路来表示各子原理图，各子原理图的电气连接关系通过方块电路端口来实现。主原理图与子原理图之间的层次原理图结构如图 2-110 所示。

（1）主原理图　表示各子原理图之间的连接关系电路图称为主原理图，简称主图。在一个项目中，只有一个主图。

（2）方块电路　表示子原理图的图纸符号称为方块电路。一个方块电路代表一张子原理图。

（3）方块电路端口　方块电路端口用来表示层次原理图中各方块电路之间相互连接关系，又称为图纸入口。各子原理图之间的电气连接关系是通过方块电路端口来表达的。

数据采集器.PRJPCB *
Source Documents
数据采集器.SCHDOC *
电源模块.SchDoc
CPU模块.SCHDOC
通信模块.SCHDOC *
显示模块.SchDoc
输出模块.SchDoc
AD采集模块.SCHDOC
实时时钟模块.SCHDOC

图 2-110　主原理图与子原理图之间的层次原理图结构

（4）I/O 端口　I/O 端口用来表示电路的输入、输出，简称端口。I/O 端口通过导线或者元器件的引脚与电路相连，如图 2-111 所示。名称相同的 I/O 端口在电气上是连通的。端口通常放置在原理图中的导线或者元器件的引脚上。

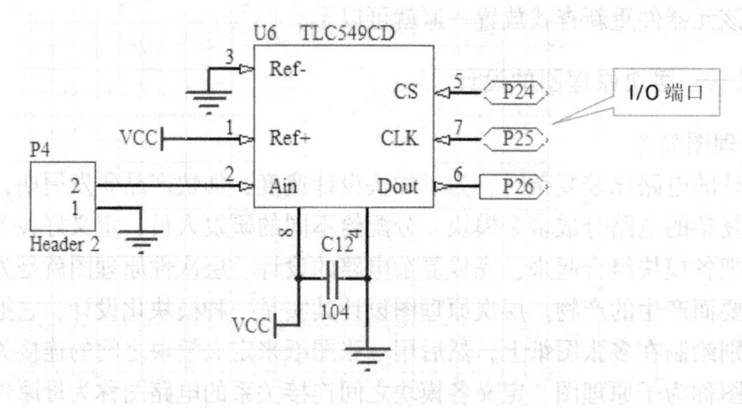

图 2-111　含有 I/O 端口的原理图

2. 层次原理图的设计方法

层次原理图设计有从上向下设计层次原理图和从下向上设计层次原理图两种方法。

（1）从上向下设计层次原理图　从上向下设计层次原理图就是先绘制主原理图中的方块电路，然后由方块电路产生各自的子原理图，最后分别绘制各子原理图具体电路的设计方法。从上向下设计层次原理图的主要操作步骤如下：

1）创建项目文件和主原理图文件。

2）在主原理图中绘制方块电路。

3）在方块电路边上放置方块电路端口。

4）连接方块电路。

5）由各方块电路产生各方块电路的子原理图。

6）绘制各方块电路的子原理图。

7）编译层次原理图。采用从上向下设计层次原理图时，方块电路是在主原理图上直接绘制的，执行【放置】→【图纸符号】，或者单击配线工具栏的按钮，使光标变成形状，进入方块电路放置状态，单击鼠标左键，确定方块电路的左上角，沿着右下角移动鼠标改变方块电路的大小，再次单击鼠标左键确定方块电路的右下角，同时完成一个方块电路的放置。继续单击鼠标左键可以放置下一个方块电路，单击鼠标右键退出方块电路的放置状态。用鼠标左键双击放置好的方块电路或者在方块电路的轮廓处于浮动状态时按键盘上的【Tab】键，打开“图纸符号”属性对话框，根据需要修改方块电路的属性。放置方块电路的操作方法如图2-112所示。

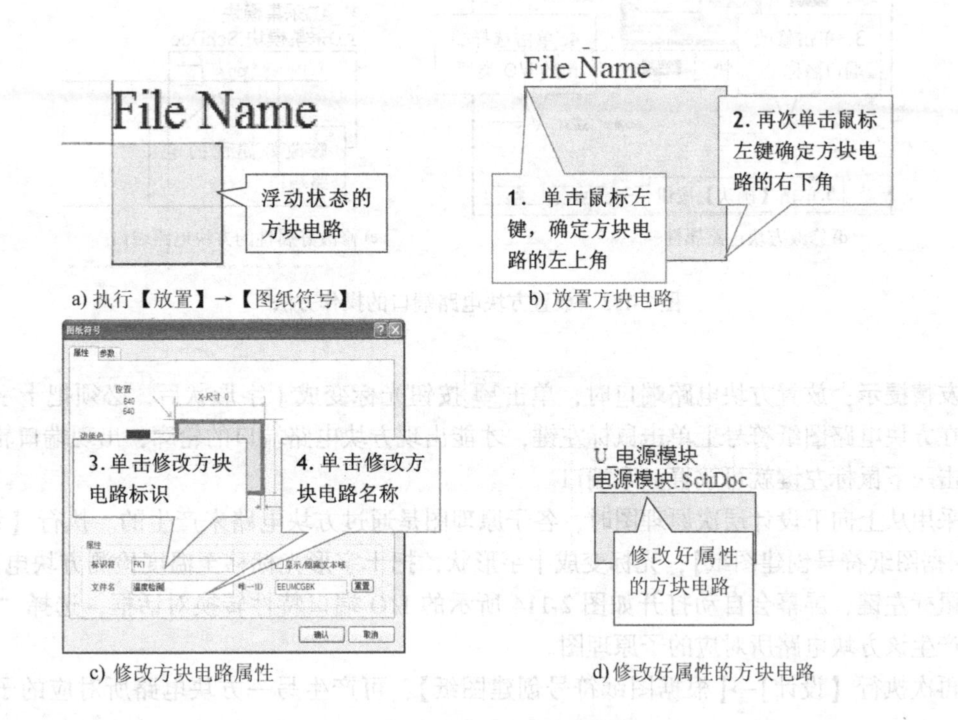

图2-112　放置方块电路的操作方法

采用从上向下设计层次原理图时，电路端口是通过在方块电路边上放置图纸入口来实现的。执行【放置】→【加图纸入口】，或者单击配线工具栏的 (放置图纸入口) 按钮，使电路工作区的光标变成十字形状，如图 2-113a 所示。把十字形光标放在需要放置端口的方块电路图形符号上，单击鼠标左键，使光标变成形状，进入方块电路端口放置状态，如图 2-113b 所示。单击一次鼠标左键，放置一个方块电路端口，方块电路的端口放置完后，单击鼠标右键，退出方块电路端口放置状态，如图 2-113c 所示。用鼠标左键双击放置好的方块电路端口打开“图纸入口”属性对话框，根据需要修改方块电路端口的属性，如图 2-113d 所示。放置方块电路端口的操作方法如图 2-113 所示。

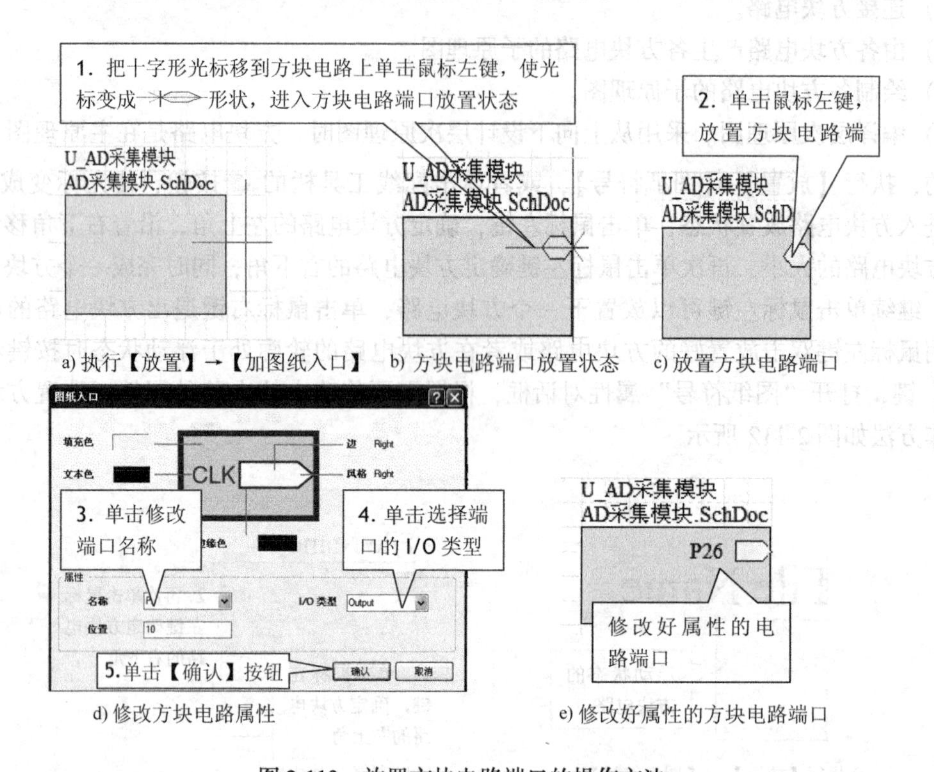

图 2-113　放置方块电路端口的操作方法

友情提示：放置方块电路端口时，单击 按钮光标变成十字形状后，必须把十字形光标放在方块电路图纸符号上单击鼠标左键，才能出现方块电路端口的轮廓，出现端口轮廓以后单击一下鼠标左键就可放置一个端口。

采用从上向下设计层次原理图时，各子原理图是通过方块电路来产生的。执行【设计】→【根据图纸符号创建图纸】，光标变成十字形状，把十字形光标移至温度检测方块电路上，单击鼠标左键，屏幕会自动打开如图 2-114 所示的 I/O 端口特性转换对话框，选择“No”，即可产生该方块电路所对应的子原理图。

再次执行【设计】→【根据图纸符号创建图纸】，可产生另一方块电路所对应的子原理图。

特别提示：由主原理图中方块电路产生子原理图在编译之前，与主原理图之间没有层次结构关系，只有编译以后的层次原理图才会呈现主图与子图之间的层次结构关系，如图 2-115 所示。

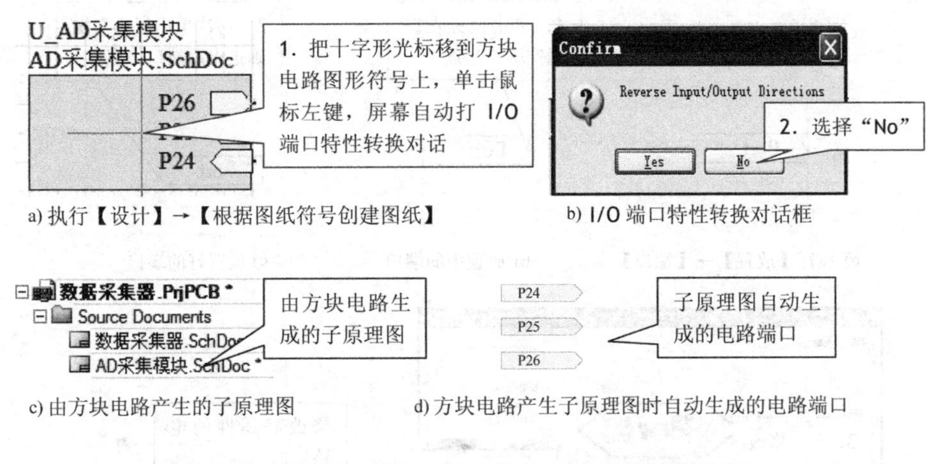

a) 执行【设计】→【根据图纸符号创建图纸】　b) I/O 端口特性转换对话框

c) 由方块电路产生的子原理图　d) 方块电路产生子原理图时自动生成的电路端口

图 2-114　由主原理图中方块电路产生子原理图的操作方法

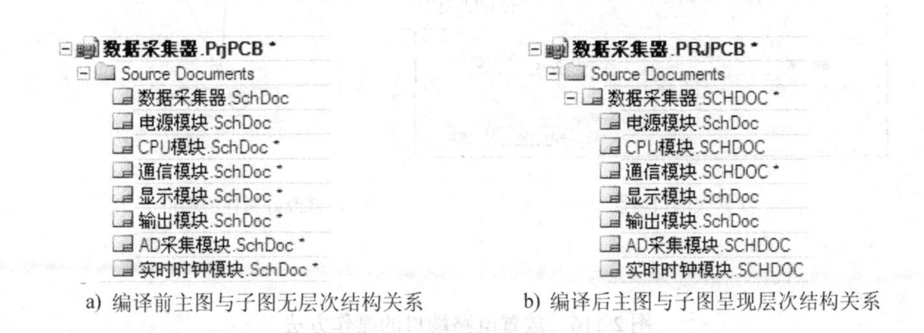

a) 编译前主图与子图无层次结构关系　b) 编译后主图与子图呈现层次结构关系

图 2-115　由主原理图中方块电路产生的子原理图与主原理图在编译前后的层次结构

（2）从下向上设计层次原理图　从下向上设计层次原理图就是先分别绘制各子原理图，然后由各子原理图产生主原理图中的方块电路，最后完成主原理图中各方块电路之间的连接。从下向上设计层次原理图的主要操作步骤如下：

1）创建项目文件和各子原理图文件。

2）分别绘制各子原理图。

3）创建主原理图、产生各子原理图的方块电路。

4）连接各方块电路、添加网络标号。

5）编译层次原理图。

采用从上向下设计层次原理图时，电路端口是由方块电路生成子原理图时自动产生的。而采用从下向上设计层次原理图时，电路端口需要手动在子原理图中放置。执行【放置】→【端口】，或者单击配线工具栏的 （放置端口）按钮，使光标变成 Port 形状，进入端口放置状态，单击鼠标左键，确定端口的起点，移动鼠标改变端口的长度，再次单击鼠标左键确定端口的终点，同时完成一个端口的放置。继续单击鼠标左键可以放置下一个端口，单击鼠标右键退出端口的放置状态。放置电路端口的操作方法如图 2-116 所示。

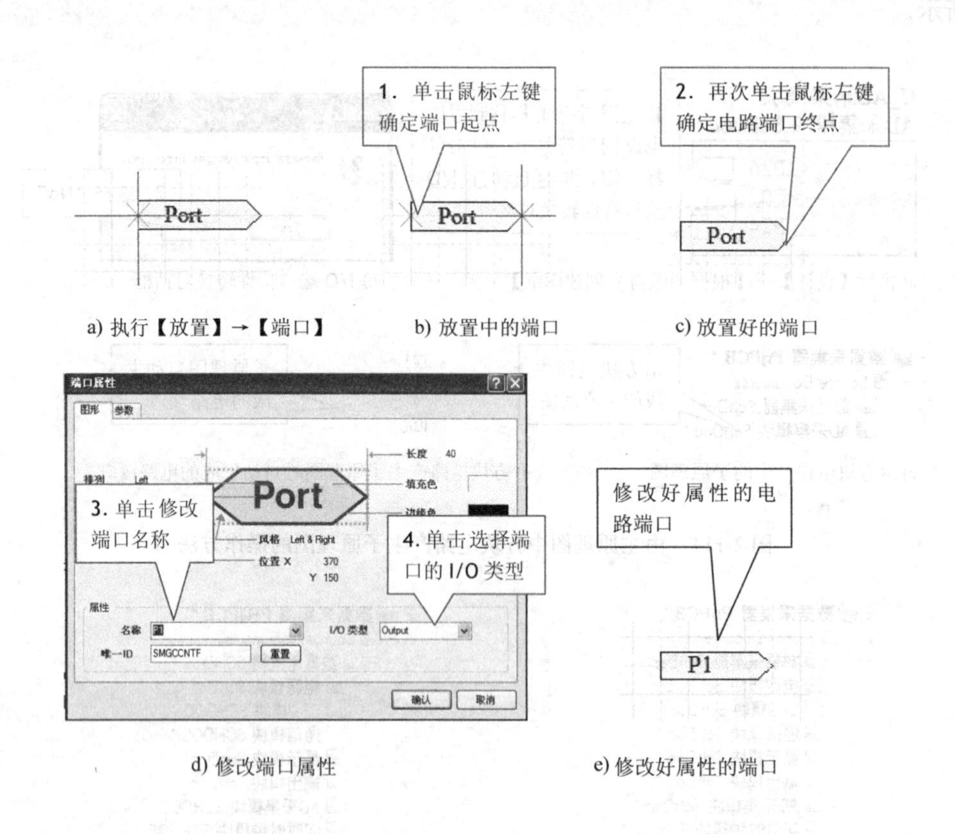

图 2-116　放置电路端口的操作方法

用鼠标左键双击放置好的端口或者在端口轮廓处于浮动状态时按键盘上的【Tab】键，都可以打开如图 2-116 所示的端口属性对话框，根据需要修改端口属性。

教你一招：快速放置序号连续的端口

当需要放置的端口名称是连续的数字时，可以先设置好端口名称，然后不断单击鼠标左键连续放置端口，即可得到数字序号相连的端口。

采用从下向上设计层次原理图时，主原理图中的方块电路是根据子原理图产生的。分别绘制好子原理图以后，在子原理图所在的项目文件下执行【文件】→【创建】→【原理图】，创建放置方块电路的主原理图文档，然后再执行【设计】→【根据图纸创建图纸符号】，屏幕会自动打开如图 2-117a 所示的子原理图文档选择对话框。如果选择需要产生方块电路的子原理图，单击【确认】按钮后，屏幕会自动弹出 I/O 端口特性转换对话框，选择“No”，系统自动进入方块电路放置状态，单击鼠标左键完成方块电路的放置，方块电路的名称与子原理图文件名称相同。同时，系统自动退出方块电路的放置状态。由子原理图产生方块电路的操作方法如图 2-117 所示。再次执行【设计】→【根据图纸创建图纸符号】，可以产生另一个子原理图的方块电路。

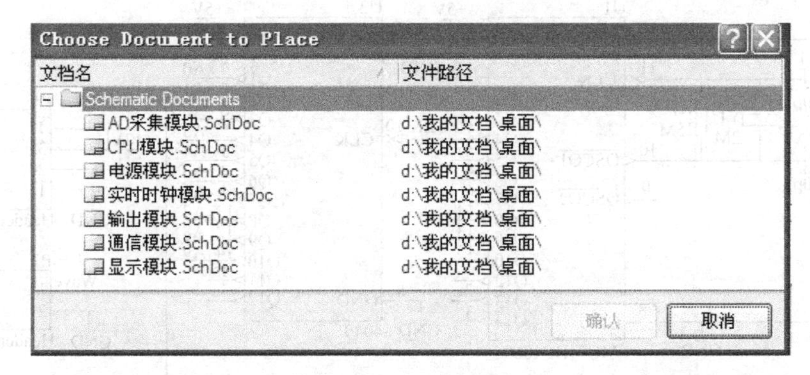

a) 执行【设计】→【根据图纸创建图纸符号】打开子原理图文档选择对话框

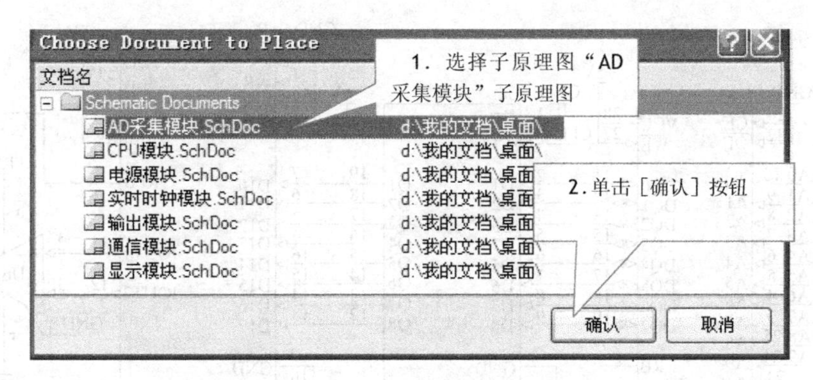

b) 选择子原理图“AD 采集模块”子原理图

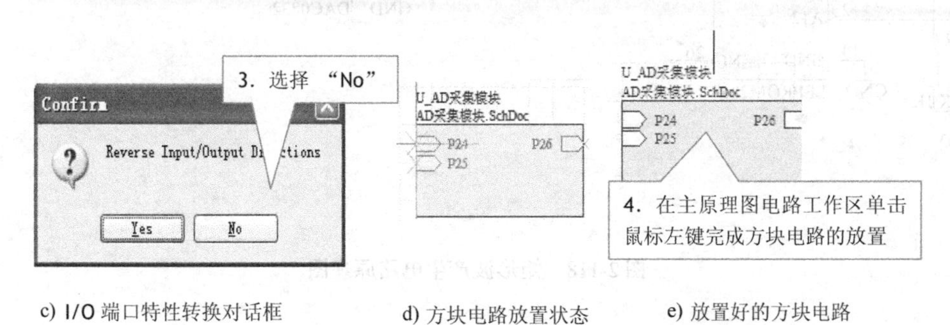

c) I/O 端口特性转换对话框　　d) 方块电路放置状态　　e) 放置好的方块电路

图 2-117　由子原理图产生方块电路的操作方法

考证要点与巩固练习

1. 巩固练习

1）绘制如图 2-118 所示的矩形波产生电路原理图。

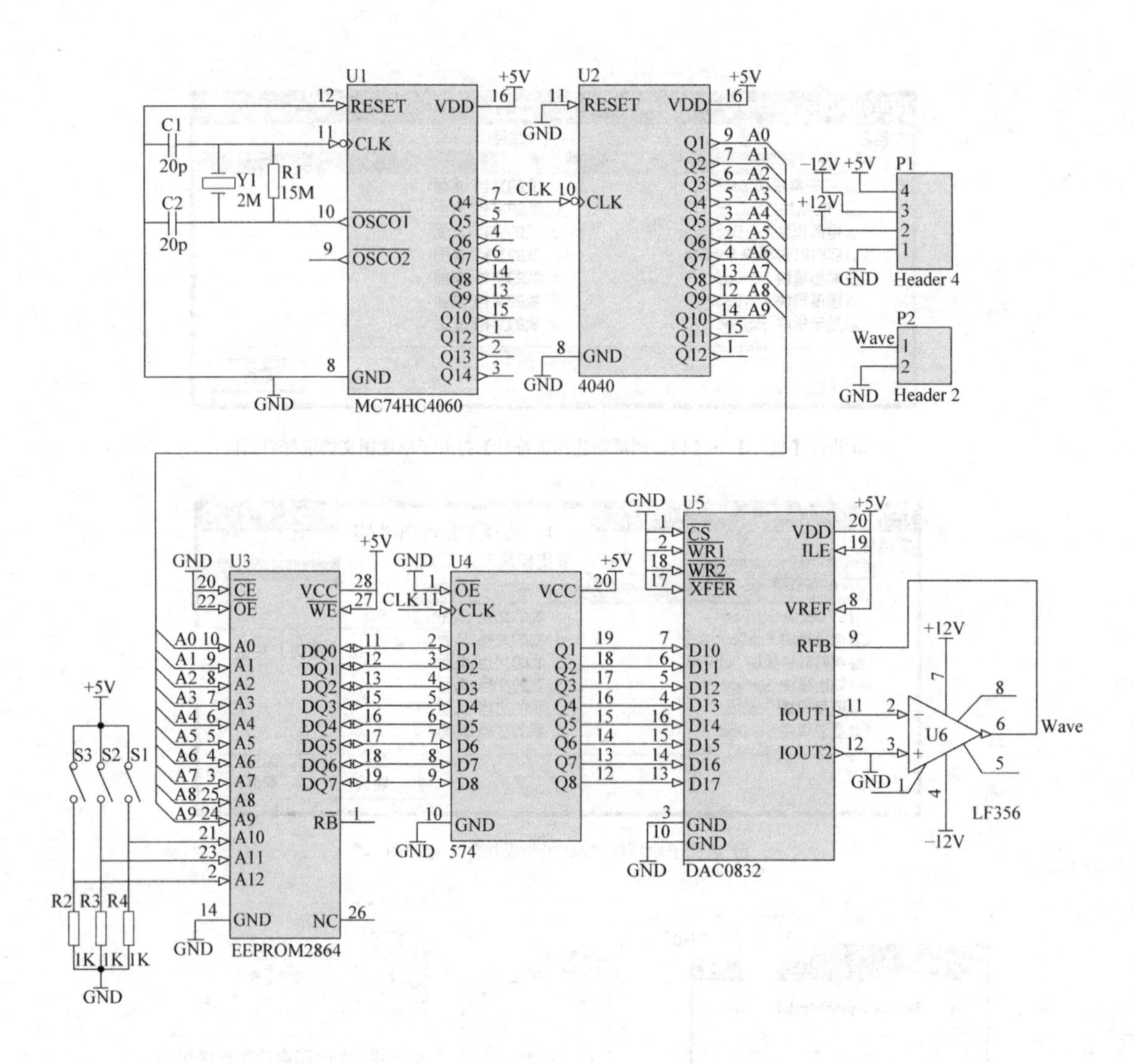

图 2-118　矩形波产生电路原理图

2）绘制如图 2-119 所示的抢答器电路原理图。

3）绘制如图 2-120 所示单片机控制电路原理图。

4）绘制如图 2-121 所示数据采集器电路原理图。

5）根据图 2-121 所示的原理图，采用从下向上的方法设计图 2-122 所示的数据采集器电路的层次原理图。

2. 考证要点

1）会用总线设计电路原理图。

2）会画层次电路图。

3）会根据要求将普通电路图改画为层次电路图。

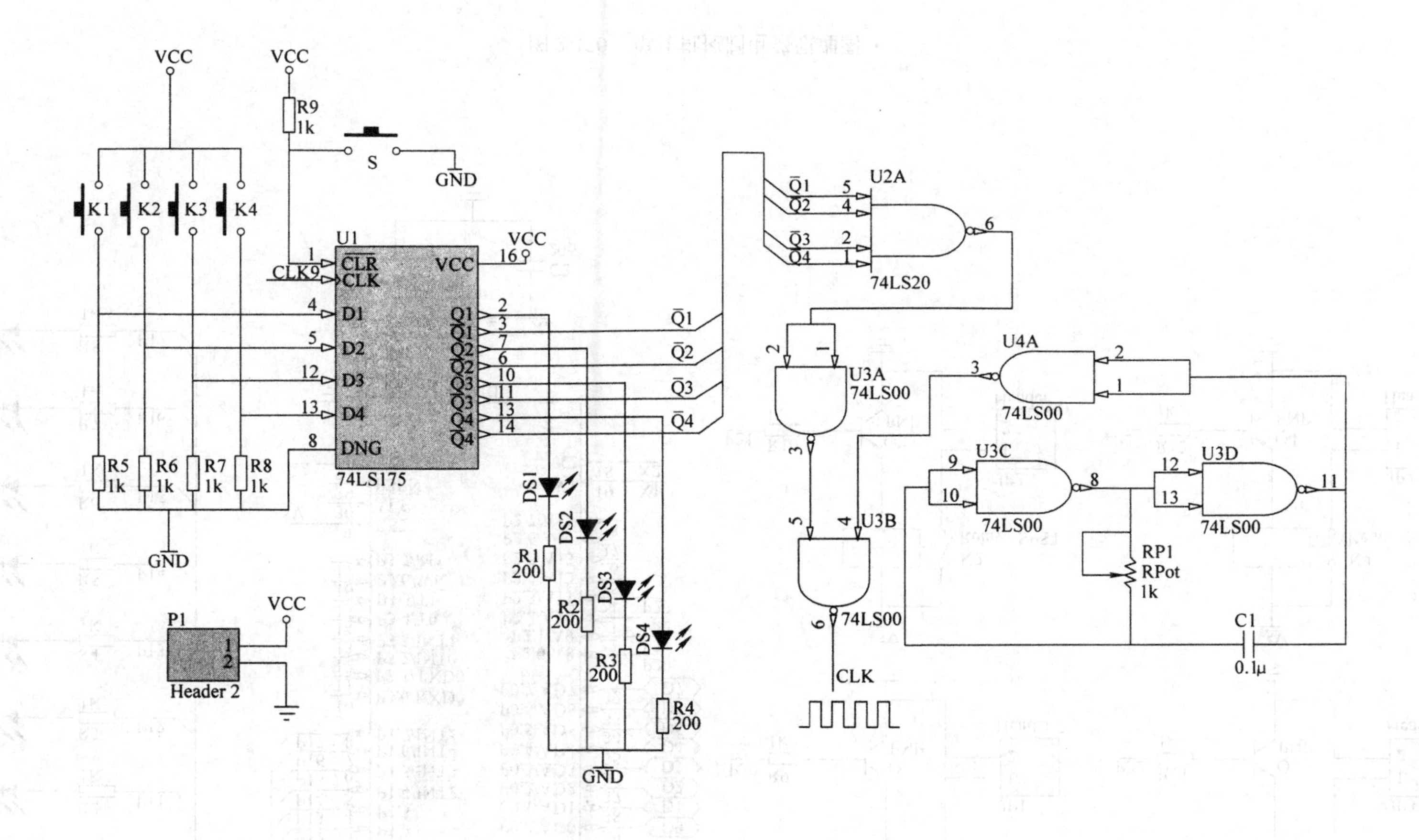

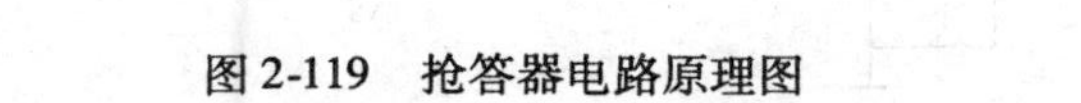
图 2-119 抢答器电路原理图

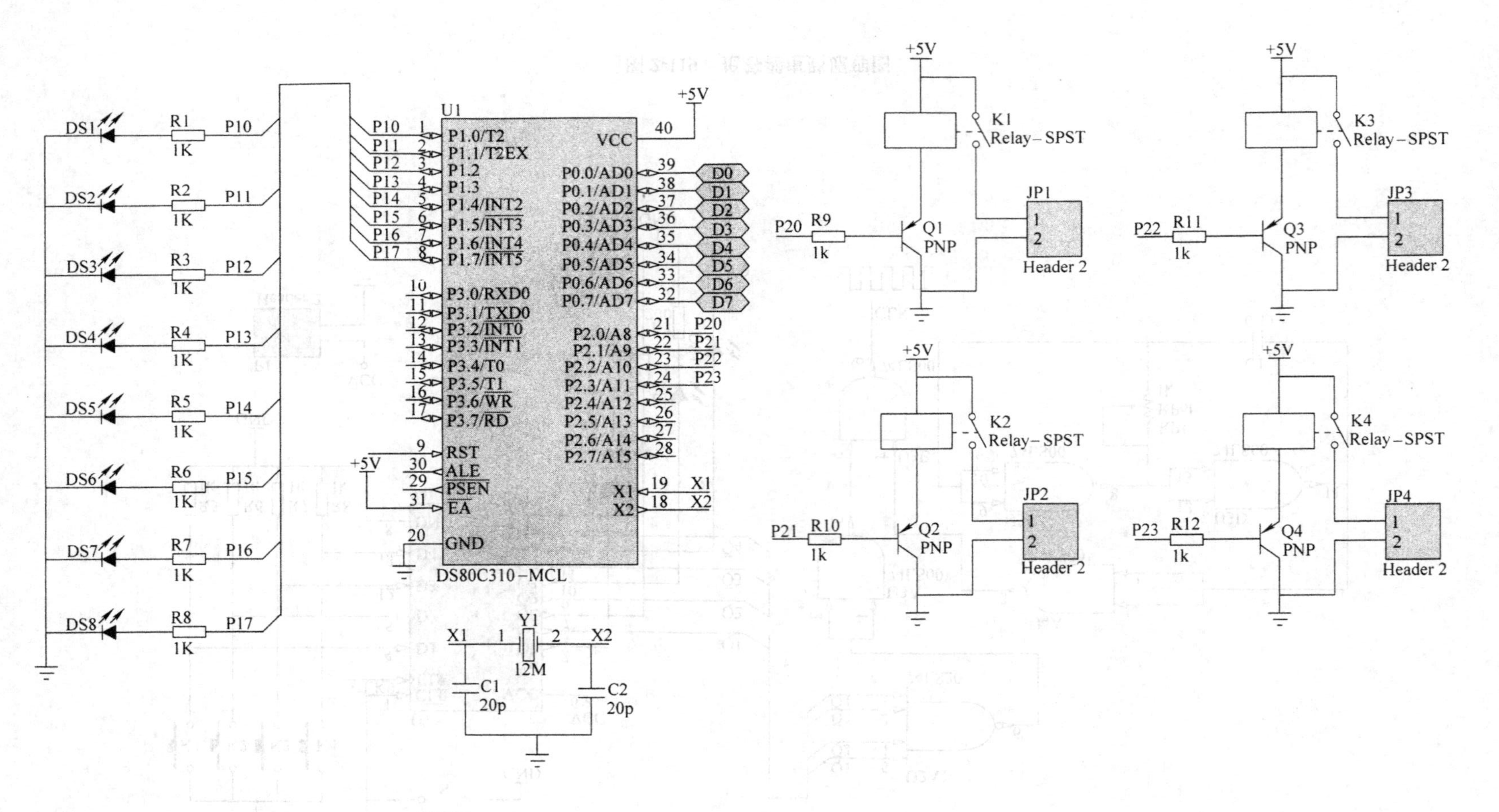

图 2-120　单片机控制电路原理图

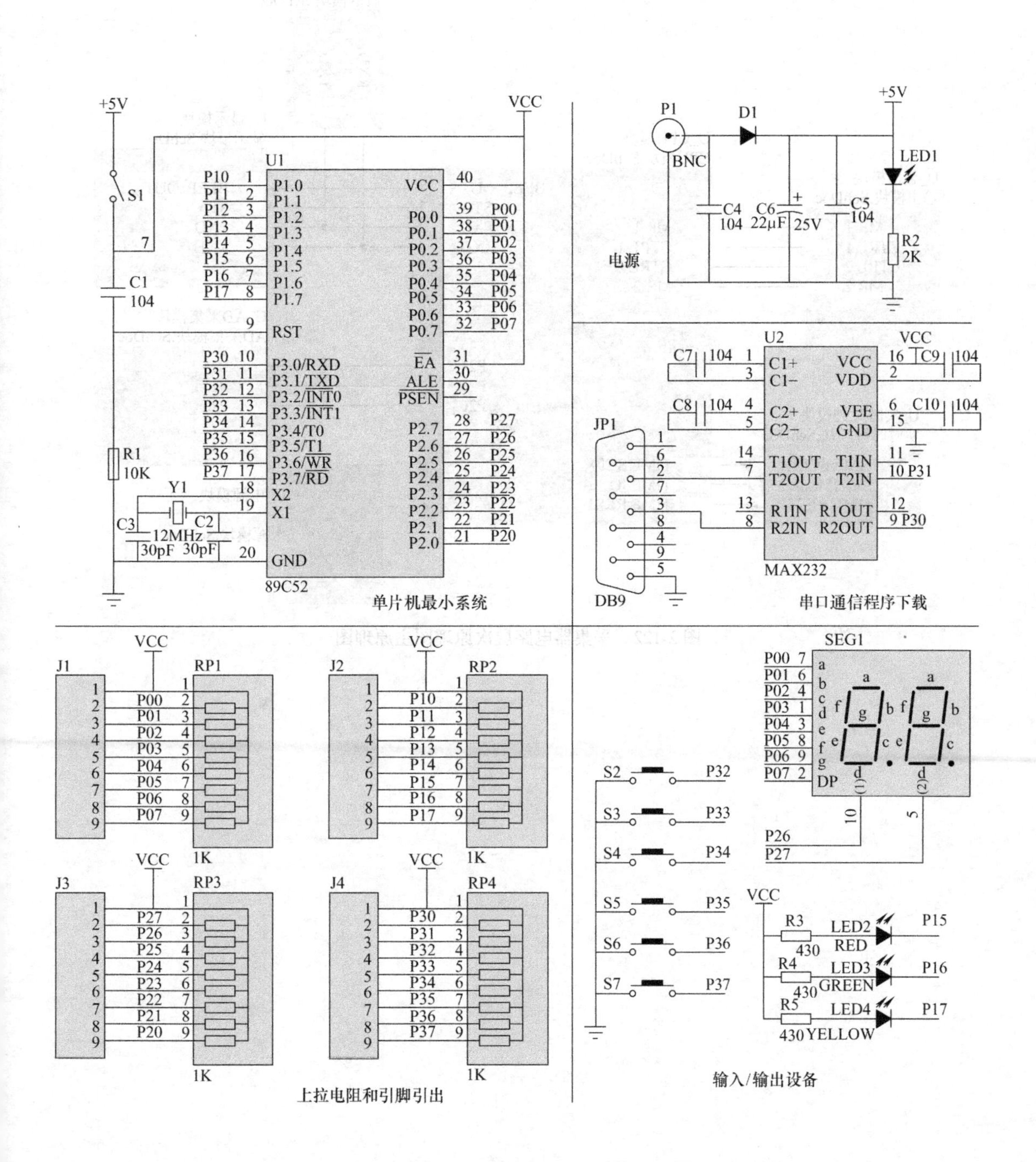

图 2-121　数据采集器电路原理图

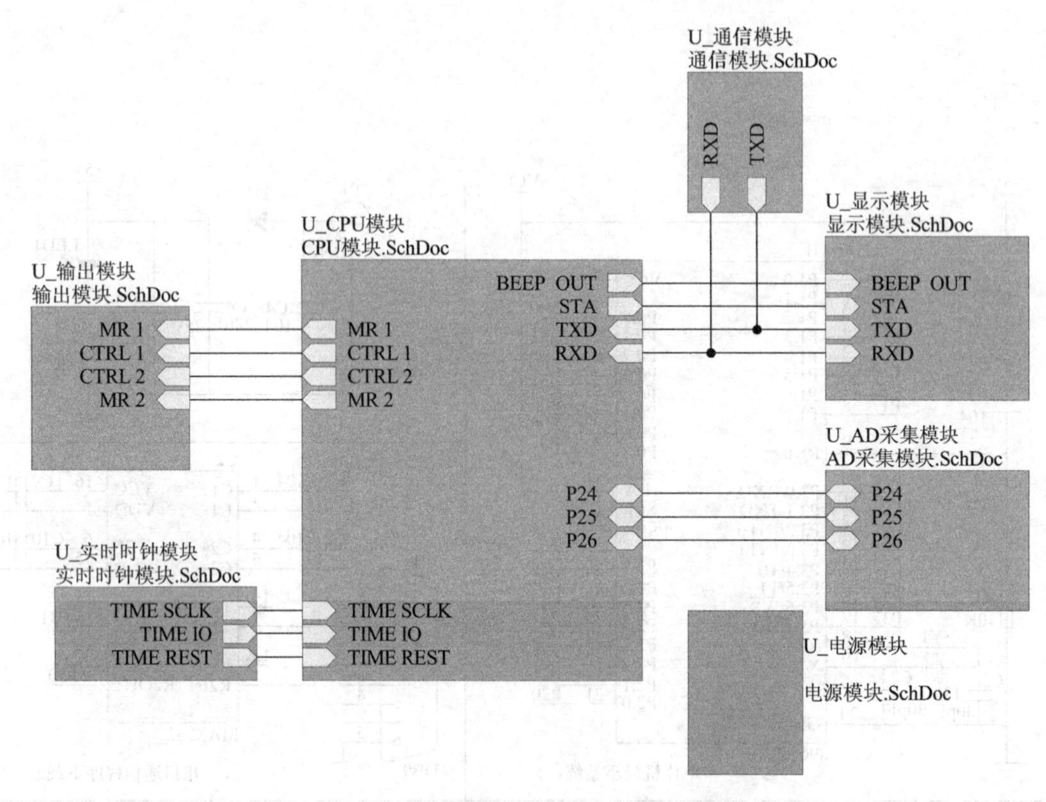

图 2-122 采集器电路层次原理图主原理图

项目三　设计印制电路板(PCB)

3

知识目标

♪1. 了解PCB设计的基础知识与流程。
♪2. 理解元器件封装的含义，熟悉常用元器件的封装。
♪3. 熟悉PCB层的管理。
♪4. 了解原理图与PCB之间交互验证。

技能目标

♪1. 会创建PCB文件，能根据实际元器件选用合适的封装。
♪2. 会使用PCB绘图工具。
♪3. 会自动、手动布局、布线PCB。
♪4. 会设计PCB。
♪5. 会创建PCB元件库，会制作PCB元件。
♪6. 会使用自制的PCB元件。
♪7. 会设置电路板工作层，会设计双面PCB。

任务1　设计基本放大电路PCB

任务描述

根据如图3-1a所示的原理图以及图3-1b所示的用PCB设计基本放大电路PCB。

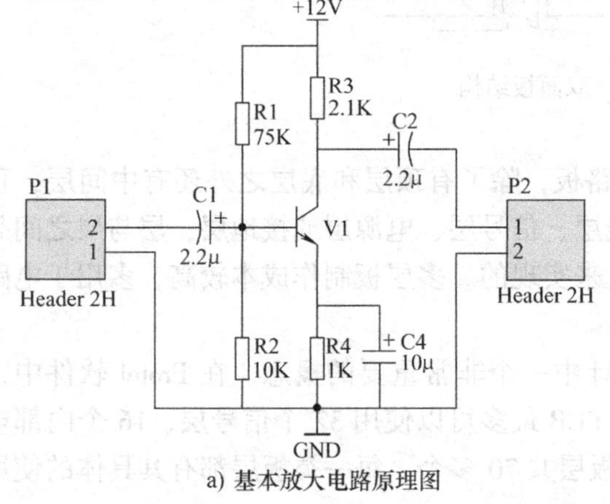

a) 基本放大电路原理图

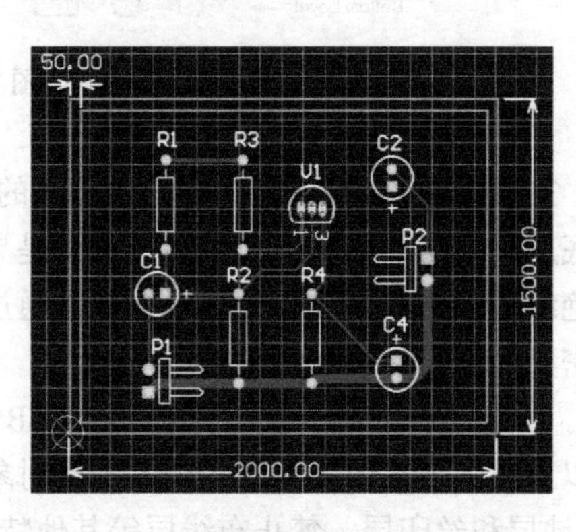

b) 基本放大电路PCB

图3-1　基本放大电路

任务分析

要完成基本放大电路 PCB 的设计，首先要创建基本放大电路 PCB 项目文件，添加基本放大电路原理图文件至该项目中，然后在该项目下创建 PCB 文件，根据要求完成 PCB 的规划、网络表载入，元器件布局、布线等设计任务。基本放大电路元器件比较少，电路简单，采用手动布局元器件，自动布线 PCB。设计放大电路 PCB 的工作流程图如图 3-2 所示。

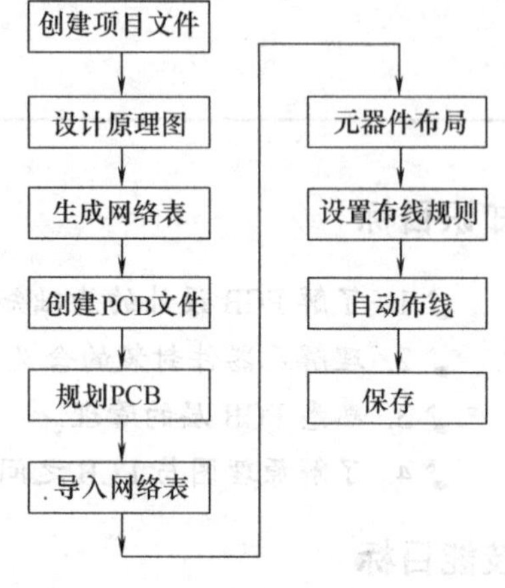

图 3-2　设计放大电路 PCB 工作流程图

相关知识

1. 印制电路板基本知识

（1）印制电路板的概念　印制电路板（PCB，Printed Circuit Board）是采用印刷、蚀刻等工艺在绝缘敷铜板上制作而成的电路板。PCB 既是电路元器件的支撑板，又能提供元器件之间的电气连接，具有机械和电气的双重作用。

（2）PCB 结构　PCB 根据电路层数可以分为单面板、双面板和多层板。常见的多层板一般为 4 层板或 6 层板，复杂的多层板可达十几层。

1）单面板只有一个敷铜面，未敷铜一面用来装配通孔插装式元器件，敷铜一面用于电路板布线、放置表面安装元器件、焊接元器件。单面板制作成本低，但由于只可在覆铜的一面布线，适用于比较简单的电路。

2）双面板两面敷铜，两个敷铜层通常被称为顶层（Top Layer）和底层（Bottom Layer），中间为绝缘层，如图 3-3 所示。顶层一般用于放置通孔插装式元器件，底层一般用于布线、放置表面安装元器件和元器件的焊接。双面板的顶层和底层都可以布线，其布线难度较单面板低，可用于比较复杂的电路，制作成本低于多层板，因此被广泛采用。

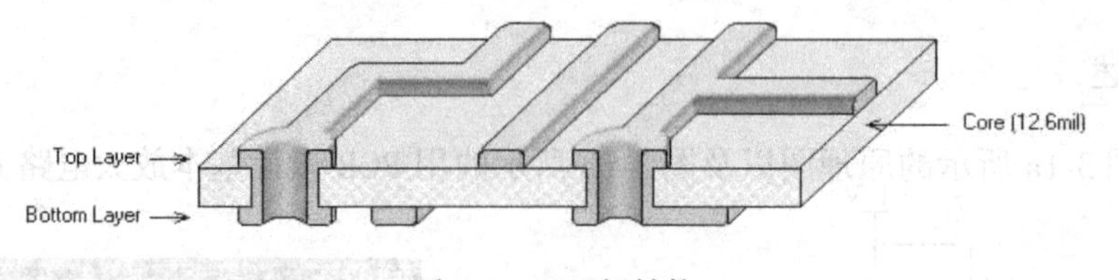

图 3-3　双面板结构

3）多层板就是包括多个工作层面的电路板，除了有顶层和底层之外还有中间层，顶层和底层与双层面板一样，中间层可以是导线层、信号层、电源层或接地层，层与层之间是相互绝缘的，层与层之间的连通往往是通过孔来实现的。多层板制作成本较高，多用于电路布线密集的情况。

（3）PCB 的工作层　工作层是 PCB 设计中一个非常重要的概念。在 Protel 软件中，主要以工作层表示印制电路板中的不同对象。PCB 最多可以使用 32 个信号层、16 个内部电源/接地层和丝印层、禁止布线层等其他特殊板层共 70 多个。每一类板层都有其具体的使用意义，但不一定都具有电气特性。下面对主要工作层进行简单介绍。

1）信号层（Signal Layer）。信号层用于表示铜膜导线所在的层面，包括顶层（Top Layer）、底层（Bottom Layer）和30个中间层（Mid Layer），其中中间层只用于多层板。

2）内部电源/接地层（Internal Planes）。内部电源/接地层共有16个，用在多层板中布置电源线和接地线。

3）机械层（Mechanical Layer）。机械层共有16个，用于设置电路板的外型尺寸、数据标记、装配说明以及其他机械信息。

4）阻焊层（Solder Mask Layer）。阻焊层用于表示阻焊剂的涂覆位置，包括顶层阻焊层（Top Solder）和底层阻焊层（Bottom Solder）。

5）锡膏防护层（Paste Mask Layer）。锡膏防护层与阻焊层的作用相似，不同的是，在机器焊接时对应的是表面贴装式元器件的焊盘，它包括顶层锡膏防护层（Top Paste）和底层锡膏防护层（Bottom Paste）。

6）丝印层（Silkscreen Layer）。丝印层用于放置文字和图形等印制信息，如元器件的外形轮廓、标号、标注以及各种字符，它包括顶层丝印层（Top Overlay）和底层丝印层（Bottom Overlay）。

7）多层（Multi-Layer）。多层用于显示焊盘和过孔。

8）禁止布线层（Keep Out Layer）。禁止布线层用于设定PCB的电气边界，只有设置了禁止布线边界，系统才能进行自动布局和自动布线。

（4）PCB工作层管理

1）添加或删除板层。系统默认PCB为双面板。对于复杂电路需要使用多层板时，可以执行【设计】→【图层堆栈管理器】，打开如图3-4所示的“图层堆栈管理器”对话框，选择添加层的位置，单击【追加层】设置多层板。对于多余的层，可以先选中，然后按【删除】按钮删除。

单面板电路可以直接在双面板上进行设计，使用顶层放置元器件，在底层布线；也可以单击图3-4对话框中的【菜单】按钮，执行【图层堆栈范例】→【单层】，直接设置为单面板。

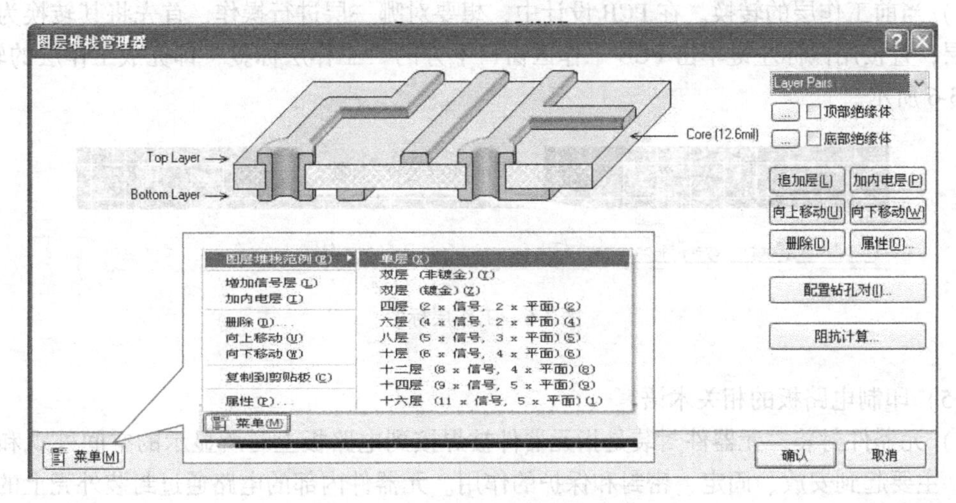

图3-4 “图层堆栈管理器”对话框

2）显示或者隐藏工作层。PCB 编辑器提供了众多工作层，但在使用时不一定都需要，对于暂时不需要的工作层可以将其设置为不显示。执行菜单命令【设计】→【PCB 板层次颜色】，打开如图 3-5 所示“板层和颜色”对话框，需要显示的工作层，选中工作层名称右边的“表示”选项即可。

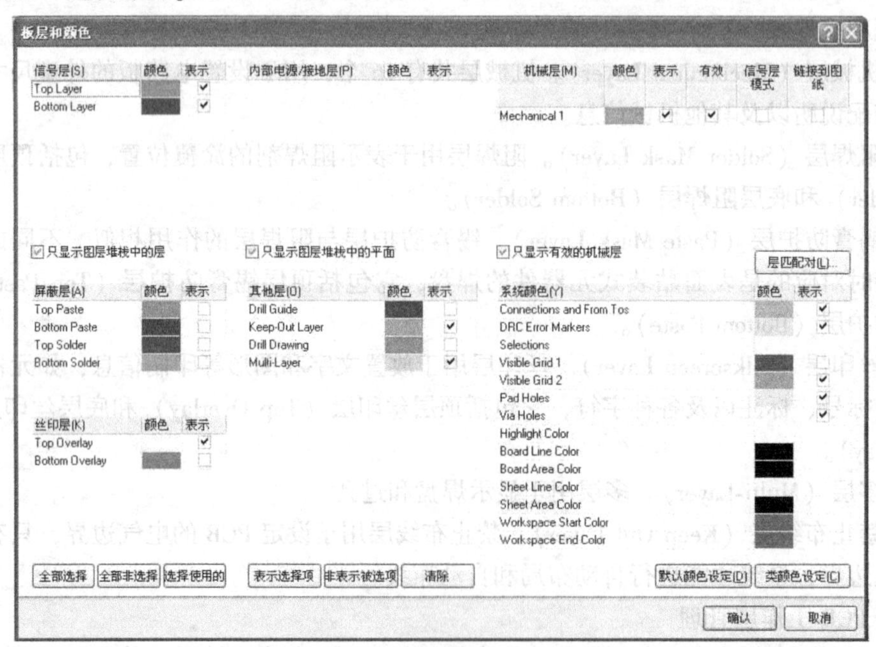

图 3-5 “板层和颜色”对话框

在默认状态下，系统为每个工作层赋予一种颜色。要修改工作层颜色，可以单击工作层名称后面的颜色块，在弹出的调色板中进行修改。建议读者如无特殊需要，尽量使用默认颜色，否则将可能降低该文档的可读性。在修改了工作层颜色后，单击“板层和颜色”对话框中的【类颜色设定】按钮，可以还原为默认状态。

3）当前工作层的转换。在 PCB 设计中，想要对哪一层进行操作，首先将其转换为当前工作层，直接用鼠标左键单击 PCB 工作区窗口下方的“工作层标签”即完成工作层的转换，如图 3-6 所示。

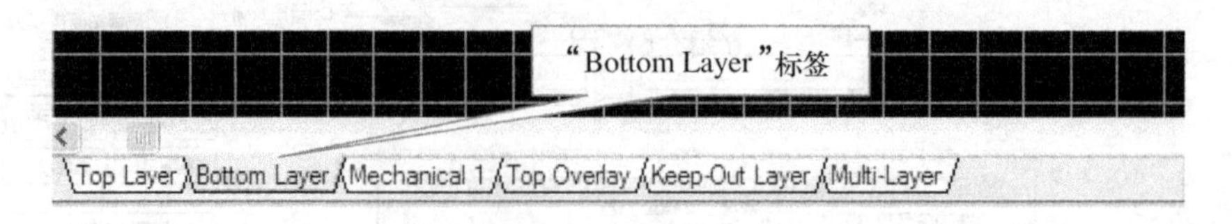

图 3-6 工作层标签

（5）印制电路板的相关术语

1）元器件封装。元器件封装是指元器件被焊接到电路板上时所显示的空间外观和焊点位置，主要起到安放、固定、密封和保护的作用。元器件内部的电路通过封装外壳上的引脚与外部电路相连。元器件的封装有直插式元器件封装（THT）和表面贴装式元器件封装

（SMT）两大类，如图 3-7 所示。不同的元器件可以用同一种封装，同一种元器件可以用不同的封装。

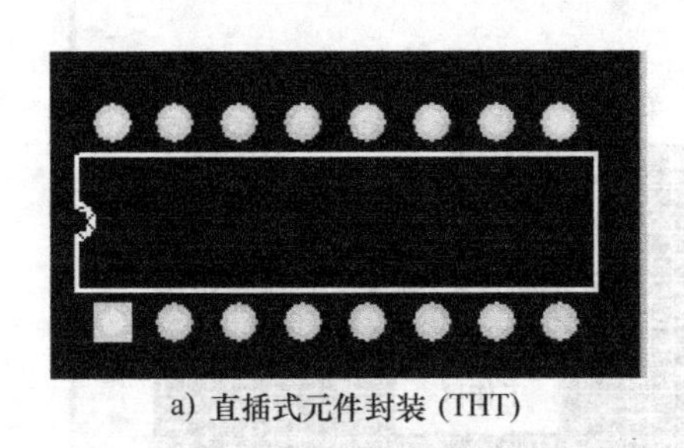

a) 直插式元件封装 (THT)

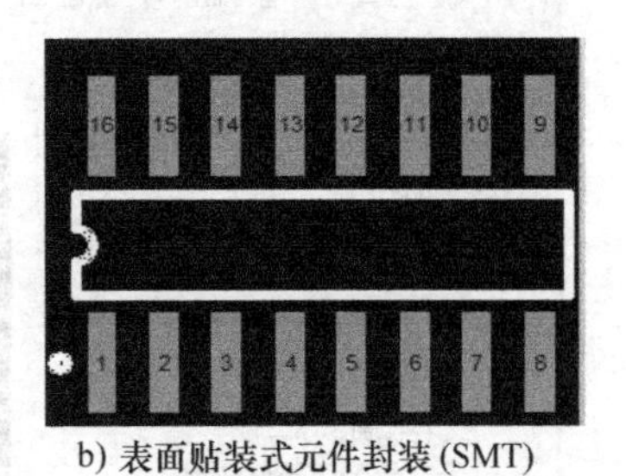

b) 表面贴装式元件封装 (SMT)

图 3-7 元器件封装

2）焊盘（Pad）。焊盘是 PCB 设计中最重要的概念之一。焊盘的作用是放置焊锡、连接导线和元器件引脚。焊盘孔径原则上比引脚直径大 0.2 ~0.4mm。常见焊盘形状有圆形、椭圆形、方形、多边形、岛形等。几种常用的焊盘形状如图 3-8 所示。圆形焊盘用得最多，圆形焊盘在焊接时，焊锡能自然堆焊成光滑的圆锥形，结构牢固、美观。有时为了增加焊盘的粘附强度，也采用正方形、椭圆形。焊盘形状选择要综合考虑该元器件的形状、大小、布置形式、振动和受热情况、受力方向等因素。

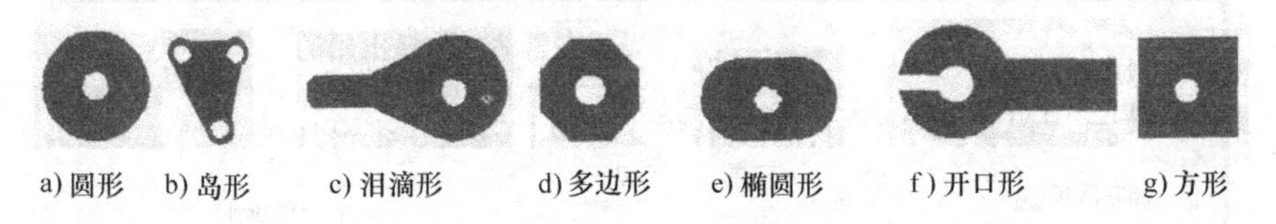

a) 圆形 b) 岛形 c) 泪滴形 d) 多边形 e) 椭圆形 f) 开口形 g) 方形

图 3-8 几种常见的焊盘形状

3）过孔（Via）。过孔也称为导孔，它的形状均为圆形的，用于连接不同板层的铜膜导线。

4）铜膜导线（Tracks）。铜膜导线也称为铜膜走线，简称导线，用于连接各个焊盘，是印制电路板最重要的部分。印制电路板设计都是围绕如何布置导线来进行的。铜膜导线必须绘制在信号层，即顶层（Top Layer）、底层（Bottom Layer）和中间层（Mid Layer）。

5）飞线。飞线又称为预拉线，是系统自动生成的，布线成功后会自动消失。飞线没有实际的电气连接意义，只是形式上表示元器件引脚之间的连接关系。

2. PCB 设计基础

（1）创建 PCB 文件 执行【文件】→【创建】→【PCB 文件】，系统自动新建一个默认文件名为“PCB1. PcbDoc”的 PCB 文件，同时启动 PCB 编辑器，PCB 编辑器窗口包括菜单栏、工具栏、工作面板、工作区、状态栏和各种面板按钮，如图 3-9 所示。

（2）设置 PCB 参数 PCB 参数设置在“PCB 板选择项”对话框完成，主要包括测量单位设置、网格设置和图纸位置设置等。执行菜单命令【设计】→【PCB 板选择项】或在 PCB 编辑窗口单击鼠标右键，在弹出的快捷菜单中选择【选择项】→【PCB 板选择项】，都可以打开如图 3-10 所示的“PCB 板选择项”对话框。

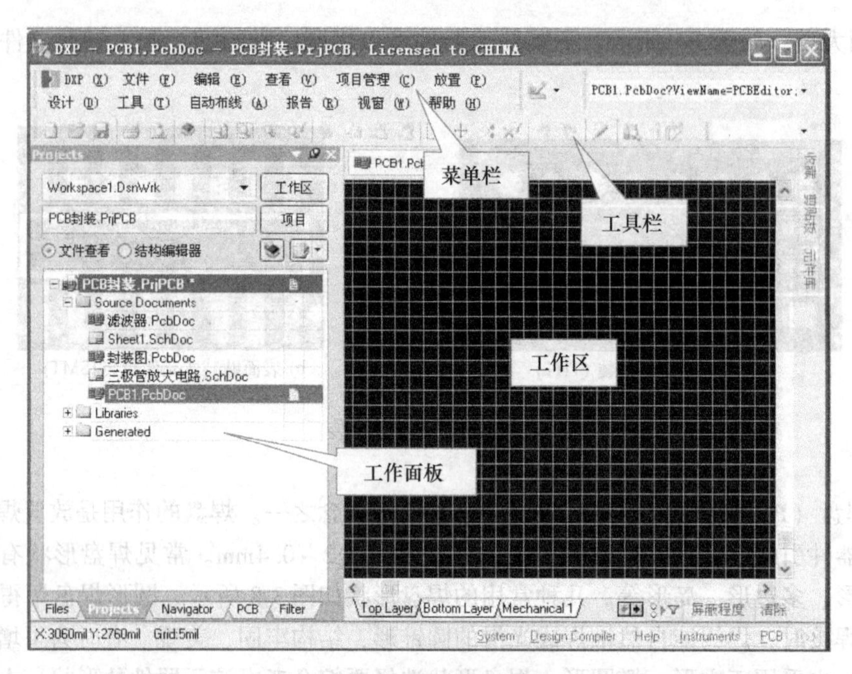

图 3-9　PCB 编辑器窗口

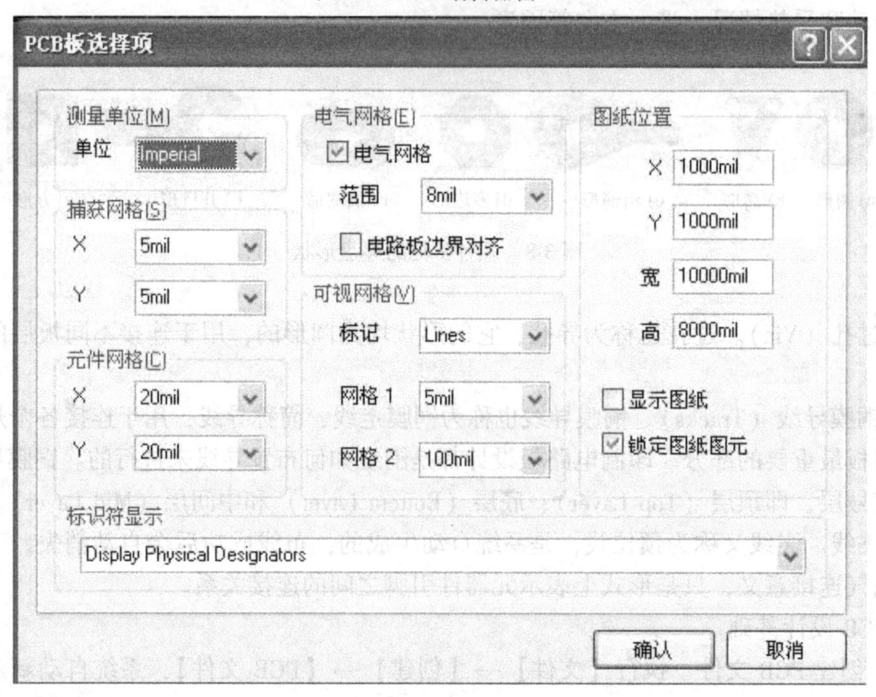

图 3-10　“PCB 板选择项”对话框

在对话框的左上角设置测量单位区域，系统提供了两种 Imperial（英制）和 Metric（公制）单位，系统默认为英制。

对话框有四种网格设置，分别是捕获网格、元件网格、电气网格和可视网格。捕获网格、电气网格和可视网格的意义与原理图中网格的意义相同，在此不再赘述。不同的是，捕获网格分成X方向和Y方向，要分别设置。元件网格是指在移动元件时的间距，也分X方向和Y方向，要分别设置。

在没有特殊需求的情况下，也可以选用系统的默认设置。

(3) 规划PCB

1）设置当前原点。

①原点标记显示设置。执行【DXP】→【优先设定】打开“优先设定”选择对话框，单击打开Protel PCB，选择“Display”选项，打开“Protel PCB-Display”选项，在表示区域选中“原点标记”复选框，单击【确认】按钮，就可以完成原点标记显示设置，如图3-11所示。

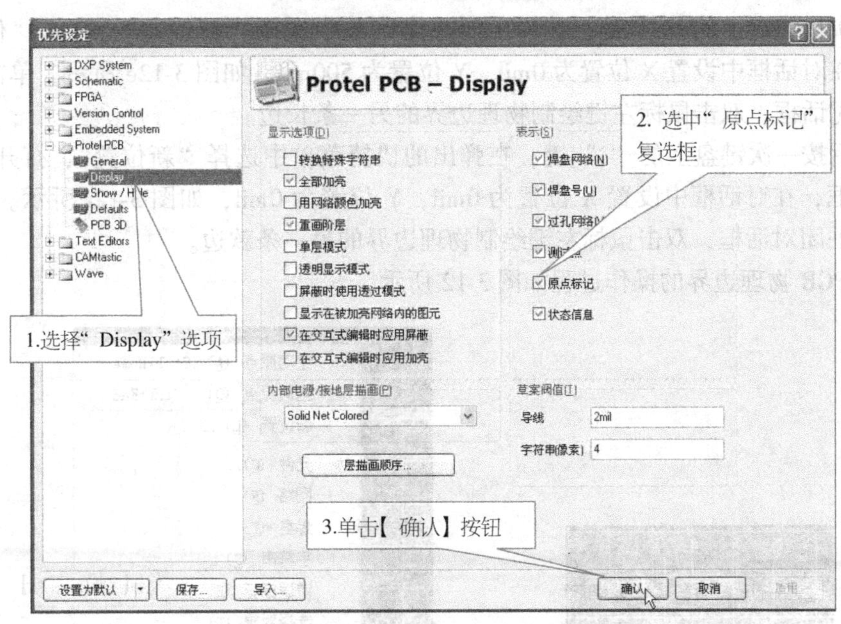

图3-11 设置显示原点标记

教你一招：快速打开“优先设定”对话框中的“Protel PCB-Display”选项

在PCB文件的工作窗口单击鼠标右键，在弹出的快捷菜单中选择【选择项】→【优先设定】，或者在PCB文件编辑状态执行【工具】→【优先设定】，都可以直接打开“优先设定”选择对话框中的“Protel PCB-Display”选项。

②当前原点的设置。执行【编辑】→【原点】→【设定】，或在“实用”工具栏中单击按钮，使鼠标变成十字形状，在PCB工作区左下角任意位置单击鼠标左键，则被鼠标单击的点变为当前原点，同时出现红色的原点标记。

2）绘制物理边界。单击工作层标签上的“Mechanical Layer1”标签，将“Mechanical Layer1”设置为当前层。执行【放置】→【直线】，或者单击实用工具栏中的放置直线按钮，进入直线放置状态，按照要求绘制PCB的物理边界。以当前原点为起点，按尺寸要求绘制PCB物理边界的操作步骤（以绘制800mil×500mil的物理边界为例）如下：

①放置当前原点。

②执行【放置】→【直线】，使光标变成十字形状，进入直线放置状态，如图 3-12a 所示。按键盘上的“j”打开如图 3-12b 所示的快捷键，选择“当前原点”关闭菜单，双击鼠标左键确定起点。

③再次按键盘上的“j”键，在弹出的快捷菜单中选择“新位置”，打开如图 3-12c 所示的“新位置”选择对话框，在对话框中设置 X 位置为 800mil，Y 位置为 0mil，然后单击【确认】按钮关闭对话框，双击鼠标左键绘制物理边界的长。

④再次按键盘上的“j”键，在弹出的快捷菜单中选择“新位置”，打开“位置选择”对话框，在对话框中设置 X 位置为 800mil，Y 位置为 500mil，如图 3-12d 所示。单击【确认】按钮关闭对话框，双击鼠标左键绘制物理边界的宽。

⑤再次按键盘上的“j”键，在弹出的快捷菜单中选择“新位置”，打开“位置选择”对话框，在对话框中设置 X 位置为 0mil，Y 位置为 500mil，如图 3-12e 所示。单击【确认】按钮关闭对话框，双击鼠标左键绘制物理边界的另一条长边。

⑥最后按一次键盘上的“j”键，在弹出的快捷菜单中选择“新位置”，打开“位置选择”对话框，在对话框中设置 X 位置为 0mil，Y 位置为 0mil，如图 3-12f 所示。单击【确认】按钮关闭对话框，双击鼠标左键绘制物理边界的另一条款边。

绘制 PCB 物理边界的操作过程如图 3-12 所示。

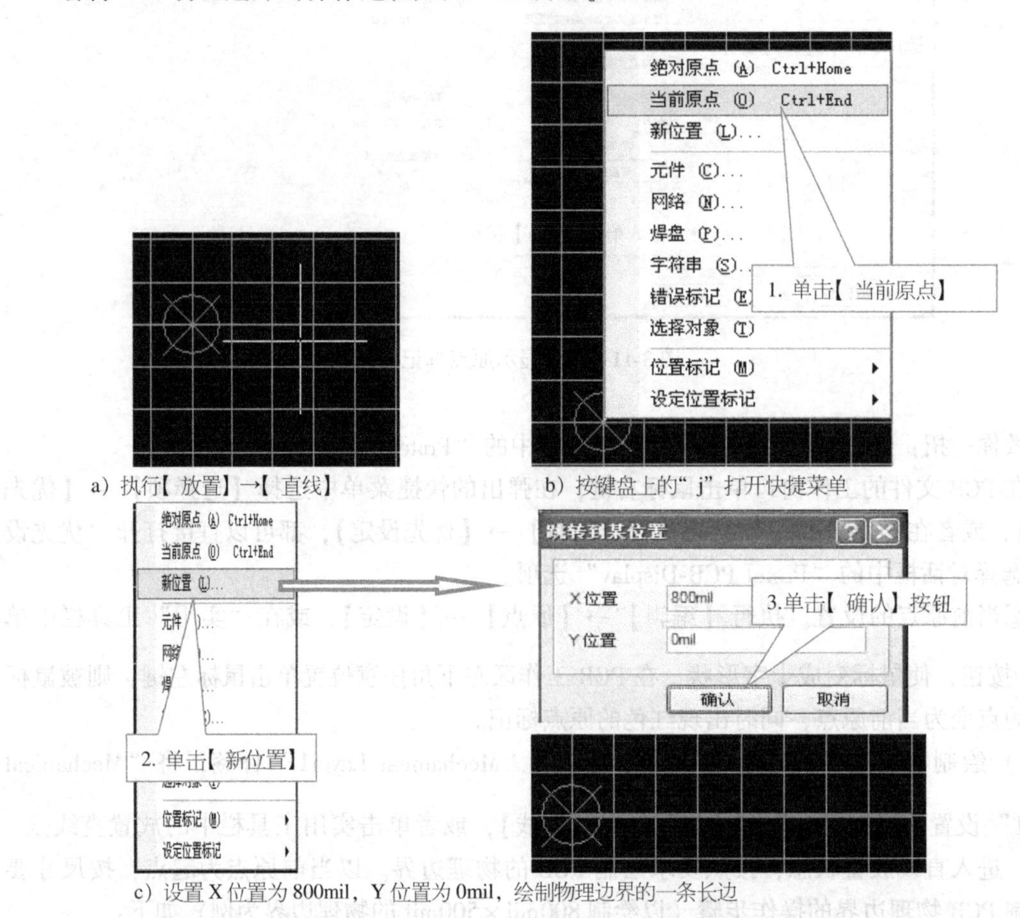

a）执行【放置】→【直线】

b）按键盘上的“j”打开快捷菜单

c）设置 X 位置为 800mil，Y 位置为 0mil，绘制物理边界的一条长边

图 3-12 绘制 PCB 物理边界的操作过程

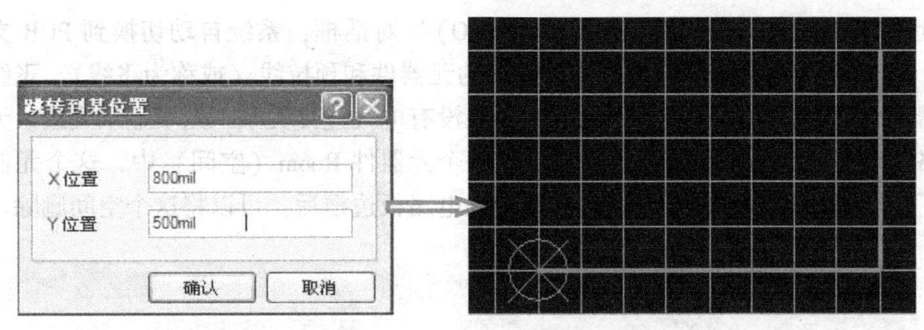

d）设置 X 位置为 800mil，Y 位置为 500mil，绘制物理边界的一条宽边

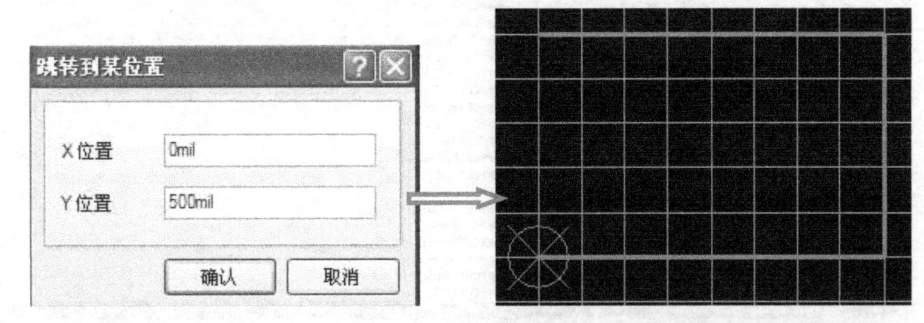

e）设置 X 位置为 0mil，Y 位置为 500mil，绘制物理边界的另一条长边

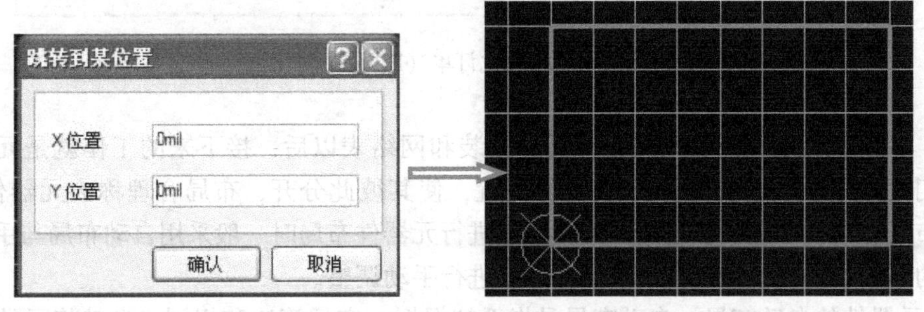

f）设置 X 位置为 0mil，Y 位置为 500mil，绘制物理边界的另一条宽边

图 3-12 绘制 PCB 物理边界的操作过程（续）

3）绘制电气边界。单击工作层标签上的“Keep-Out Layer”标签，将“Keep-Out Layer”设置为当前层，然后单击实用工具栏中的放置直线按钮，在物理边界内侧距物理边界 50mil 处画出电气边界线。绘制电气边界的方法与绘制物理边界的方法相同。

（4）装载网络表 选择“＊. SchDoc”为当前活动窗口，执行【设计】→【Update PCB Document ＊. PcbDoc】，或者在 PCB 编辑器中执行菜单命令【设计】→【Import Change From ＊. PrjPcb】，打开如图 3-13 所示的“工程变化订单（ECO）”对话框。

在“工程变化订单（ECO）”对话框中列出了元器件和网络等信息及其状态，单击【使变化生效】按钮，系统将逐项检查装载的网络表，并在“状态”栏中的“检查”列显示检查结果（“✔”表示正确，“✖”表示错误）。如果检查结果全部显示“✔”，说明所装载的元器件信息没有错误，单击【执行变化】按钮，系统将执行所有更新操作，即把元器件封装和网络载入 PCB 编辑器中。更新的结果在状态栏的“完成”列显示，将全部为✔。单击【关闭】按钮，关闭“工程变化订单（ECO）”对话框，系统自动切换到 PCB 文件的设计窗口，在 PCB 文件的设计窗口中看到载入的元器件和预拉线（或称为飞线）。飞线是用来表示元器件之间存在电气连接关系的线。如果没有电气连接关系，则不显示飞线。元器件封装与网络表装载成功后，所有元器件均装在一个元器件 Room（空间）中，这个元器件空间只是为了便于整体移动元器件，将元器件装入电路板边框后，可以将这个空间删除。

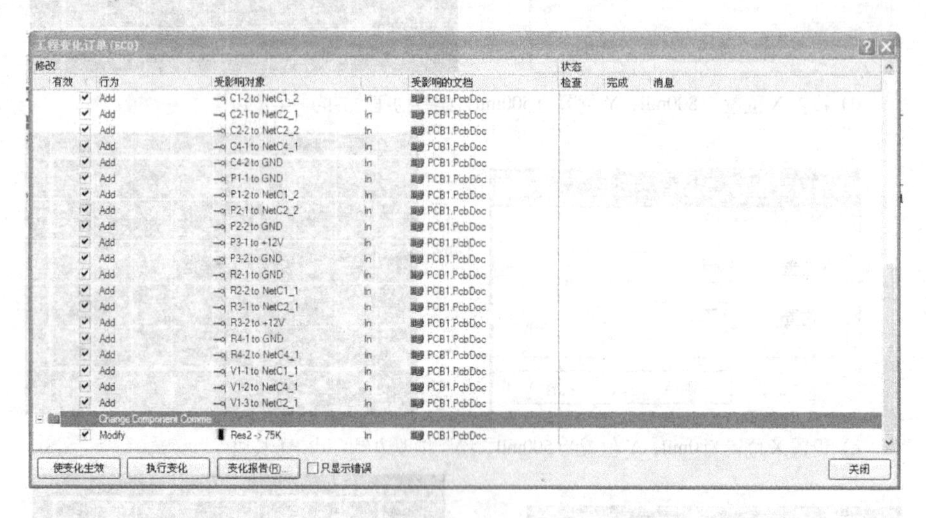

图 3-13 “工程变化订单（ECO）”对话框

（5）PCB 的元器件布局　载入元器件封装和网络表以后，接下来的工作就是元器件布局。人们把调整各个元器件在 PCB 上的位置，使其彼此分开，布局合理称为元器件布局。元器件布局有自动布局和手动布局两种，在进行元器件布局时一般采用自动布局与手动布局相结合的方法，即先让系统自动布局，然后进行手动调整。

1）元器件的自动布局。自动布局是指系统根据一定的算法和规则，自动将元器件分开并放置在规划好的 PCB 电气边界内。进行自动布局前，用户一般需要对其放置规则进行一些设置。

在 PCB 设计环境，执行【设计】→【规则…】，打开“PCB 规则和约束编辑器”对话框。双击其左侧“Placement”规则，可以看见它下边还有 6 个子规则，如图 3-14 所示。

“Placement”选项中常用的 3 个子项的意义和功能如下：

①Component Clearance（元件安全间距）。该规则用于设置元器件之间的最小间距，设置方法为：单击“Placement”规则的子规则“Component Clearance”中的“Component Clearance”选项打开如图 3-15 所示的元件安全间距设置对话框。

图 3-15 中“第一个匹配对象的位置”和“第二个匹配对象的位置”用于设置规则的适用范围，系统默认的范围是“全部对象”。在“约束”区域中设置间距数值，系统默认为 10mil。单击“间隙”右边的数值可以设置需要的元器件间隙。在“约束”区域中修改检查模式。规则修改后，必须单击【适用】按钮保存修改内容，单击【确认】按钮则保存并退出。

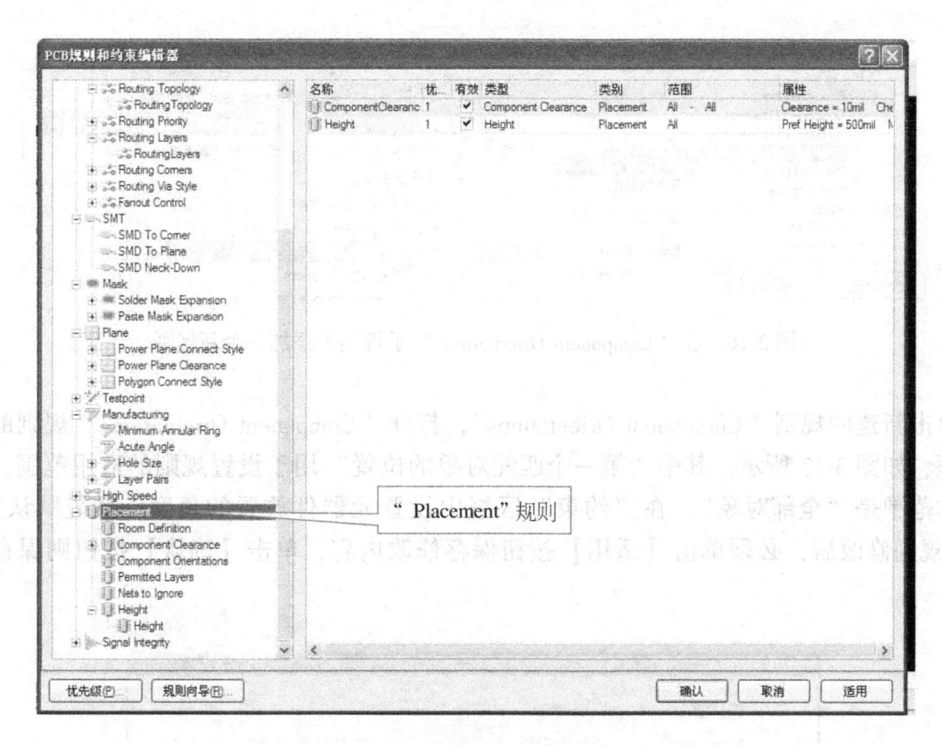

图 3-14 “PCB 规则和约束编辑器”对话框

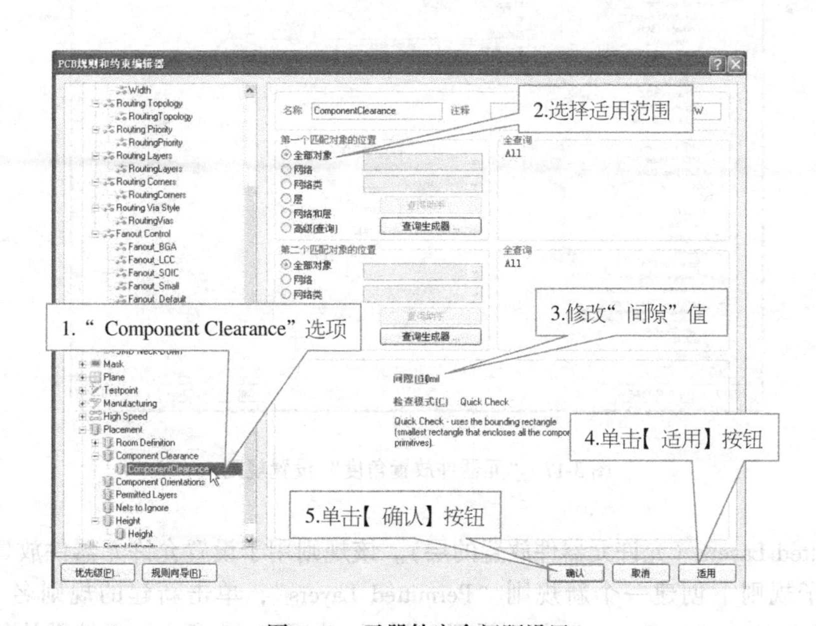

图 3-15 元器件安全间距设置

②Component Orientations（元件放置角度）。在“Component Orientations”子规则上单击鼠标右键，在弹出的快捷菜单中单击【新建规则…】，可以在“Component Orientations”子规则上添加一个名为“Component Orientations”的新规则，这时在“Component Orientations”的左边多了一个“+”号，单击“+”号可展开下一级规则，如图 3-16 所示。

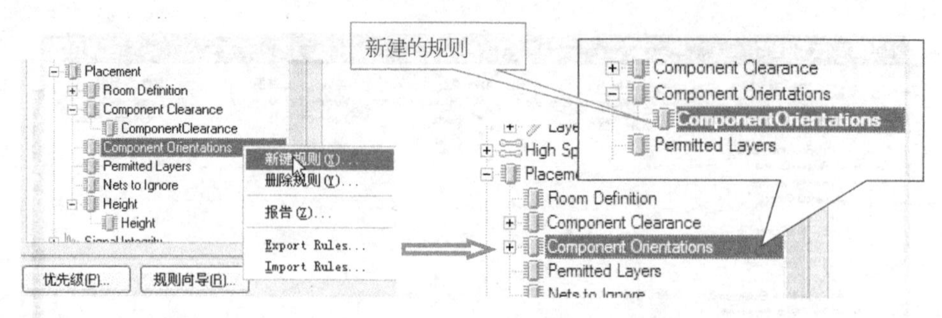

图 3-16　在“Component Orientations”子规则上添加一个新规则

单击新建的规则“Component Orientations”，打开“Component Orientations”规则的设置对话框，如图 3-17 所示。其中“第一个匹配对象的位置”用于设置规则的适用范围，系统默认的范围是“全部对象”。在“约束”区域中设置元器件放置的角度，系统默认为“0 度”。规则修改后，必须单击【适用】按钮保存修改内容，单击【确认】按钮则保存并退出。

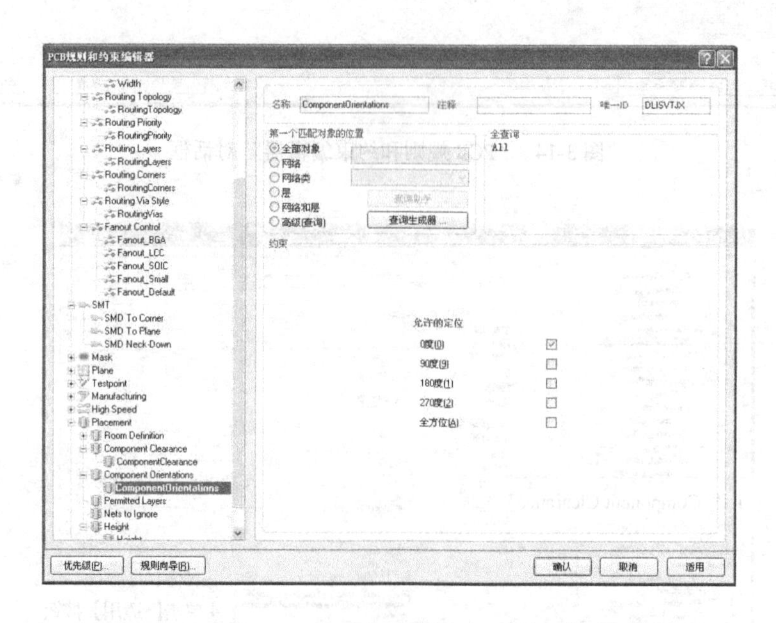

图 3-17　“元器件放置角度”设置规则

③Permitted Layers（允许元器件放置的层）。该规则用于设置允许元器件放置的电路板层。先在该子规则下创建一个新规则“Permitted Layers”，单击新建的规则名“Permitted Layers”，打开“Permitted Layers”规则设置对话框，如图 3-18 所示。系统默认的规则是将“顶层”和“底层”都选中。规则修改后，必须单击【适用】按钮保存修改内容，单击【确认】按钮则保存并退出。

完成 PCB 的布局规则设置后。执行【工具】→【放置元件】→【自动布局】，打开“自动布局”对话框。自动布局分为“分组布局”和“统计式布局”两种自动布局方式。系统默认的选择是“分组布局”，如图 3-19 所示。

图 3-18 设置“允许元器件放置的层”规则

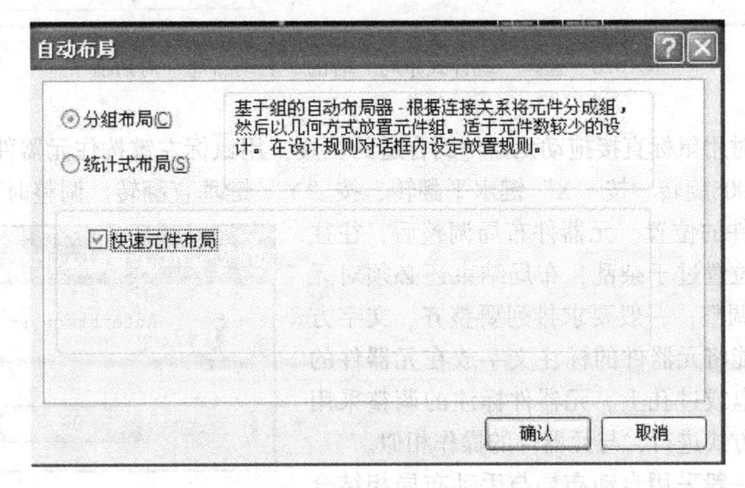

图 3-19 “自动布局”对话框

a. 分组布局是指系统根据元器件之间的连接关系将元器件分组，然后使其按照一定的几何位置布局，但需先设置元器件布局规则的一种布局方式。这种布局方式适用于元器件数量较少的电路板设计。在对话框中有一个“快速元件布局”复选框，选中该复选框，布局速度较快，但不能得到最佳布局效果。

b. 统计式布局是指使用统计算法，系统以元器件之间连线最短为标准进行布局，无需另外设置布局规则的一种布局方式，这种布局方式适于元器件数量超过 100 个的电路板设计。选择“统计式布局”时的“自动布局”对话框，如图 3-20 所示。

布局方式设置完成后，单击【确认】按钮，系统进行 PCB 的自动布局。布局完成后，系统将弹出如图 3-21 所示的自动布局完成对话框，单击【OK】按钮，结束布局过程。

2）元器件的手动布局。Protel 2004 的自动布局功能虽然强大，但自动布局后元器件的摆放位置一般不是很理想，需要进行手动布局。手动布局是指通过手动调整元器件的位置与方向，从而使元器件的布局更加符合设计要求的一种布局方式。手动布局就是使用鼠标将

PCB 上的元器件放到合适的位置，一般应遵循就近原则和信号流原则，方便布线，同时兼顾均匀、美观。

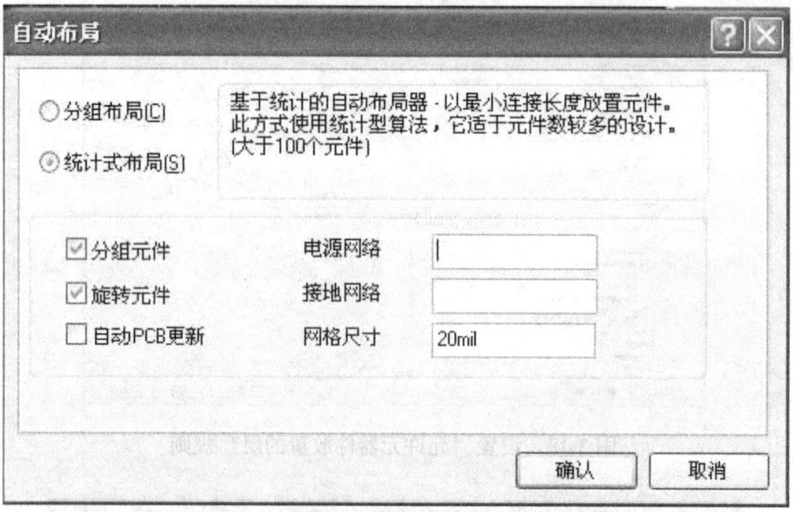

图 3-20　选择“统计式布局”时的“自动布局”对话框

手动布局时用鼠标直接拖动元器件到合适的位置，用鼠标左键按住元器件再按“空格”键可使元器件 90°旋转、按“X”键水平翻转、按“Y”键垂直翻转。调整时可以根据“飞线”安排元器件的位置。元器件布局调整后，往往元器件标注的位置过于杂乱，布局结束还必须对元器件标注进行调整，一般要求排列要整齐、文字方向要一致，不能将元器件的标注文字放在元器件的框内或压在焊盘或过孔上。元器件标注的调整采用移动和旋转的方式进行，与元器件的操作相似。

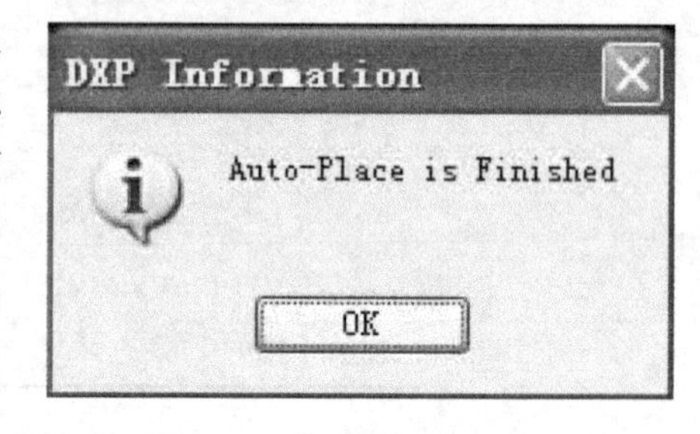

图 3-21　自动布局完成窗口

PCB 布局一般采用自动布局与手动布局相结合的方法。元器件数量较多时，先使用自动布局，然后再进行手动布局。当元器件数量较少时，也可以只采用手动布局。

(6) PCB 布线　布线就是通过放置铜膜导线和过孔将 PCB 上有连接关系的元器件封装的焊盘连接起来的过程。布线有自动布线和手动布线两种方式。自动布线效率高，但有时不尽如人意；手动布线效率低，但能根据需要或喜好去放置铜膜导线。一般 PCB 布线都是在自动布线的基础上进行手动调整布线，才能获得满意的效果。但无论哪一种布线方式都是按照设计规则进行的。自动布线就是系统按照设置的设计规则自动进行布线。因此，在自动布线之前需要设置布线设计规则。自动布线的规则很多，大多数都可以使用默认规则，一般情况下需要设置的规则只有常用的几项，下面对其进行简要介绍。

1）设置布线规则。执行菜单命令【设计】→【规则…】，系统弹出如图 3-22 所示的“PCB 规则和约束编辑器”对话框。

①Clearance（安全间距）规则设置。该规则用于设置铜膜导线、焊盘和过孔等导电对象之间的最小间距。双击“PCB 规则和约束编辑器”对话框中的“Electrical”，展开“Electrical”（电气特性）规则，双击“Clearance”展开“Clearance”子规则，单击“Clearance”选项打开“安全间距”设置对话框，在“约束”区域设置最小间隙值，单击【适用】按钮保存设置内容。

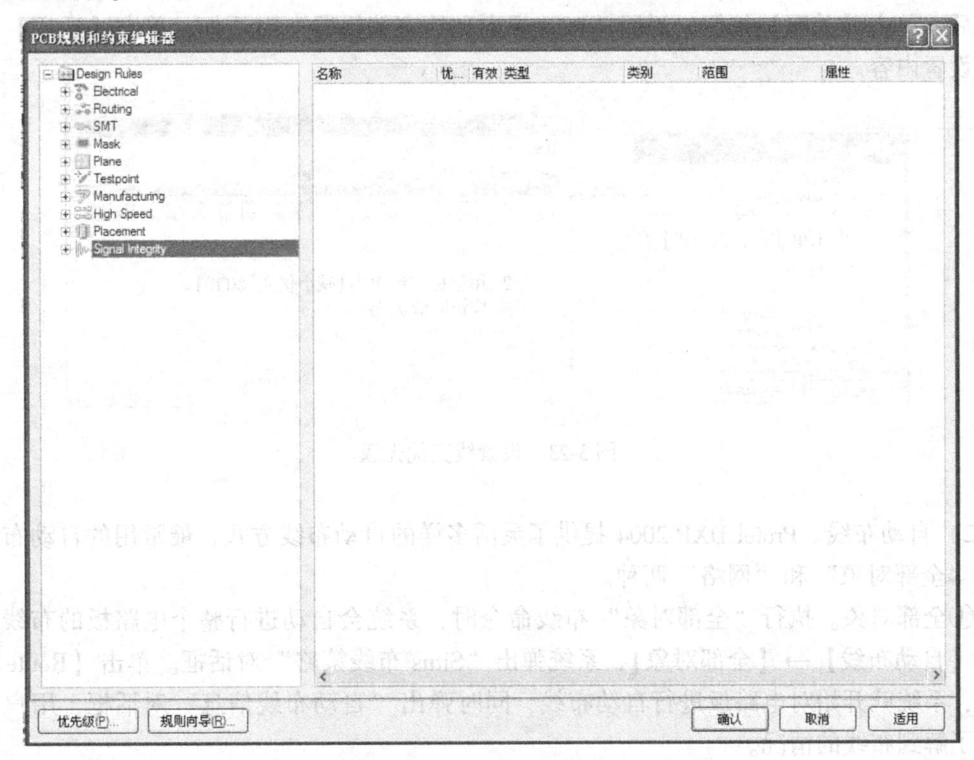

图 3-22 “PCB 规则和约束编辑器”对话框

②Routing Layers（布线层）规则。该规则用于设置自动布线中允许使用的信号层和布线的方向。系统默认的是双面板设置，当进行单面板和多层板设计时必须设置。双击“PCB规则和约束编辑器”对话框中的“Routing”，展开“Routing”（布线）规则，双击“Routing Layers”展开“Routing Layers”（布线工作层）子规则，单击“Routing Layers”选项打开“Routing Layers”设置对话框，在“约束”区域设置允许布线的工作层，单击【适用】按钮保存设置内容。

③Width（布线宽度）规则。该规则用于设置布线时的铜膜导线宽度，可以设置不同网络、不同对象的布线宽度。双击“PCB 规则和约束编辑器”对话框中的“Routing”，展开“Routing”（布线）规则，双击“Width”展开“Width”子规则，单击“Width”选项打开“线宽”设置对话框，在“约束”区域设置布线的宽度。布线的宽度包括最小宽度（Min Width）、优选尺寸（Preferred Width）和最大宽度（Max Width），其中优选尺寸（Preferred Width）为系统默认采用的导线宽度。在设置导线宽度时必须保证：最小宽度≤优选尺寸≤最大宽度。单击【适用】按钮保存设置内容。

④设置线宽的优先级。在进行自动布线时，如果多条规则涉及同一条导线的制作，系统自动以级别高的规则为准。如果设置了多个布线规则，则必须对这些布线规则的优先级进行设置。一般情况下，应该将约束条件苛刻的规则设置为高级别。

单击“PCB 规则和约束编辑器”对话框左下角的“优先级”按钮，打开“编辑规则优先级”对话框，并选中某一规则名，用鼠标左键单击“增加优先级”按钮，则提高优先级；用鼠标左键单击“减小优先级”按钮，则降低优先级，如图 3-23 所示。调整好各规则的优先级后，单击【关闭】按钮，返回“PCB 规则和约束编辑器”对话框，单击【适用】按钮保存设置内容。

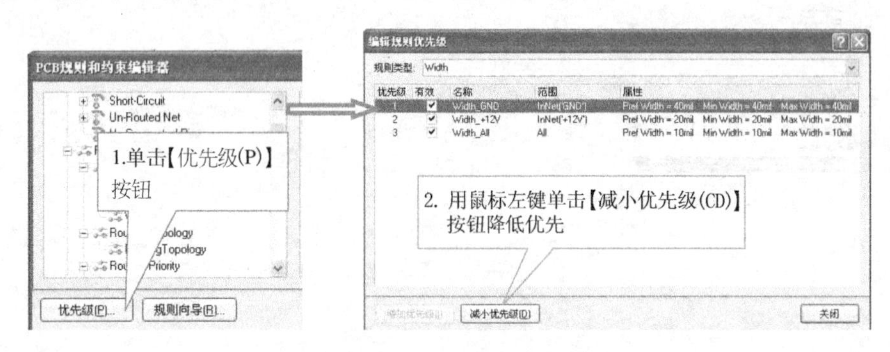

图 3-23 设置线宽优先级

2）自动布线。Protel DXP 2004 提供了灵活多样的自动布线方式，最常用的自动布线命令是“全部对象”和“网络”两种。

①全部对象。执行“全部对象”布线命令时，系统会自动进行整个电路板的布线。当执行【自动布线】→【全部对象】，系统弹出“Situs 布线策略”对话框。单击【Route All】按钮，系统就开始对电路板进行自动布线，同时弹出“自动布线信息”对话框，用户可以从中了解到布线的情况。

②网络。执行“网络”布线命令时，系统对指定的网络进行自动布线。执行【自动布线】→【网络】，光标变为十字形状，移动光标到需要布线网络的一个焊盘上，单击鼠标左键，在弹出的快捷菜单中选择“Pad”或“Connection”选项，即可完成对指定网络的自动布线。

任务准备

启动 Protel DXP 2004 软件，新建一个 PCB 项目文件，命名为“基本放大电路 . PrjPCB”，选择“基本放大电路 . PrjPCB”项目文件为当前项目，把绘制好的基本放大电路原理图文件添加至当前项目中，如图 3-24 所示。

任务实施

1. 创建基本放大电路 PCB 文件

选择“基本放大电路 . PrjPCB”项目文件为当前项目，执行【文件】→【创建】→【PCB 文件】命令，创建一个新 PCB 文件，把新建的 PCB 文件重命名为“基本放大电路 . PcbDoc”，如图 3-25 所示。

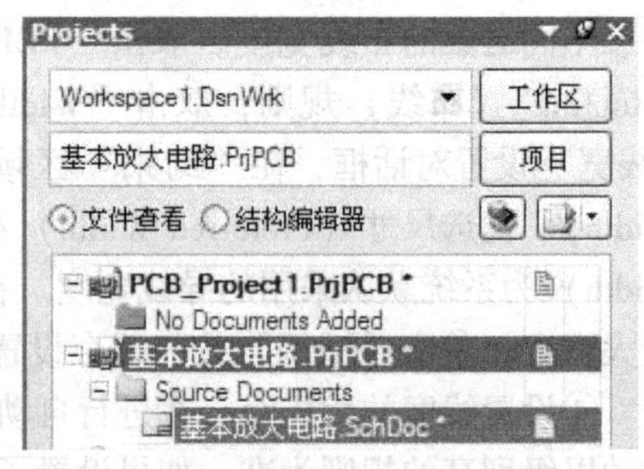

图 3-24 添加原理图文件至当前项目中

2. 规划基本放大电路 PCB

（1）设置当前原点

a）创建 PCB 文件

b）将 PCB 文件更名为“基本放大电路. PcbDoc”

图 3-25　创建 PCB 文件并更名

1）设置显示原点标记。选择 PCB 文档为当前活动文档，执行【工具】→【优先设定】，打开如图 3-26 所示的“优先设定”对话框，在对话框中选择“Display”选项，在其对应的右侧区域中选中“原点标记”复选框，然后单击【确认】按钮。

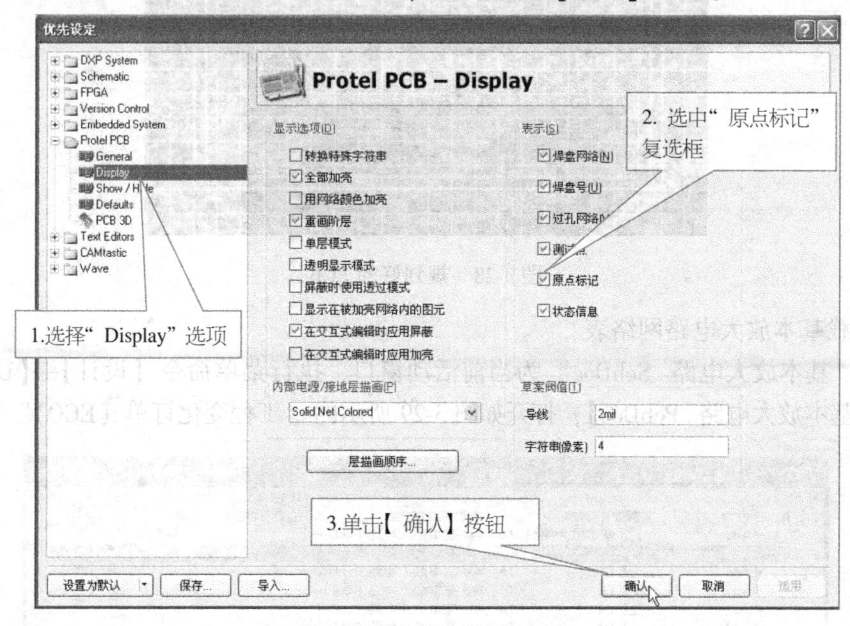

图 3-26　设置显示原点标记

2）设置当前原点。执行【编辑】→【原点】→【设定】，使鼠标变成如图 3-27a 所示的十字形状，在 PCB 工作区左下角任意位置单击鼠标左键，则被鼠标单击的点变为当前原点，同时出现红色的原点标记，如图 3-27b 所示。

（2）绘制物理边界　单击“Mechanical Layer1”工作层标签，将“Mechanical Layer1”设置为当前层，执行【放置】→【直线】，以当前原点为起点，按尺寸要求绘制宽为 2000mil，高为 1500mil 的 PCB 物理边界。

（3）绘制电气边界　单击“Keep-Out Layer”工作层标签，将“Keep-Out Layer”设置为当前层，执行【放置】→【直线】，在物理边界内侧距物理边界 50mil 处画出电气边界线。规划好的 PCB 如图 3-28 所示。

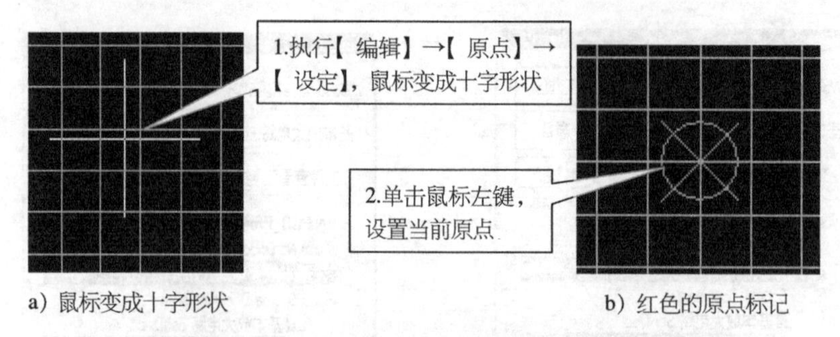

a）鼠标变成十字形状　　b）红色的原点标记

图 3-27　设置原点标记

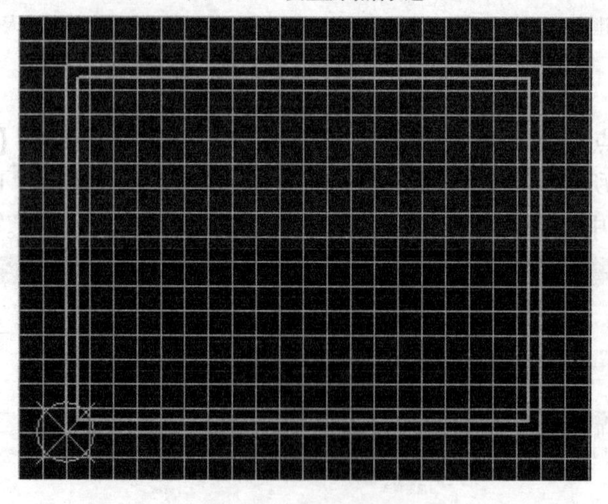

图 3-28　规划好的 PCB

3. 装载基本放大电路网络表

选择“基本放大电路 . SchDoc”为当前活动窗口，执行菜单命令【设计】→【Update PCB Document 基本放大电路 . PcbDoc】，打开如图 3-29 所示的“工程变化订单（ECO）”对话框。

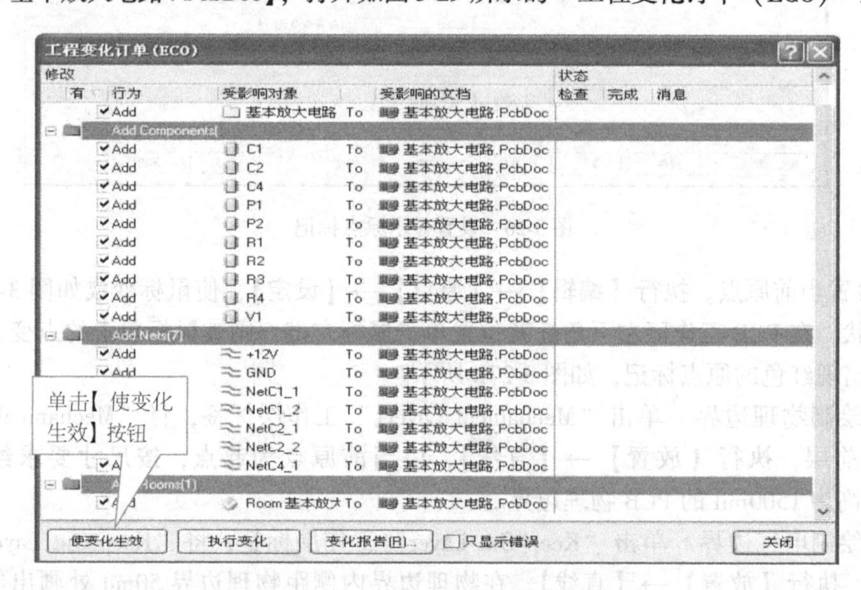

图 3-29　“工程变化订单（ECO）”对话框

图 3-29 中列出了所有要加载到 PCB 文件中的元器件标号和网络连接。单击图 3-29 中的【使变化生效】按钮，系统自动检查各项更新是否正确有效，如果没有错误，“检查”状态栏全部会打上“✓”，如图 3-30 所示。

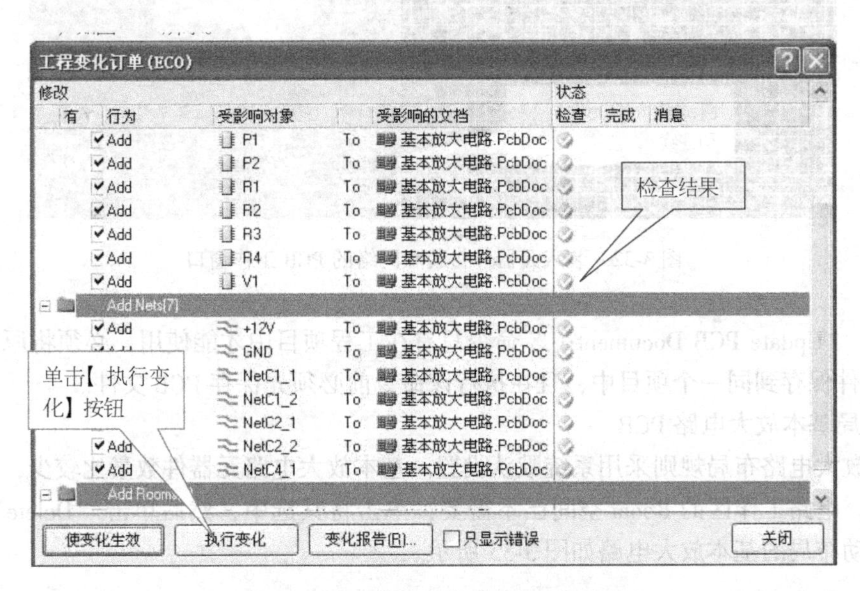

图 3-30 检查修改变化后的 ECO 对话框

单击图 3-30 中的【执行变化】按钮，系统把元器件封装和网络载入 PCB 编辑器中。执行成功后，“完成”栏将全部打上“✓”，如图 3-31 所示。

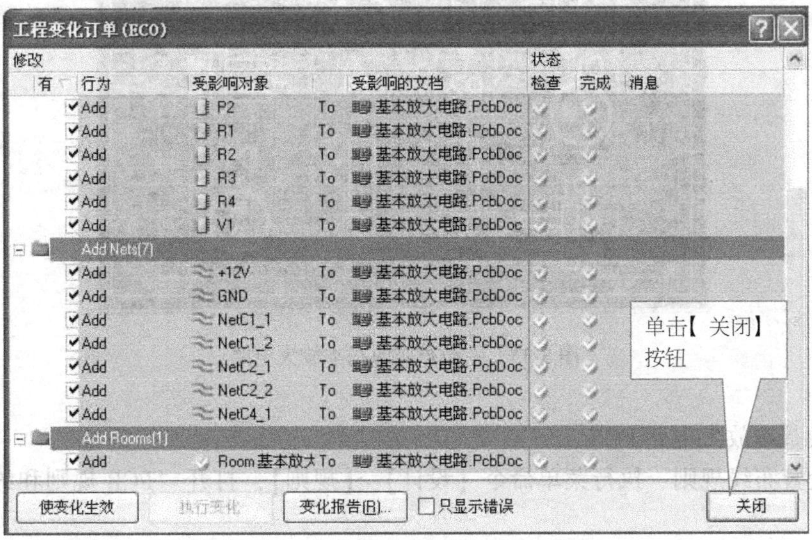

图 3-31 执行变化后的 ECO 对话框

单击图 3-31 中的【关闭】按钮，系统自动切换到 PCB 工作区，此时可以看到载入的元器件封装和飞线，如图 3-32 所示。

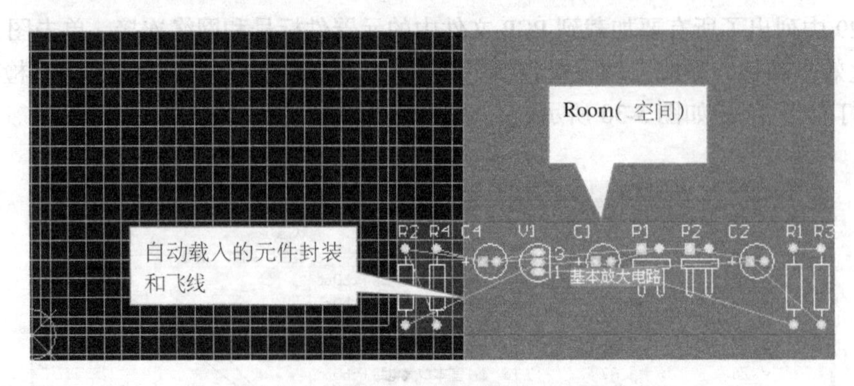

图 3-32　装入元器件封装和网络的 PCB 工作窗口

注意："Update PCB Document…"命令只有在工程项目中才能使用，必须将原理图文件和 PCB 文件保存到同一个项目中，且在执行该命令前必须先保存 PCB 文件。

4. 布局基本放大电路 PCB

基本放大电路布局规则采用系统默认设置。基本放大电路元器件数量比较少，采用手动布局方式。电路工作区的 Room 空间已不需要，单击将其选中，然后单击"Delete"键将其删除。手动布局的基本放大电路如图 3-33 所示。

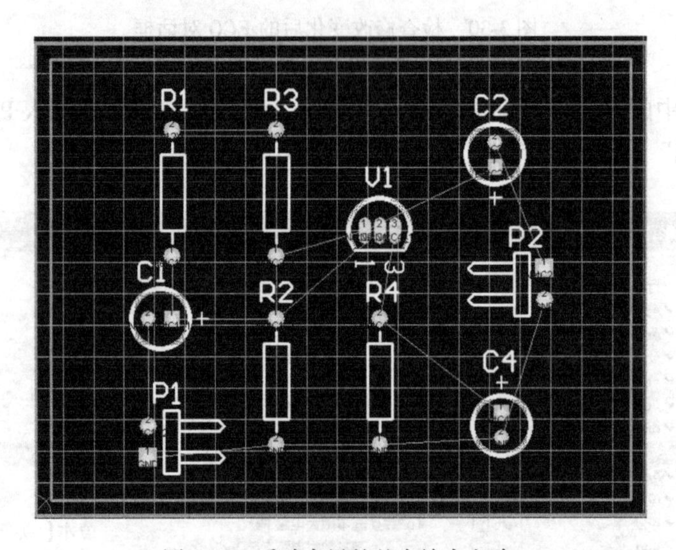

图 3-33　手动布局的基本放大电路

5. 布线基本放大电路 PCB

（1）设置布线规则　执行菜单命令【设计】→【规则】，打开"PCB 规则和约束编辑器"对话框。

1）设置 Clearance（安全间距）规则。双击"PCB 规则和约束编辑器"对话框中的"Electrical"，展开"Electrical"规则，双击"Clearance"展开"Clearance"子规则，单击"Clearance"选项打开"Clearance"设置对话框，在右边的"约束"区域设置最小间隙值为 15mil，单击【适用】按钮保存此设置，如图 3-34 所示。

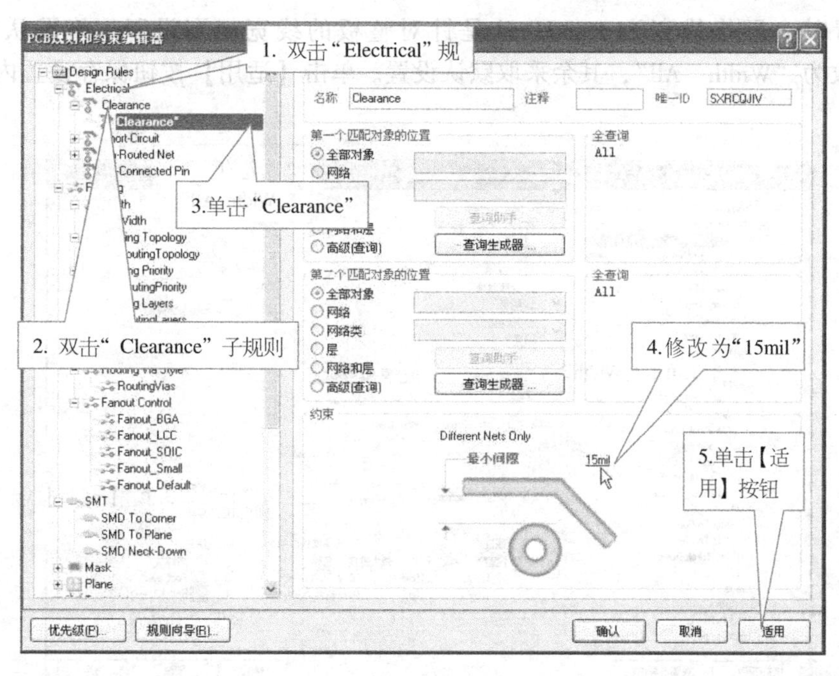

图 3-34 设置安全间距

2）设置 Routing Layers（布线层）规则。双击“PCB 规则和约束编辑器”对话框中的“Routing”（布线），展开“Routing”规则，双击“Routing Layers”展开“Routing Layers”子规则，单击“Routing Layers”选项，打开“Routing Layers”设置对话框，在其右边的“约束”区域设置允许布线的工作层为底层布线，即取消“Top Layer”复选框，然后单击【适用】按钮保存修改内容，如图 3-35 所示。

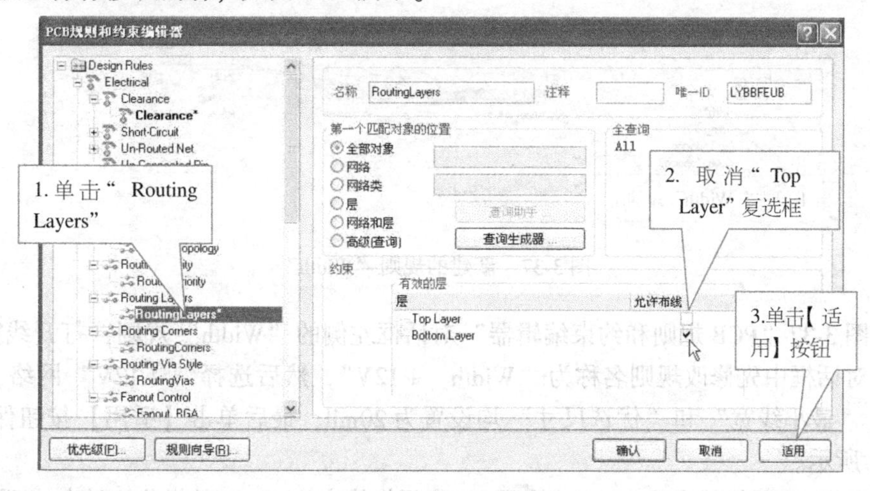

图 3-35 设置布线层

3）设置 Width（布线宽度）规则。双击“PCB 规则和约束编辑器”对话框中的“Routing”，展开“Routing”规则，双击“Width”展开“Width”子规则，单击“Width”选项，打开线宽设置对话框。

①设置其余网络线宽为 10mil。这是针对整板的线宽规则设置。将默认的规则名“Width”改为“Width _ All”，其余采取默认设置。单击【适用】按钮保存设置内容，如图 3-36 所示。

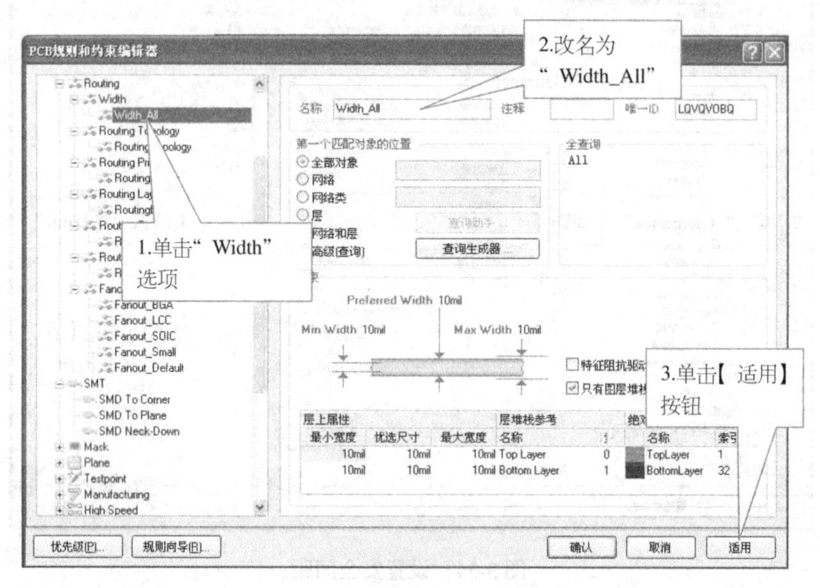

图 3-36 设置其余网络线宽为 10mil

②设置 +12V 网络线宽为 20mil。在线宽子规则“Width”上单击鼠标右键，在弹出的快捷菜单中选择“新建规则”，在子规则“Width”上添加一个“Width”选项，在“PCB 规则和约束编辑器”对话框的右侧显示的规则名称栏可以看见所添加的新规则“Width”，如图 3-37 所示。

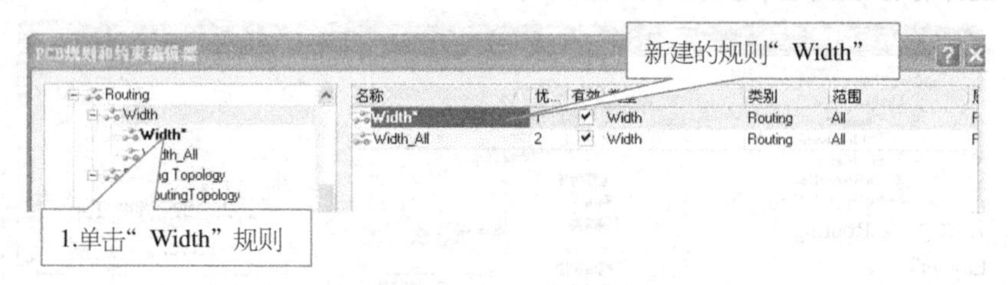

图 3-37 新建的规则“Width”

单击图 3-37“PCB 规则和约束编辑器”对话框左侧的“Width”规则，打开线宽设置对话框。在对话框中先修改规则名称为“Width _ +12V”，然后选择“+12V”网络，将“最大线宽”、“最小线宽”和“优选尺寸”均设置为 20mil，最后单击【适用】按钮保存设置，如图 3-38 所示。

③设置 GND 网络线宽为 40mil。设置 GND 网络线宽为 40mil 的操作方法与“设置 +12V 网络线宽为 20mi”的操作方法相同。

4）设置线宽的优先级。基本放大电路设置了 3 个布线规则，应该将约束条件苛刻的规则设置为高级别。本例中将 GND 网络布线规则设置为最高，+12V 网络为其次，其他网络为最低。

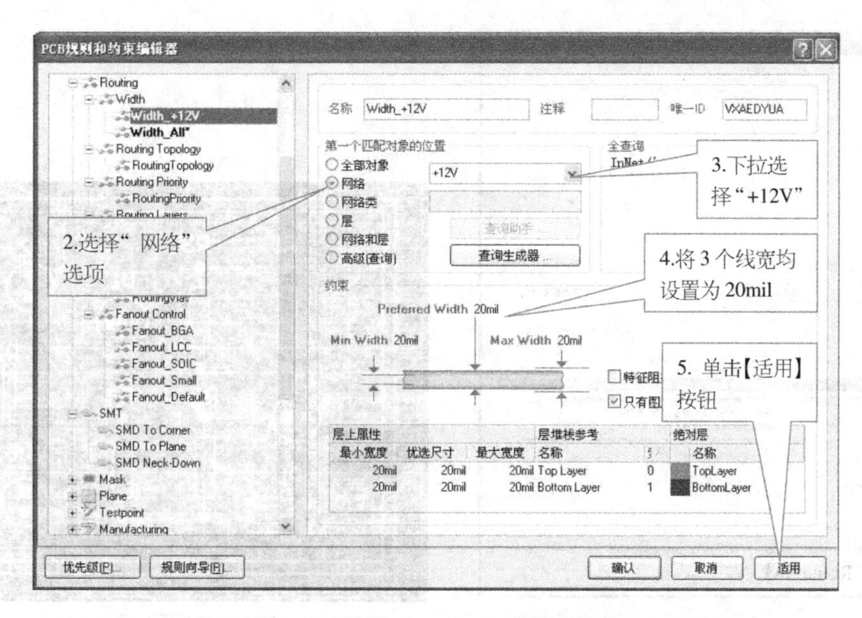

图 3-38　设置“+12V”网络的线宽

单击“PCB规则和约束编辑器”对话框左下角的【优先级】按钮，打开“编辑规则优先级”对话框，选中“Width-GND”规则名，单击“增加优先级”按钮，将其优先级设置为1，选中“Width-+12V”规则名，将其优先级设置为2，调整好线宽优先级的规则，如图3-39所示。线宽优先级设置完毕后单击【关闭】按钮，返回“PCB规则和约束编辑器”对话框，单击【适应】按钮保存设置内容。

编辑规则优先级

规则类型：Width

优先级	有效	名称	范围	属性
1	✔	Width_GND	InNet('GND')	Pref Width = 40mil　Min Width = 40mil　Max Width = 40mil
2	✔	Width_+12V	InNet('+12V')	Pref Width = 20mil　Min Width = 20mil　Max Width = 20mil
3	✔	Width_All	All	Pref Width = 10mil　Min Width = 10mil　Max Width = 10mil

增加优先级(I)　减小优先级(D)　关闭

图 3-39　设置线宽优先级

（2）自动布线　布线规则设置完毕后，执行菜单命令【自动布线】→【全部对象】，打开“Situs布线策略”对话框，如图3-40a所示。单击图3-40a中的【Route All】按钮，系统就开始对电路板进行自动布线，并弹出“自动布线信息”对话框。自动布线后的效果如图3-40b所示。

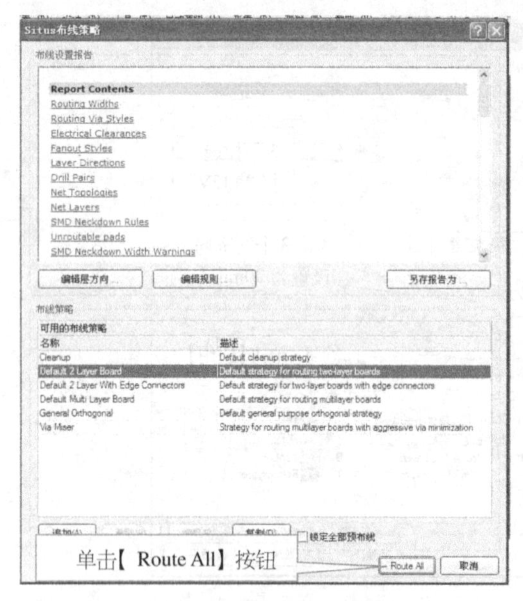

a）“Situs 布线策略”对话框

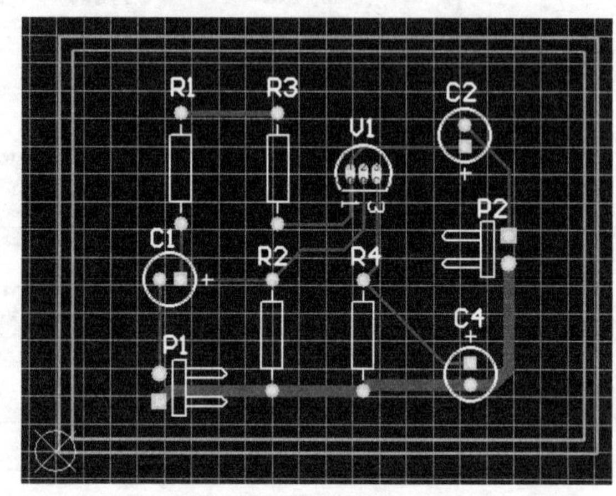

b）自动布线后的基本放大电路 PCB

图 3-40　自动布线基本放大电路 PCB

教你一招：管理 PCB 编辑器画面

1）放大画面：执行菜单命令【查看】→【放大】，或按“Page Up”键。

2）缩小画面：执行菜单命令【查看】→【缩小】，或按“Page Down”键。

3）显示电路板的全部内容：执行菜单命令【查看】→【整个文件】。

检查评议

PCB 设计职业能力检测见表 3-1。

表 3-1　PCB 设计职业能力检测

检测项目	配分	技术要求	评分标准	得分
PCB 文件的创建	5	能在 PCB 项目文件中创建 PCB 文件	不能正确创建 PCB 文件，扣 5 分	
文件的保存	5	按照要求命名文件名，并保存到指定位置的文件夹中	1. 文件夹或文件名称有误，扣 3 分 2. 文件保存位置错误，扣 2 分	
设置 PCB，手工规划 PCB 电路板	15	1. 正确设置 PCB 层 2. 正确进行 PCB 选项设置 3. 按尺寸正确规划 PCB	1. 板层设置错误，扣 5 分 2. PCB 选项设置错误，扣 5 分 3. 规划 PCB 尺寸、形状、层出，错扣 5 分	
装载封装库 查找放置封装	10	1. 能正确装载所需的封装库 2. 能正确放置封装	1. 不能正确装载所需的封装库，扣 5 分 2. 不能正确放置封装，扣 5 分	
装载网络表	10	1. 能装载网络表 2. 能修正 ECO 中显示的错误	1. 不能装载网络表，扣 5 分 2. 不能修正 ECO 中显示的错误，扣 5 分	
自动布局及手动布局	15	1. 能正确设置布局规则 2. 能自动布局 3. 能手动调整布局	1. 不能正确设置布局规则，扣 5 分 2. 不能自动布局，扣 5 分 3. 不能手动调整布局，扣 5 分	
自动布线及手动调整布线	25	1. 正确设置设计规则 2. 会自动布线 3. 能按要求调整布线	1. 规则设置不正确，扣 5 分 2. 不能正确合理布线，扣 10 分 3. 不能正确调整线宽、布线，扣 10 分	

（续）

检测项目	配分	技术要求	评分标准	得分
打印 PCB 图	10	能正确打印 PCB 图	不能正确打印 PCB 图，扣 10 分	
安全文明绘图	5	安全文明绘图	操作不安全、不文明，扣 1 ~ 5 分	
		合计		

问题及防治——装载网络表时易出的错误

1. 找不到元器件封装

如果在设计原理图时某个元器件的封装未设置，或者在设计 PCB 时没有装载包含原理图元器件的封装库，则在装载网络表时会出现错误。此处假设 U1 没有加载封装，切换到 PCB 设计环境，装载网络表，在“工程变化订单（ECO）”对话框中单击【执行变化】按钮后，对话框中有出错警告标志，选择“只显示错误”，如图 3-41 所示。

图 3-41　“工程变化订单（ECO）”出错警告

观察出错项目是 U1-1 ~ U1-3，即 U1 的 1 ~ 3 引脚都出错，添加元件 U1 失败。单击【关闭】按钮后，可以看到除 U1 以外的其他元器件全部装入 PCB 编辑区。

解决的方法：切换到原理图编辑环境，双击元件 U1，在属性对话框中，按【追加】按钮，添加封装为“29-04”，重新装载网络表，执行“工程变化订单（ECO）”时就不会再出现错误警告标志。

2. 元器件封装少引脚

若把 U1 的封装改为 DIODE-0.4，则在装载网络表时，在“工程变化订单（ECO）”对话框中单击【执行变化】按钮后，元器件被链接、验证，屏幕显示着滚动内容，结束时“工程变化订单（ECO）”对话框中有出错警告标志，选择“只显示错误”，如图 3-42 所示。

图 3-42　“工程变化订单（ECO）”出错警告

观察出错项目是 U1-3，即 U1 的 3 引脚出错，U1 应是 3 只引脚的封装，而 DIODE-0.4 是二极管的封装，只有 2 只引脚，所以在执行“U1-3 to V1”时出错。

解决的方法：切换到原理图编辑环境，双击元件 U1，在属性对话框中，编辑封装为“29-04”，重新装载网络表，执行“工程变化订单（ECO）”。

3. 元器件封装多引脚

若把 U1 的封装改为 DIP4，则在装载网络表时，在“工程变化订单（ECO）”对话框中单击【执行变化】按钮后，元件被链接、验证，屏幕显示着滚动内容，结束时“工程变化订单（ECO）”对话框中没有出错警告标志，如图 3-43 所示。但装入的 U1 却是 4 只引脚的封装，如图 3-44 所示。

图 3-43 “工程变化订单（ECO）”无出错警告

这种“工程变化订单没有错误警告而实际元件封装出错”的情况，需要设计者有一定的观察能力和实际工作经验。因此，对初学者而言，分辨出这种错误有一定难度。

扩展知识

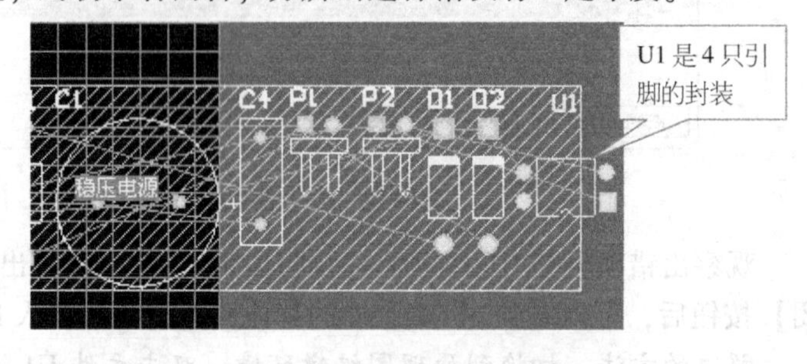

图 3-44 实际装入的封装出错

1. 常用的元器件封装

我们在选择元器件时，不仅要知道元器件的名称，还要知道元器件的封装，封装一般在原理图绘制时指定。元器件的封装编号一般为元器件类型 + 焊盘距离（焊盘数）+ 元器件外形尺寸。元器件封装分成直插式（THT）和表面贴装式（SMT）两大类。

（1）直插式元器件封装

1）AXIAL-0.3 ~ AXIAL-1.0 封装：常用于无极性双端类轴状元器件，如电阻、电感等。封装名称后面的数字表示两焊盘间的距离，如 0.4 表示距离为 400mil（约 10mm），如图 3-45 所示。

2）二极管类封装：封装编号为 DIODE-0.4 和 DIODE-0.7，后面的数字表示两焊盘间的距离，如图 3-46 所示。

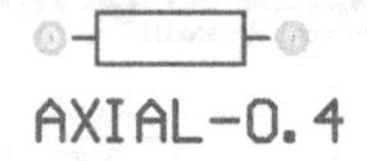

图 3-45 AXIAL-0.3 ~ AXIAL-1.0 封装

DIODE-0.4

图 3-46 二极管类封装

3）电容类封装：无极性电容的封装编号为 RAD-0.1 ~ RAD-0.4，后面的数字表示两焊盘间的距离；有极性的圆筒状电容的常用封装为 RB5 或 RB7.6，如图 3-47 所示。

4）晶体管类封装：封装编号为 BCY-W3、CAN-3 等，如图 3-48 所示。

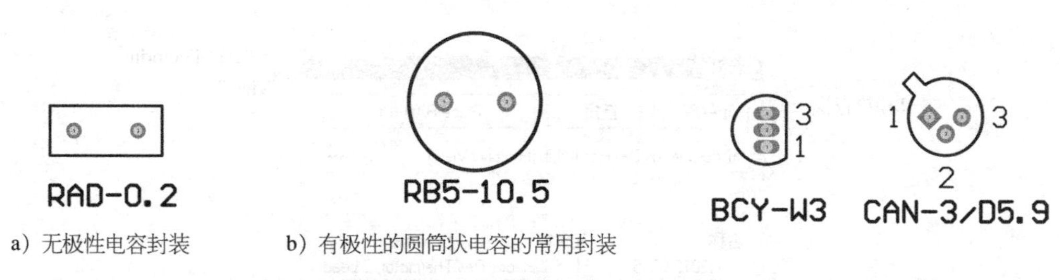

a）无极性电容封装　b）有极性的圆筒状电容的常用封装

图 3-47　电容类封装　　图 3-48　晶体管类封装

5）DIP 封装：常用于双列直插的集成芯片，封装编号为“DIP” + 引脚数目，如“DIP-14”，数字“14”表示引脚数为 14 个，如图 3-49 所示。

（2）表面贴装式元器件封装　表面贴装式元器件封装比直插式元器件封装小很多，主要用于元器件与导线较多的复杂电路中。集成芯片常用封装有小尺寸双列封装 SOP、塑料有引线封装 PLCC 和塑料四边引出扁平封装 PQFP 等，如图 3-50 所示。

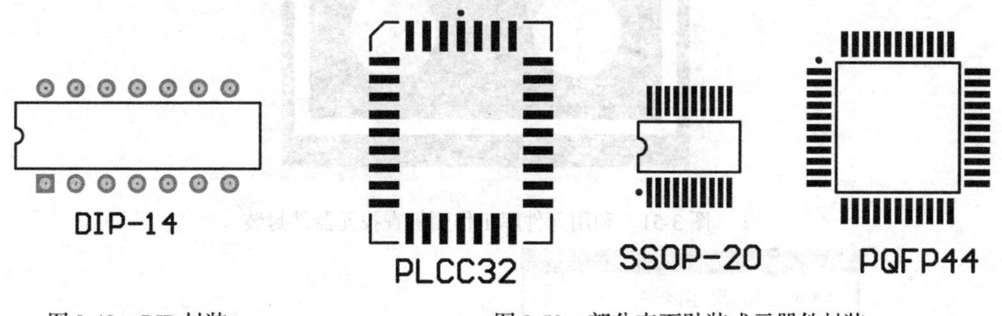

图 3-49　DIP 封装　　图 3-50　部分表面贴装式元器件封装

2. PCB 元器件的放置

（1）元器件封装库的安装　安装封装库的方法与安装原理图库的方法相同，可以安装的库有封装库（*.PcbLib）和集成元件库（*.IntLib）。最常用的是 Miscellaneous Connectors. IntLib 和 Miscellaneous Devices. IntLib 两个集成元件库。对于集成元件库而言，一般情况下元件在原理图中使用的库和 PCB 图中元器件封装使用的库是相同的，在同一个项目里不需要重复加载。

（2）元器件封装的查找　打开元件库工作面板，在元件库文件列表框中选择元器件所在的元件库（已加载）。由于集成库包含了元器件的原理图库和元器件封装库，所以库名称的后面出现了两种备注，分别是“Component View”和“Footprint View”，表示集成库中的元器件和集成库中的封装，在此选择“Footprint View”。在封装名称列表中输入要查找的封装名，名称支持模糊查找，可以输入部分名称。“*”表示任意数量的任意数字或字母；“?”表示一位任意数字或字母。例如查找电容封装“RAD-0.1”，如图 3-51 所示。

如果不知道元器件封装所在的库，可以通过元件库工作面板上的【查找】按钮在所有库中查找。

（3）元器件封装的放置　单击图 3-51 中的【Place RAD-0.1】按钮或双击封装名称，在弹出的“放置元件”属性修改对话框中修改元器件属性，单击【确认】按钮，就可以把元器件封装放置到 PCB 设计环境中的工作区，如图 3-52 所示。

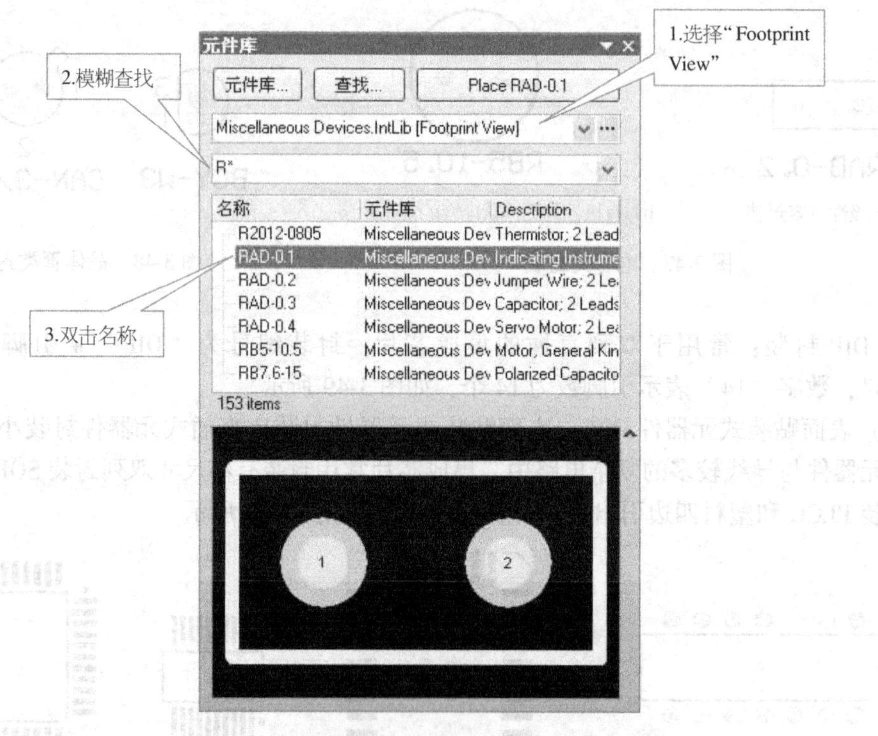

图 3-51　利用元件库工作面板查找元器件封装

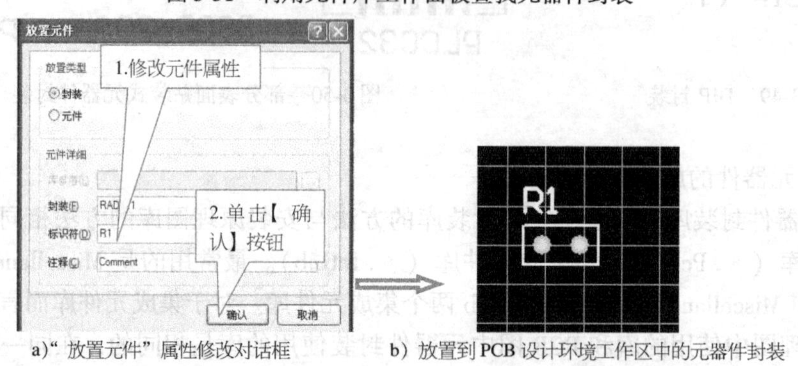

a）"放置元件"属性修改对话框　　b）放置到 PCB 设计环境工作区中的元器件封装

图 3-52　放置元器件封装

考证要点与巩固练习

1. 考证要点

1）会根据要求设置 PCB 尺寸大小。

2）能合理布局元器件，能根据指定电路电流大小选择合适线宽，根据指定电压大小选择合适线间距进行手工布线。

2. 巩固练习

1）根据图 2-58 所示的放大电路原理图设计电路板。设计要求如下：

①使用单面板，PCB 尺寸为 1300mil × 1200mil。

②安全间距为 10mil。

③电源线和接地线宽为 50mil，其他网络线宽为 25mil。

参考如图 3-53 所示的放大电路 PCB。

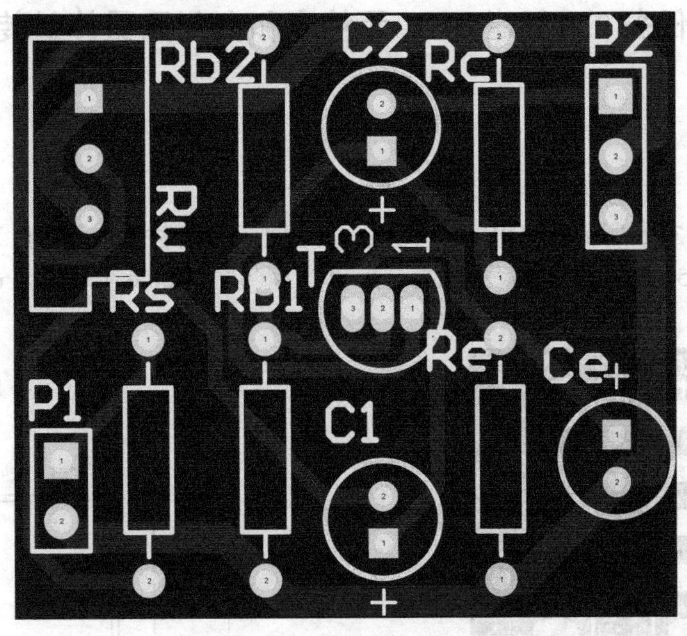

图 3-53　放大电路 PCB

2）根据图 2-120 所示的单片机控制电路原理图设计单层 PCB，设计要求如下：

①PCB 尺寸为 180mm × 80mm。

②安全间距为 0. 3mm。

③电源线和接地线宽为 2mm，其他网络线宽为 1mm。

参考如图 3-54 所示的单片机控制电路 PCB。

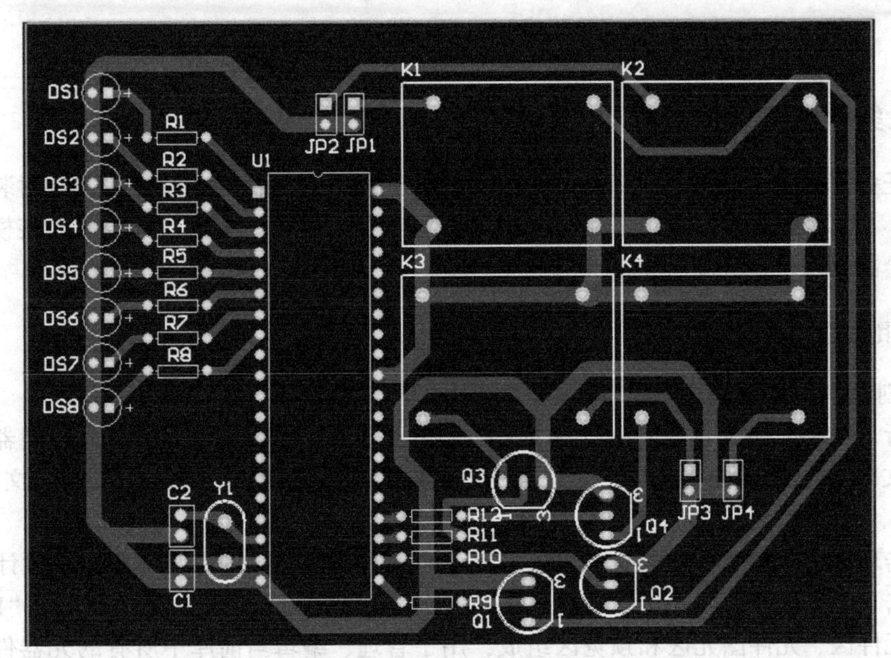

图 3-54　单片机控制电路 PCB

任务 2　创建 PCB 元件库和自制元器件封装

任务描述

1. 创建名为“自制封装 . PcbLib”的 PCB 元件库。

2. 绘制如图 3-55 所示的“DIP16”封装（不要把尺寸标注画出，单位为 mm）。

3. 根据图 3-56 所示的外形尺寸绘制名为“TRF_5”的封装（单位为 mm，焊盘孔径取 1mm）。

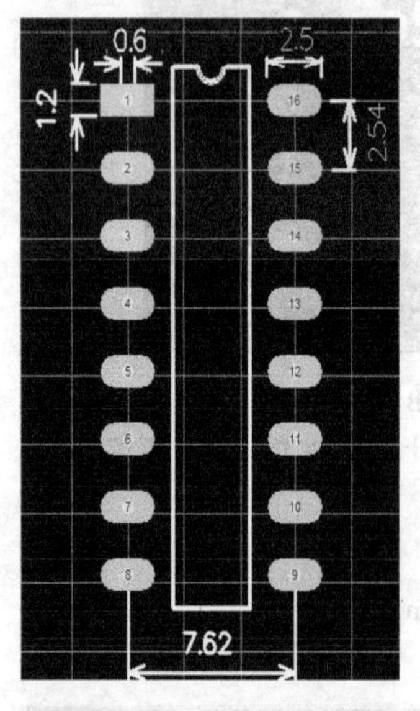

图 3-55　“DIP16”封装尺寸

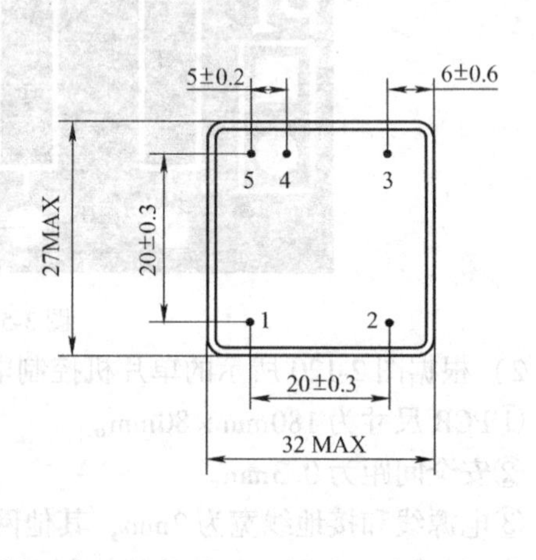

图 3-56　“TRF_5”外形尺寸

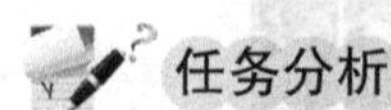

任务分析

本任务需要创建 PCB 元件库文件，然后在新建的 PCB 元件库中绘制元器件封装。其中“DIP16”有标准的封装模型，采用“元件向导”绘制封装，“TRF_5”没有封装模型，采用手工绘制封装。

相关理论知识

1. 创建 PCB 库文件

执行【文件】→【创建】→【库】→【PCB 库】，即可启动 PCB 元件库编辑器，进入 PCB 库文件设计环境，在“项目”面板上可以看见系统新建的一个默认文件名为“PcbLib1. PcbLib”的 PCB 库文件，如图 3-57 所示。

双击现有的 PCB 库文件图标，也可以启动 PCB 库编辑器，进入 PCB 库文件设计环境。

单击“项目”面板下面的“PCB Library”标签，可以打开“PCB 库”面板，“PCB 库”面板由元件区、元件图元区和预览区组成，用于管理、编辑当前库中所有的元器件，如图 3-58 所示。

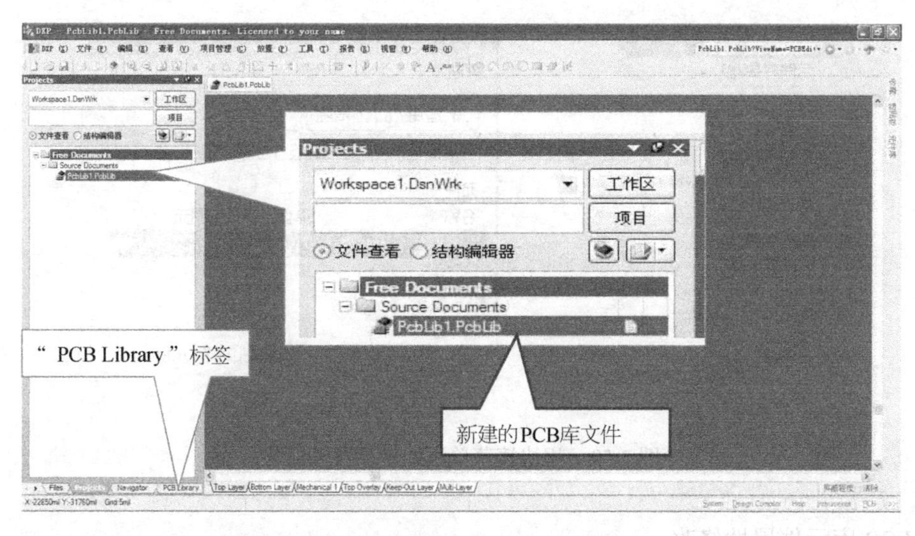

图 3-57　PCB 库文件设计环境

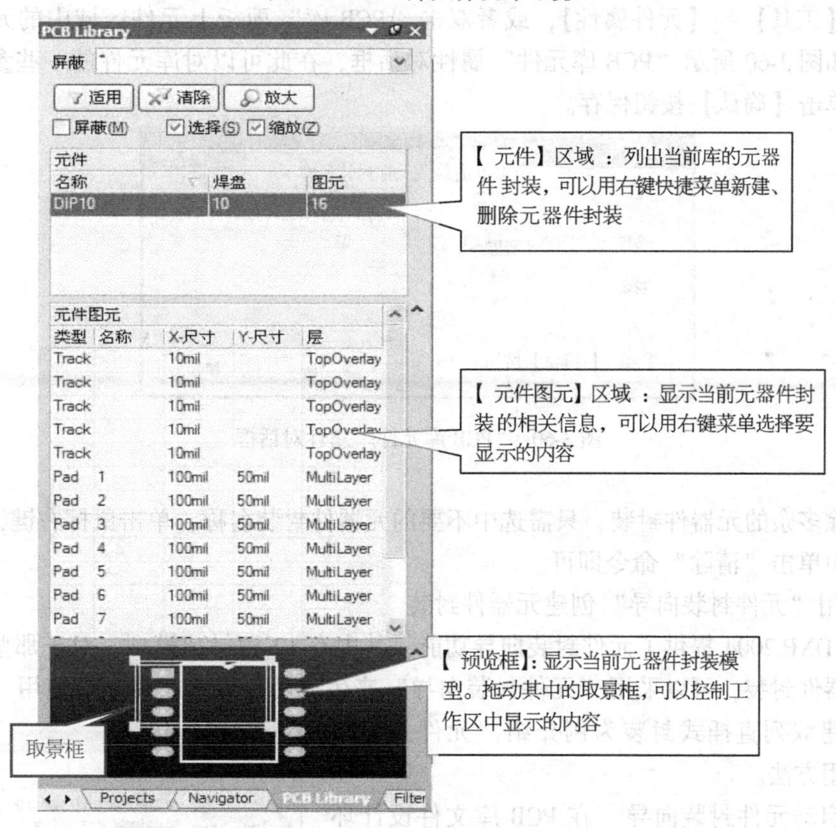

图 3-58 “PCB 库” 面板

2. 在 PCB 库中添加元器件封装

在 PCB 元件库面板的元件区域单击鼠标右键，在打开的快捷菜单中选择“新建空元件”，即可在 PCB 库中添加一个默认名称为“PCBCOMPONENT _ 1”的空白元器件封装，如图 3-59 所示。

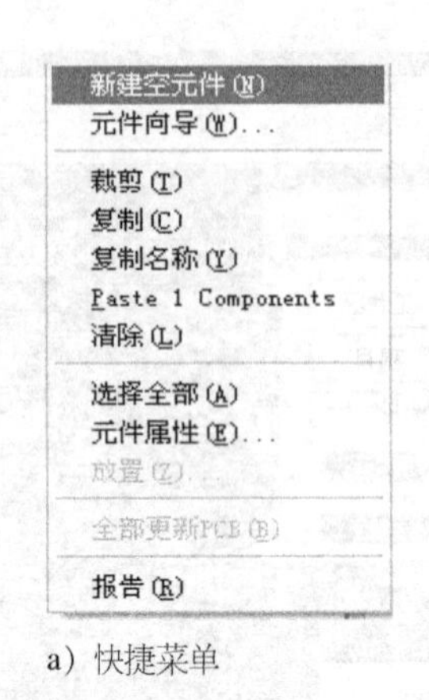

a）快捷菜单

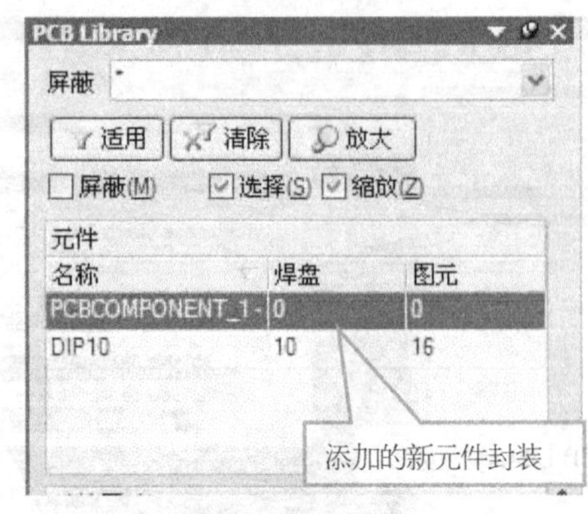

b）添加的元件封装

图 3-59　用快捷菜单添加新元器件封装

3. PCB 库元件属性修改

执行【工具】→【元件属性】，或者双击“PCB 库”面板上元件区域中的元件封装名称，打开如图 3-60 所示“PCB 库元件”属性对话框，在此可以对库元件的一些参数进行设置，最后单击【确认】按钮保存。

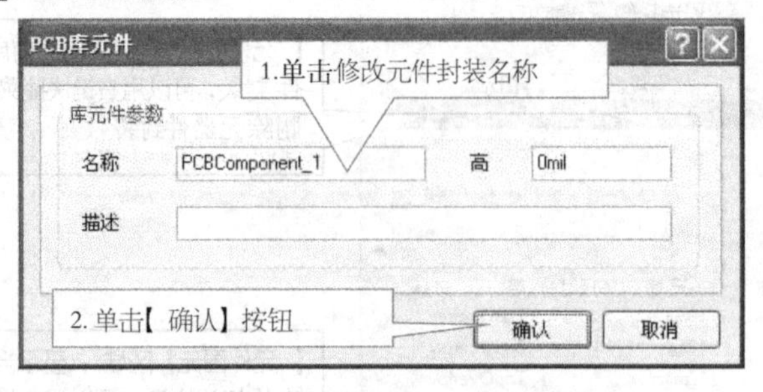

图 3-60　“PCB 库元件”属性对话框

要删除多余的元器件封装，只需选中不要的元器件封装名称，单击鼠标右键，在打开的快捷菜单中单击“清除”命令即可。

4. 使用“元件封装向导”创建元器件封装

Protel DXP 2004 提供了元件封装向导功能，其中有 12 种封装模型。对于那些具有封装模型的元器件封装，可以采用“元件封装向导”来生成元件封装。在此以使用“元件封装向导”创建双列直插式封装为例介绍“元件封装向导”的使用方法。

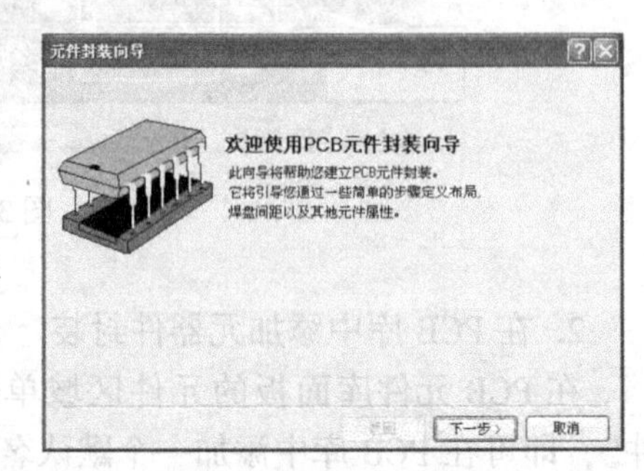

图 3-61　“元件封装向导”对话框

（1）启动元件封装向导　在 PCB 库文件设计环境中执行【工具】→【新元件】，即可启动元件封装向导，打开“元件封装向导”对话框，如图 3-61 所示。在 PCB 元件库面板的元件区域单击鼠标右键打开快捷菜单，单击快捷菜单中的“元件向导”命令也可以打开“元件封装向导”对话框。

（2）选择元件封装类型　单击“元件封装向导”

对话框中的【下一步】按钮，打开如图 3-62 所示的“元件封装模型及单位选择”对话框，在此可以设置元器件封装类别及尺寸单位。

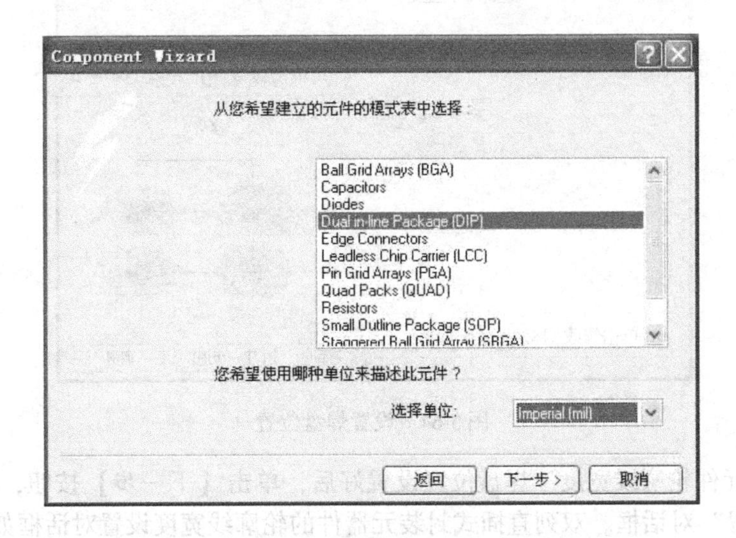

图 3-62 “元件封装模型及单位选择”对话框

（3）设置焊盘尺寸　选择好元件封装模型后，单击“元件封装模型及单位选择”对话框中的【下一步】按钮，打开“焊盘尺寸设置”对话框，在此可以对焊盘的 X、Y 轴方向的尺寸以及焊盘的孔径进行设置。双列直插式封装的焊盘尺寸设置对话框如图 3-63 所示。

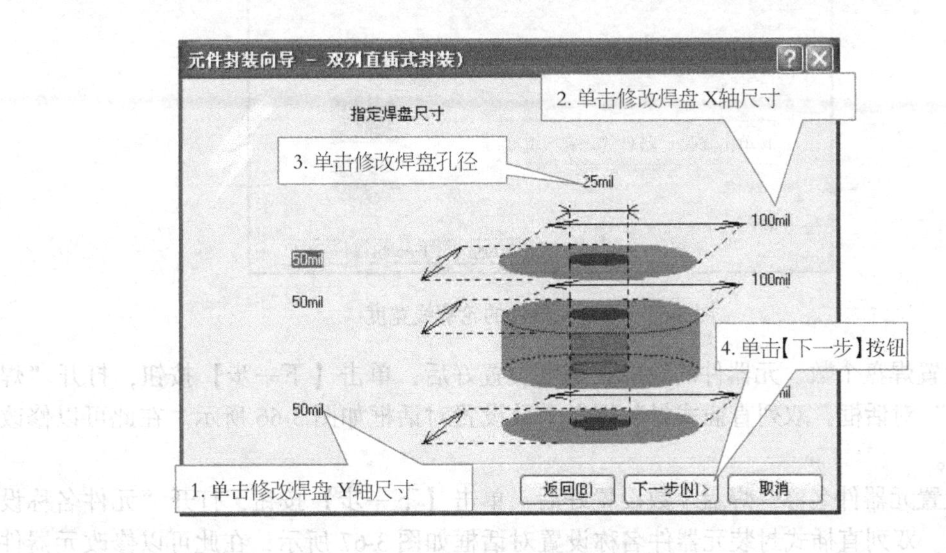

图 3-63 设置焊盘尺寸

教你一招：对于贴片元件封装，其焊盘的孔径设置为 0 即可。

（4）设置焊盘位置　焊盘尺寸设置好后，单击【下一步】按钮，打开“焊盘位置设置”对话框。双列直插式封装的焊盘位置设置对话框如图 3-64 所示，在此可以对相邻两焊盘的间距和两排焊盘的中心距进行设置。

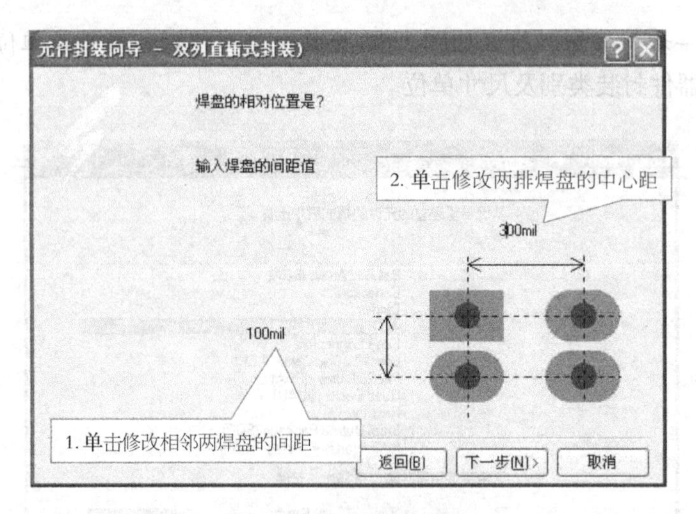

图 3-64　设置焊盘位置

（5）设置元件轮廓线宽度　焊盘位置设置好后，单击【下一步】按钮，打开“元件的轮廓线宽度设置”对话框。双列直插式封装元器件的轮廓线宽度设置对话框如图 3-65 所示，在此可修改元器件轮廓线的宽度。

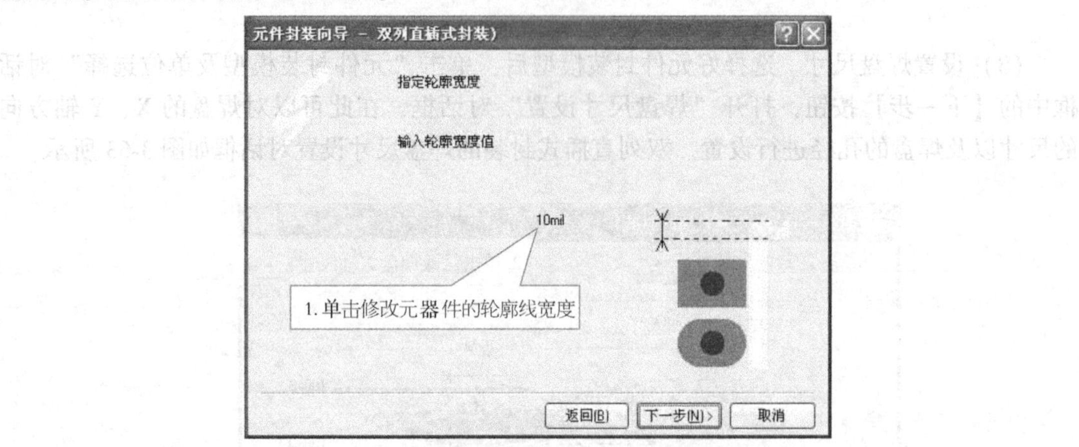

图 3-65　设置元器件的轮廓线宽度

（6）设置焊盘个数　元器件的轮廓线宽度设置好后，单击【下一步】按钮，打开“焊盘个数设置”对话框，双列直插式封装焊盘个数设置对话框如图 3-66 所示。在此可以修改焊盘的个数。

（7）设置元器件名称　焊盘个数设置好后，单击【下一步】按钮，打开“元件名称设置”对话框。双列直插式封装元器件名称设置对话框如图 3-67 所示，在此可以修改元器件封装名称。

（8）关闭“元件封装向导”完成元器件封装制作　元件名称设置好后，单击“元件名称设置”对话框中的【Next】（下一步）按钮，打开“完成”对话框，单击【Finish】（完成）按钮，系统自动关闭“元件封装向导”，回到 PCB 元件库工作窗口，此时所绘制的元器件封装的名称出现在 PCB 元件库面板的元件区域，所绘制的元器件封装的图形出现在 PCB 库的编辑区。

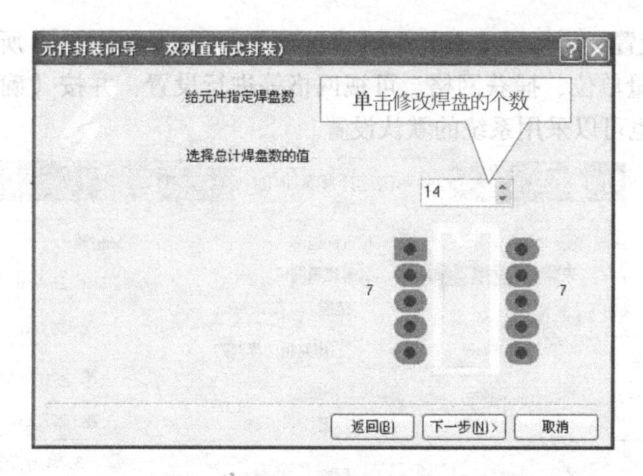

图 3-66　设置焊盘个数

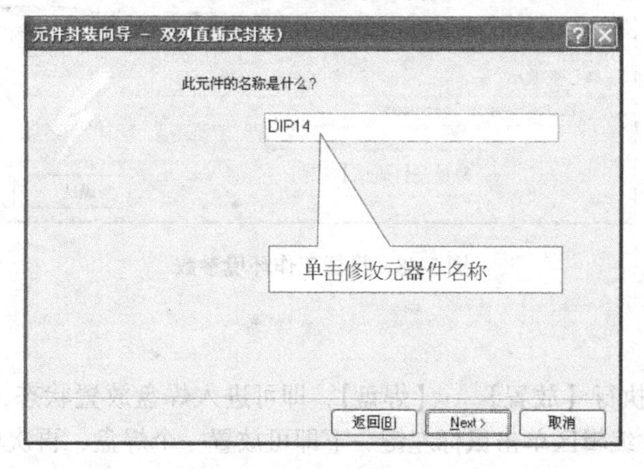

图 3-67　设置元器件名称

5. 手工创建元器件封装

对于元件向导中没有模型的元器件封装，需要采用手工方式制作，手工创建元器件封装的主要操作步骤如下：

（1）添加一个新元器件封装　在“PCB 元件库”面板上的元件区域单击鼠标右键，在弹出的快捷菜单中选择“新建空元件”，即可创建一个默认元件名为“PCBCOMPONENT_1”的新元件。

（2）设置工作环境　进入 PCB 库文件设计环境以后，为了便于手工绘制元器件封装，还需进行一些设置，如原点标记、测量单位、网格参数等。

1）当前原点设置。

①原点显示设置。执行【DXP】→【优先设定】，打开“优先设定”选择对话框，单击打开 Protel PCB，选择“Display”选项，打开“Protel PCB-Display”选项，在表示区域选中“原点标记”复选框，单击【确认】按钮，就可以完成原点标记显示设置。

②当前原点设置。执行【编辑】→【设定参考点】→【位置】，使鼠标变成十字形状，在 PCB 库设计窗口左下角任意位置单击鼠标左键，则被鼠标单击的点变为当前原点，同时出现红色的原点标记。

2）环境参数设置。执行【工具】→【库选项】，可打开如图 3-68 所示的“PCB 板选择项”对话框，对测量单位、捕获网格、可视网格等进行设置，并按【确认】按钮保存。在没有特殊需求时，也可以采用系统的默认设置。

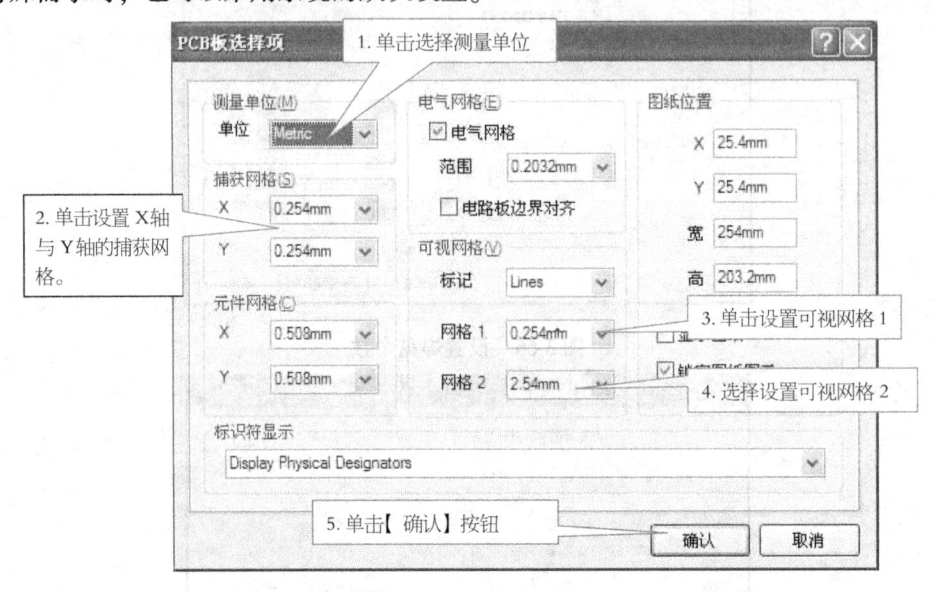

图 3-68　设置工作环境参数

（3）放置焊盘

1）放置焊盘。执行【放置】→【焊盘】，即可进入焊盘放置状态，此时光标处带有一个焊盘图标，在元件编辑区单击鼠标左键一下即可放置一个焊盘，再次单击鼠标左键可以放置下一个焊盘，单击鼠标右键可以退出焊盘放置状态，如图 3-69 所示。

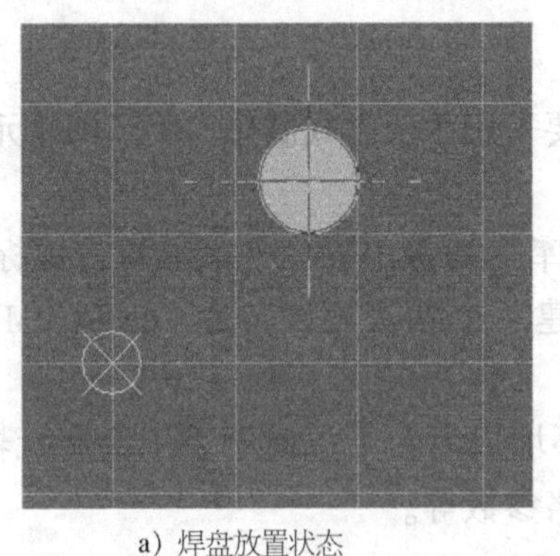

a）焊盘放置状态

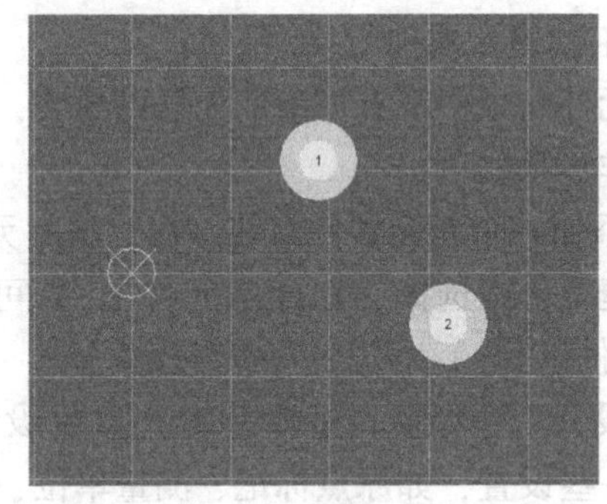

b）放置好的焊盘

图 3-69　放置焊盘

2）修改焊盘属性。在焊盘放置状态按【Tab】键或者在元件编辑区双击已经放置好的焊盘，都可以打开“焊盘”属性对话框，在此可以修改焊盘的孔径、焊盘的形状、焊盘尺寸、焊盘标识符以及焊盘位置等。焊盘属性修改完毕后按【确认】按钮保存设置并关闭“焊盘”属性对话框，如图 3-70 所示。

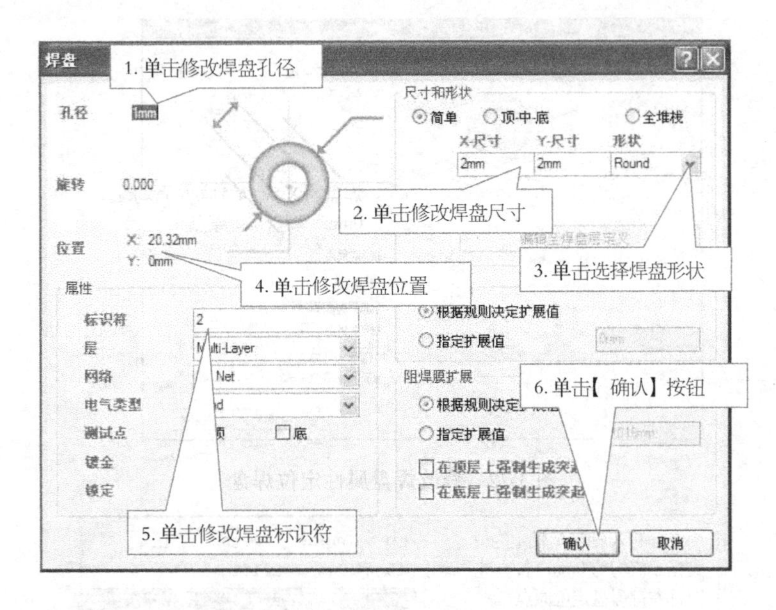

图 3-70 “焊盘”属性对话框

焊盘的形状有三种，在“尺寸与形状”区域单击下三角形，可以打开形状选择下拉菜单。其中“Round”表示圆形，“Rectangle”表示矩形，“Octagonal”表示八角形，如图 3-71 所示。

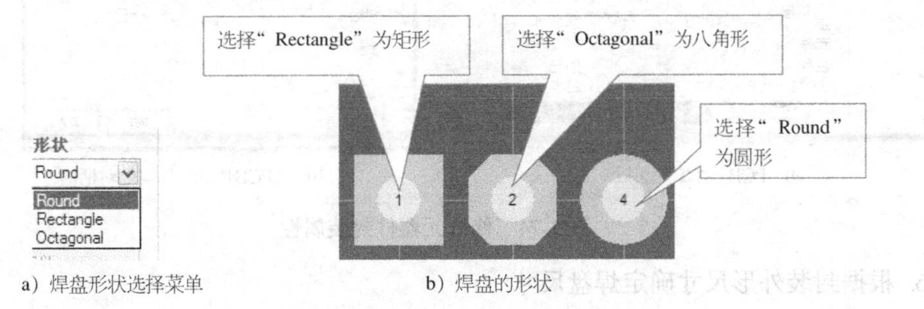

a）焊盘形状选择菜单　　b）焊盘的形状

图 3-71 焊盘的形状选择

3）焊盘定位。

①修改焊盘属性定位焊盘。通过修改“焊盘属性对话框”中焊盘的 X 轴、Y 轴的位置，即可定位焊盘。例如把 X 轴、Y 轴的位置均设为 0mm，就是把焊盘放置在原点，如图 3-72 所示。

②光标位置指示定位焊盘　在焊盘随着光标移动时，观察窗口左下角的光标位置变化情况，可以把焊盘放置到需要的位置。例如当光标的 X 轴与 Y 轴上的位置指示值均变为 0mm 时，单击鼠标左键，就可以把焊盘放置在原点上，如图 3-73 所示。

（4）修改元器件封装属性　执行【工具】→【元件属性】，或者在“PCB 元件库”面板上的元件区域双击元件名称，都可以打开“PCB 库元件”属性对话框，在此可以修改元器件名称，如图 3-74 所示。

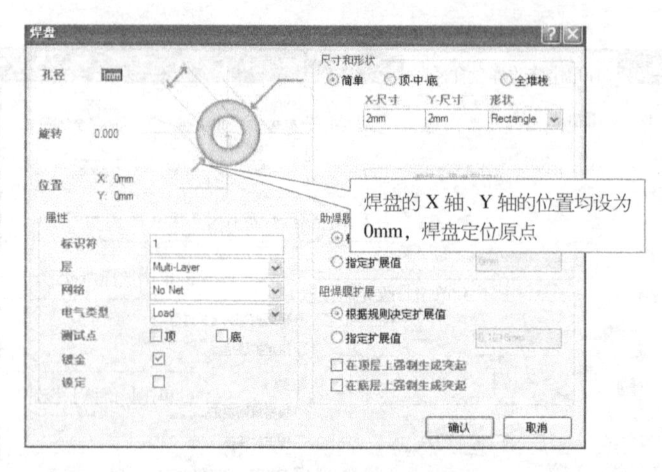

图 3-72　修改焊盘属性定位焊盘

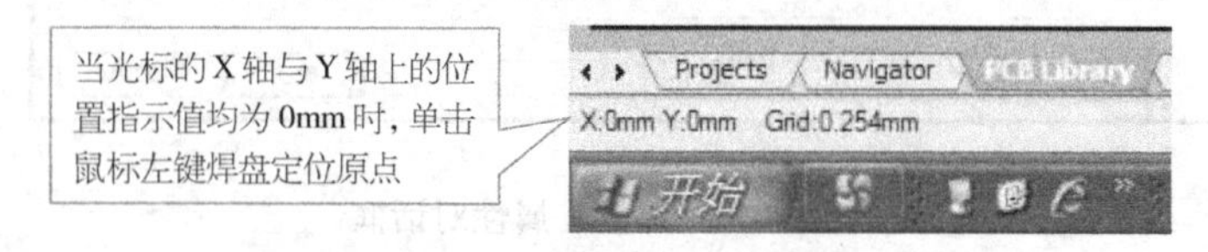

图 3-73　光标位置指示定位焊盘

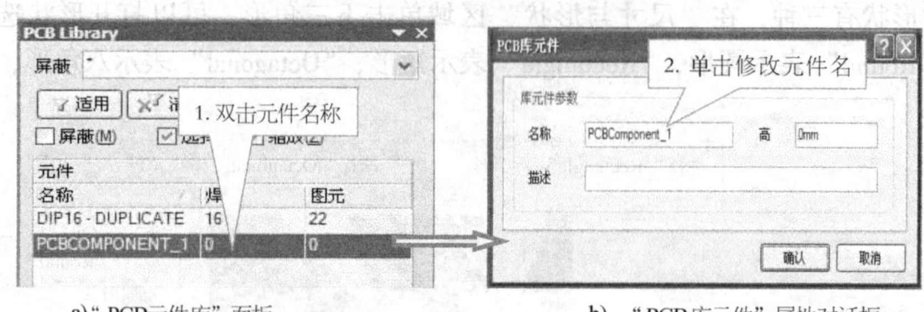

a)“PCB元件库”面板　　b)“PCB库元件”属性对话框

图 3-74　修改元器件封装属性

6. 根据封装外形尺寸确定焊盘尺寸

（1）确定焊盘的孔径　焊盘的孔径必须从元器件引线直径和公差尺寸以及焊锡层厚度、孔径公差、孔金属电镀层厚度等方面考虑，焊盘的内孔一般不小于 0.6mm。通常情况下以金属引脚直径值加上 0.2mm 作为焊盘孔径。

（2）确定焊盘直径　焊盘直径取决于内孔直径，一般焊盘直径取内孔直径的 1.5～2 倍。

7. 自制元器件封装的使用

元器件封装绘制结束后，可以直接把封装放置到 PCB 文件中，操作步骤如下：

1）打开需要放置封装的 PCB 文件。

2）在“PCB Library”面板的元件列表中选中需要放置的元器件封装，执行【工具】→【放置元件】或者单击鼠标右键，在快捷菜单中选择“放置...”，系统自动切换到当前打开的 PCB 文件的设计窗口，此时可以看到已经放置在电路编辑区的元器件封装。

任务准备

启动 Protel DXP 2004 软件。

任务实施

1. 创建 PCB 元件库文件

执行【文件】→【创建】→【库】→【PCB 库】，启动 PCB 元件库编辑器，同时创建一个新 PCB 元件库文件（系统默认文件名为“PcbLib1. PcbLib”），将系统默认的库文件命名为“自制封装 . PcbLib”保存，如图 3-75 所示。

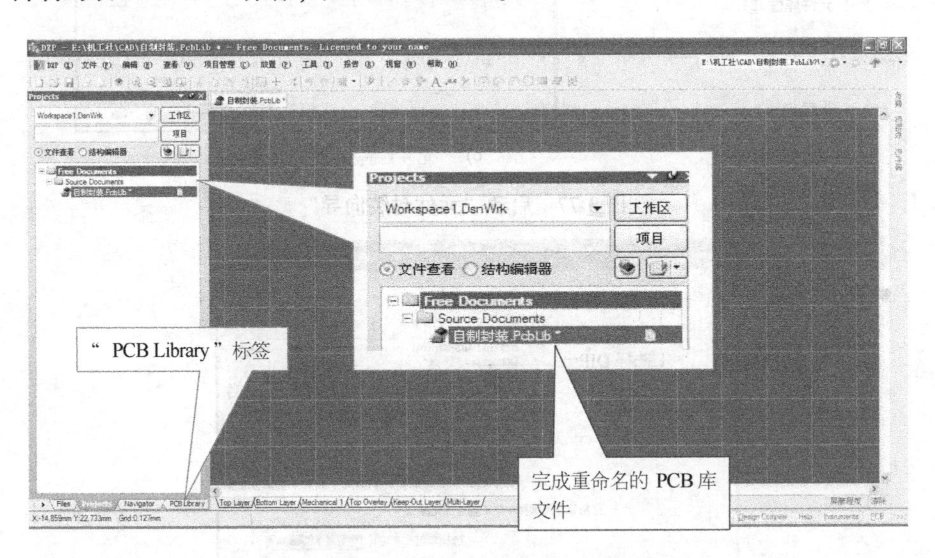

图 3-75　PCB 元件库编辑器界面

单击图 3-75 中的“PCB Library”标签，打开“PCB Library”（ PCB 元件库）面板，在 PCB 元件库管理器的元件区域，有一只系统自动创建的名为 Component _ 1 新元件，如图 3-76 所示。

2. 利用“元件向导”创建 DIP16 封装

（1）启动“元件封装向导”　在“PCB Library”面板的元件区域单击鼠标右键，打开快捷菜单，点击快捷菜单中的“元件向导”，启动元件封装向导，打开“元件封装向导”对话框，如图 3-77 所示。

（2）选择封装类型与测量单位　单击“元件封装向导”对话框中的【下一步】按钮，打开“封装类型和单位选择”对话框，在此选择“Dual in-linePackage（DIP）”项即 DIP 封装，在“选择单位”的下拉列表中选择公制单位，如图 3-78 所示。

（3）设置焊盘尺寸　单击“封装类型和单位选择”对话框中的【下一步】按钮，打开“焊盘尺寸设置”对话框，在此设置焊盘 X 轴尺寸为 2. 5mm，Y 轴尺寸为 1. 2mm，孔径为 0. 6mm，如图 3-79 所示。

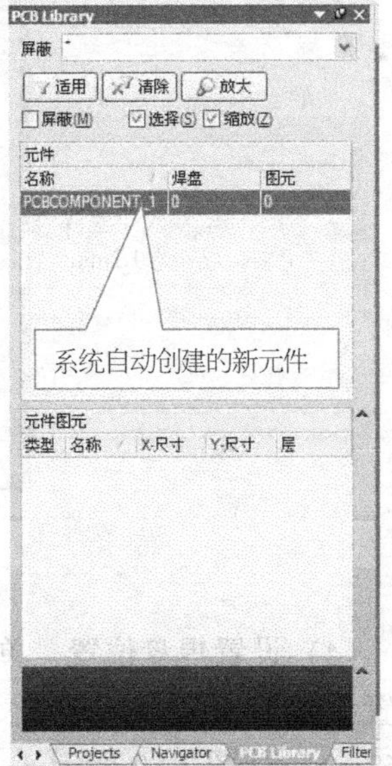

图 3-76　“PCB Library”（PCB 库）面板

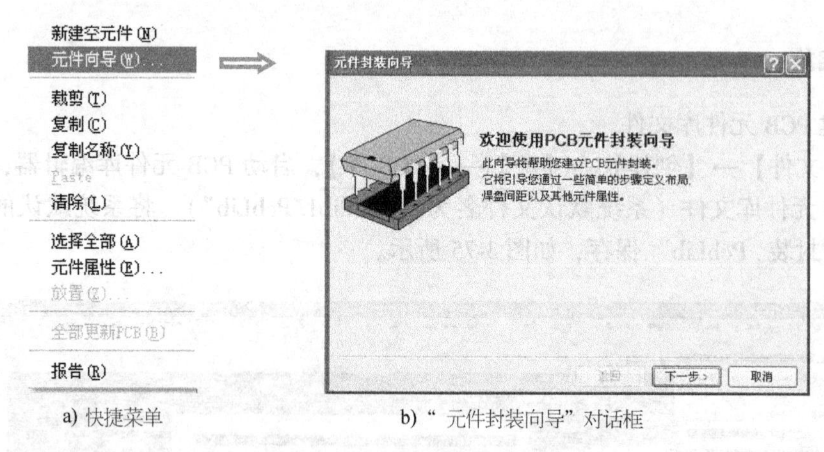

a) 快捷菜单　　b) “元件封装向导”对话框

图3-77　启动“元件封装向导”

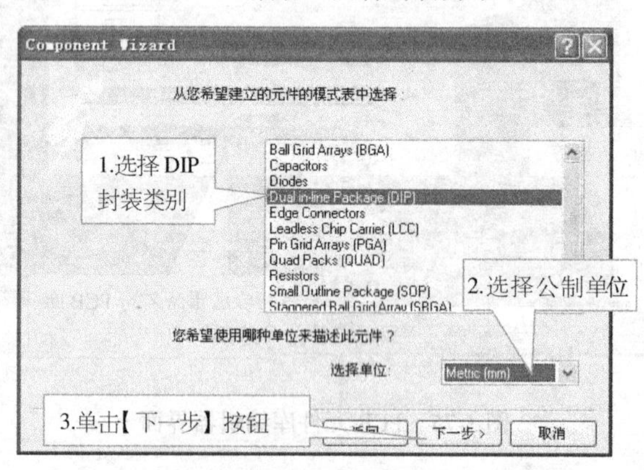

图3-78　选择封装类别及单位

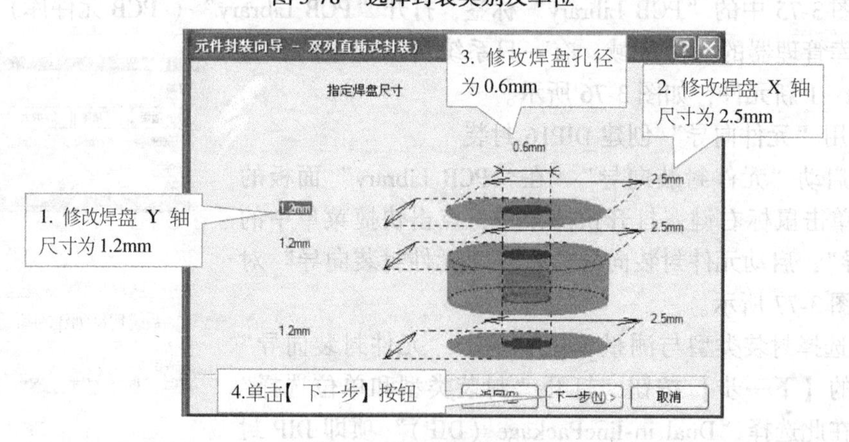

图3-79　设置焊盘尺寸

（4）设置焊盘位置　单击“焊盘尺寸设置”对话框中的【下一步】按钮，弹出“焊盘位置设置”对话框，在此设置同侧相邻焊盘的间距为2.54mm，两排焊盘的中心距为7.62mm，如图3-80所示。

（5）设置元件的轮廓线宽度　单击“焊盘位置设置”对话框中的【下一步】按钮，打开“元件的轮廓线宽度设置”对话框，设置元件的轮廓线宽度为0.2mm，如图3-81所示。

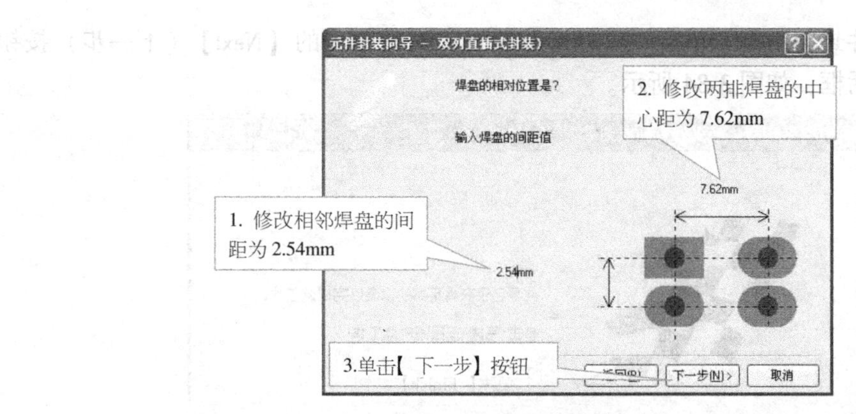

图 3-80　设置焊盘位置

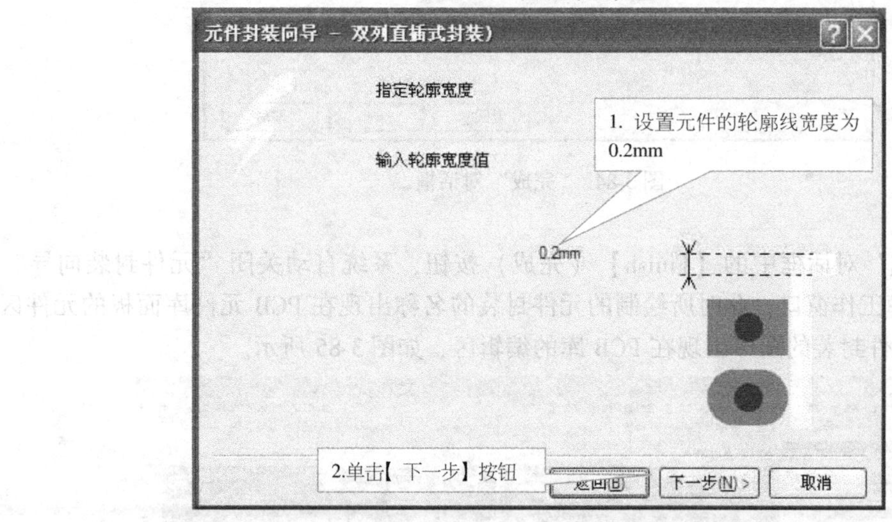

图 3-81　设置元件的轮廓线宽度

（6）设置焊盘个数　单击“元件的轮廓线宽度设置”对话框中的【下一步】按钮，打开“焊盘个数设置”对话框，在此设置焊盘数为 16，如图 3-82 所示。

（7）设置元件名称　单击“焊盘个数设置”对话框中的【下一步】按钮，打开“元件名称设置”对话框，在此采用系统默认名称“DIP16”，如图 3-83 所示。

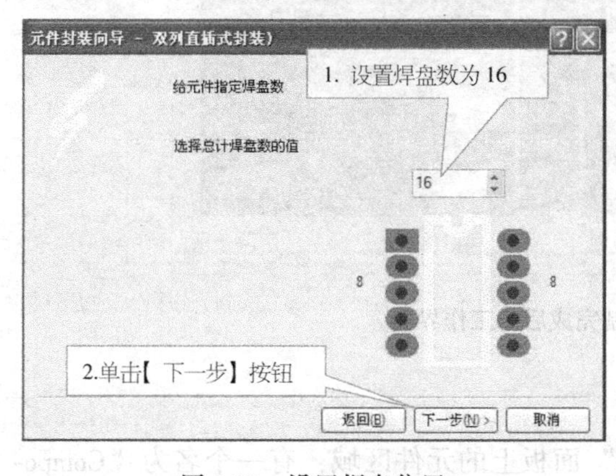

图 3-82　设置焊盘位置

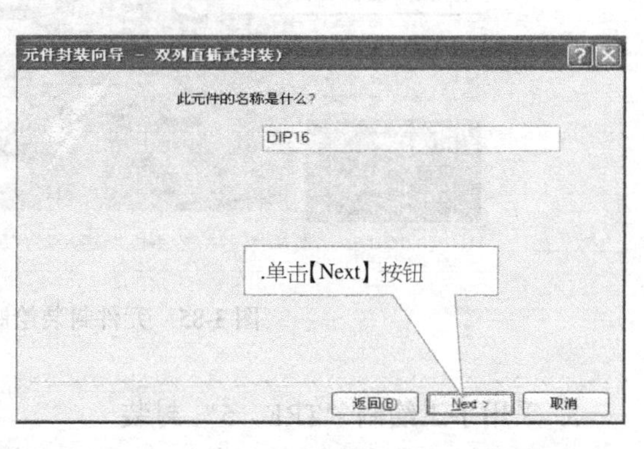

图 3-83　“元件名称设置”对话框

(8) 完成元件封装制作　单击“元件名称设置”对话框中的【Next】（下一步）按钮，打开“完成”对话框，如图 3-84 所示。

图 3-84　“完成”对话框

单击“完成”对话框中的【Finish】（完成）按钮，系统自动关闭“元件封装向导”，回到 PCB 元件库工作窗口，此时所绘制的元件封装的名称出现在 PCB 元件库面板的元件区域，所绘制的元件封装的图形出现在 PCB 库的编辑区，如图 3-85 所示。

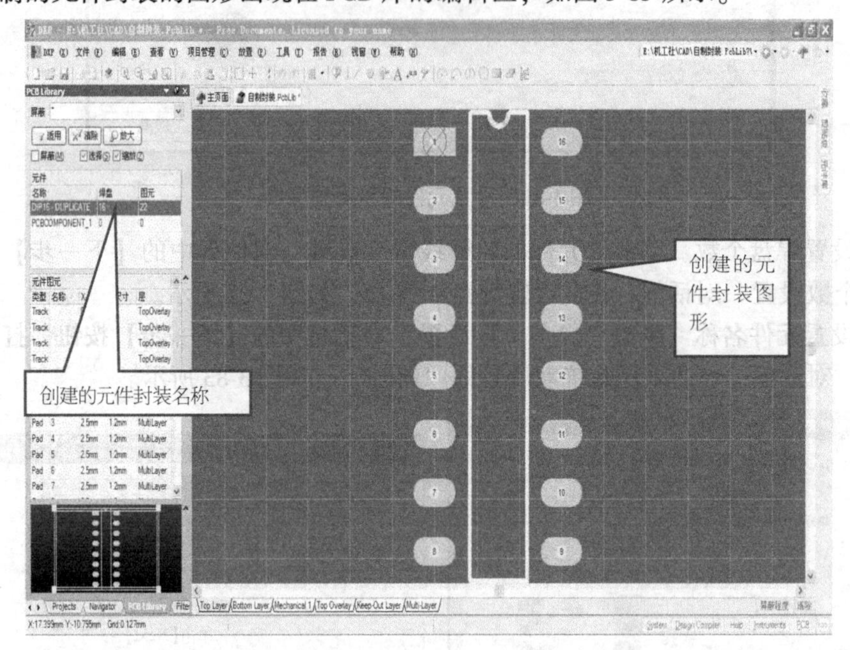

图 3-85　元件封装绘制完成后的工作界面

3. 采用手工绘制“TRF _ 5”封装

(1) 添加、重命名元件封装　在“PCB 库”面板上的元件区域，有一个名为“Component _ 1”空白新元件，这是创建 PCB 库文件时系统自动创建的，在 PCB 元件库面板上双击

“Component _ 1”，打开“PCB 库元件”属性修改对话框，将元件封装名称修改为“TRF _ 5”，如图 3-86 所示。如果系统创建的元件已经被删除，则在“PCB 元件库”面板上的元件区域单击鼠标右键，在弹出的快捷菜单中选择“新建空元件”，也可创建一个默认元件名为“PCBCOMPONENT _ 1”的新元件。

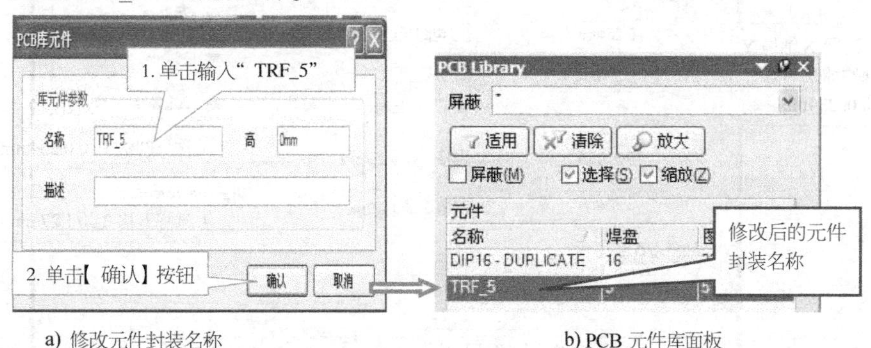

a) 修改元件封装名称　　b) PCB 元件库面板

图 3-86　修改元件封装的名称为“TRF-5”

（2）设置当前原点

1）设置显示原点。执行【DXP】→【优先设定】，打开“优先设定”选择对话框，单击打开 Protel PCB 选项，单击“Display”打开“Protel PCB-Display”对话框，在“表示”区域选中“原点标记”复选框，单击【确认】按钮，设置显示原点标记。

2）设置当前原点。执行【编辑】→【设定参考点】→【位置】，使鼠标变成十字形状，在 PCB 库设计窗口的左下角任意位置单击鼠标左键，则被鼠标单击的点变为当前原点，同时出现红色的原点标记。

教你一招：当原点标记不在工作窗口时，按【Ctrl】+【End】组合键，将原点标记移至屏幕中心，如图 3-87 所示。

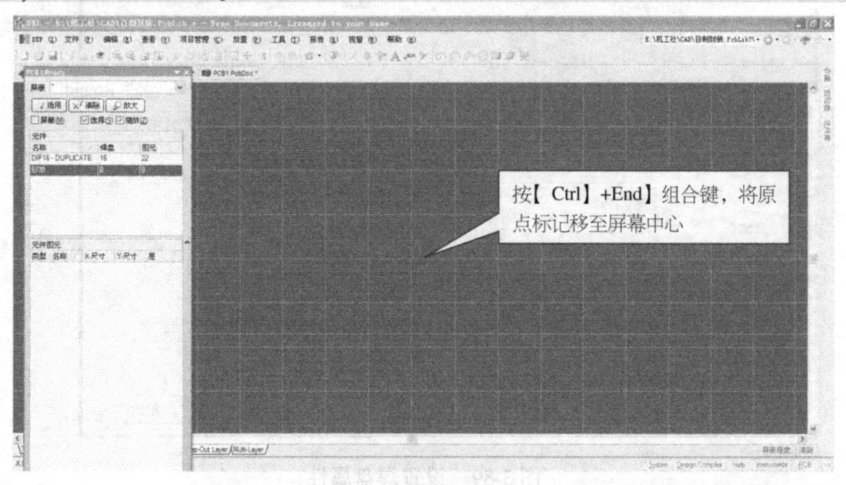

图 3-87　显示原点标记

（3）设置环境参数　执行【工具】→【库选项】，打开“PCB 板选择项”对话框，在此选择公制单位，设置 X 轴与 Y 轴的捕获网格均为 0. 254mm。选择可视网格 1 为 0. 254mm，可视网格 2 为 2. 54mm，其余采用系统默认设置。按【确认】按钮保存，如图 3-88 所示。

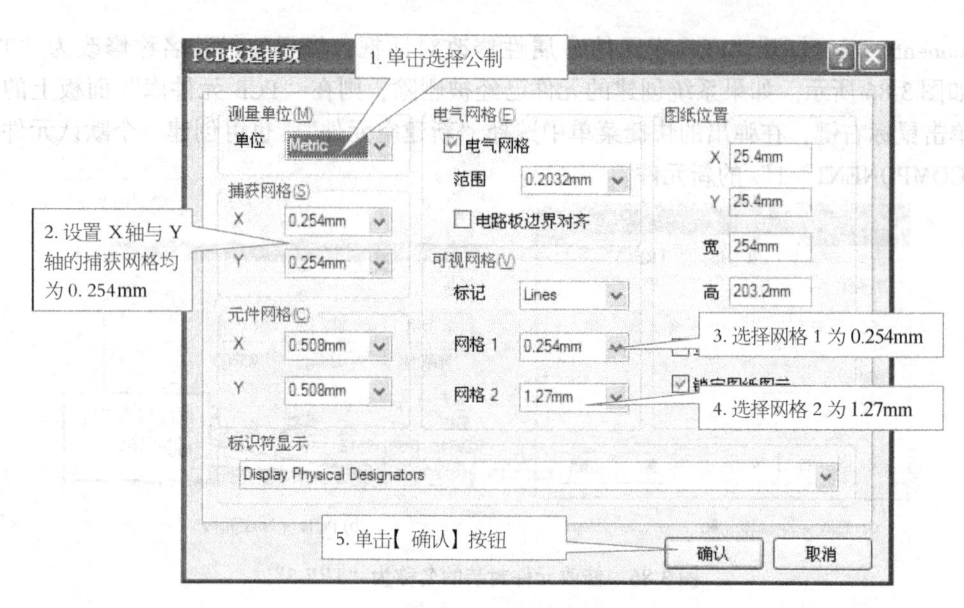

图3-88 设置环境参数

(4) 放置焊盘

1) 设置焊盘属性。执行【放置】→【焊盘】，进入焊盘放置状态，按【Tab】键打开“焊盘”属性对话框，设置焊盘的孔径为1mm，设置焊盘的X轴与Y轴的尺寸均为2mm，设置焊盘的形状为“Round”（圆形），设置焊盘标识符为“1”，如图3-89所示。

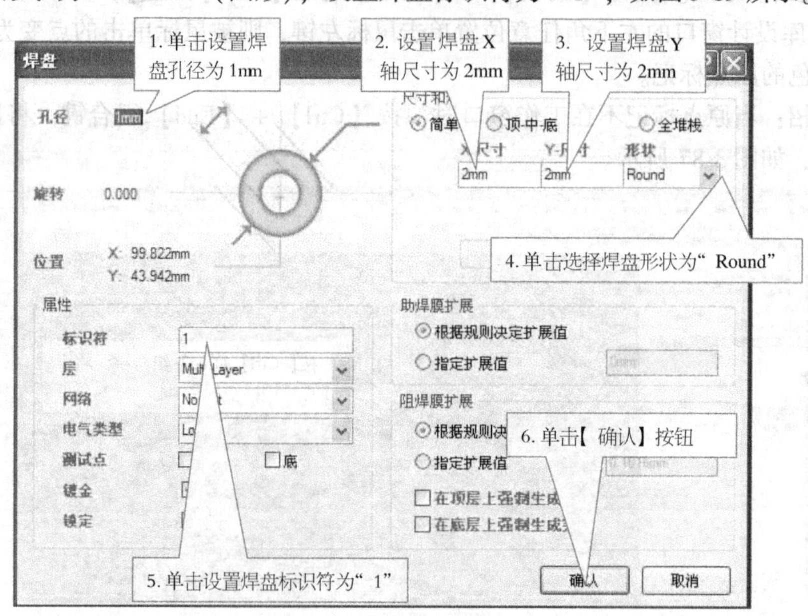

图3-89 设置焊盘属性

2) 放置焊盘。焊盘属性修改结束后，按“焊盘”属性对话框中的【确认】按钮，关闭“焊盘”属性设置对话框，退回焊盘放置状态。移动光标，关注窗口左下角光标位置变化情况，当光标在X轴与Y轴上的位置标识值均变为0mm时，单击鼠标左键，放置第一个焊盘，如图3-90所示。

a) 放置第一个焊盘的光标值

2. 放置的第一个焊盘

b) 放置的第一个焊盘

图 3-90　放置第一个焊盘

继续移动光标，当光标在 X 轴上的位置标识值为 20mm，Y 轴上的位置标识值为 0mm 时，单击鼠标左键，放置第二个焊盘，如图 3-91 所示。

a) 放置第一个焊盘的光标值

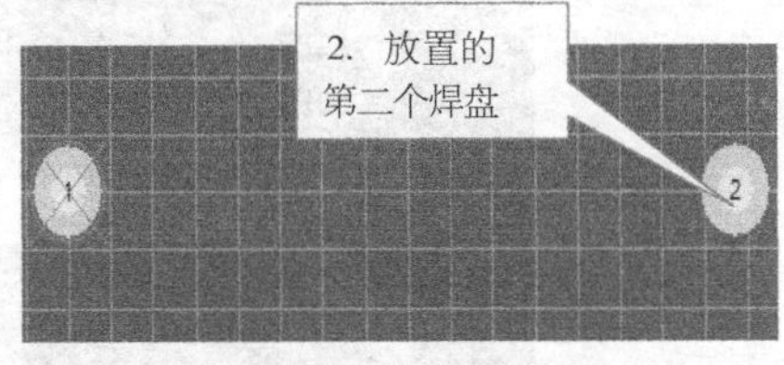

b) 放置的第二个焊盘

图 3-91　放置第二个焊盘

继续移动光标，当光标在 X 轴上的位置标识值为 20mm，Y 轴上的位置标识值为 20mm 时，单击鼠标左键，放置第三个焊盘；当光标在 X 轴上的位置标识值为 5mm，Y 轴上的位置标识值为 20mm 时，单击鼠标左键，放置第四个焊盘；当光标在 X 轴上的位置标识值为 0mm，Y 轴上的位置标识值为 20mm 时，单击鼠标左键，放置第五个焊盘；放置完全部焊盘后的效果，如图 3-92 所示。

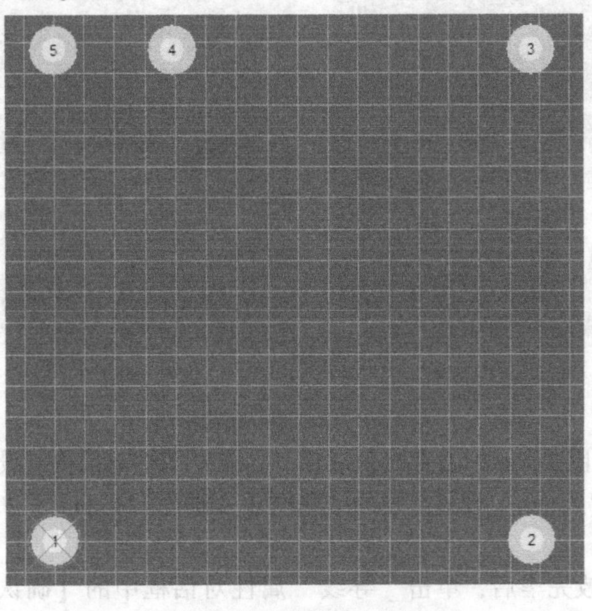

图 3-92　焊盘放置结束效果图

3）设置 1 号焊盘为标识焊盘。在绘制元件封装时，常常把 1 号焊盘设置为标识焊盘，让其形状与其余焊盘的形状有所区别，在此将 1 号焊盘的形状设置为矩形。用鼠标左键双击 1 号焊盘，打开 1 号焊盘的“焊盘”属性对话框，将其焊盘形状设置为“Rectangle”。修改完毕后的效果，如图 3-93 所示。

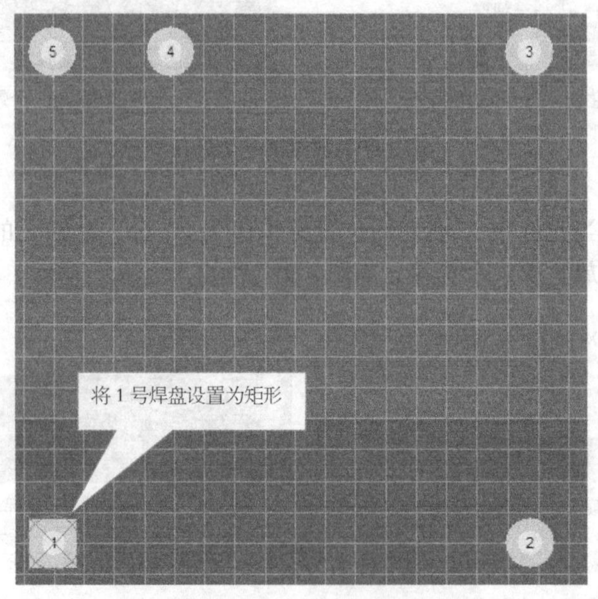

图 3-93　设置 1 号焊盘为标识焊盘

（5）绘制外形轮廓　单击“Top Overlay”工作层标签，将“Top Overlay”设置为当前工作层，执行【放置】→【直线】，进入放置直线状态，在元件编辑区随意绘制一条直线，如图 3-94a 所示。

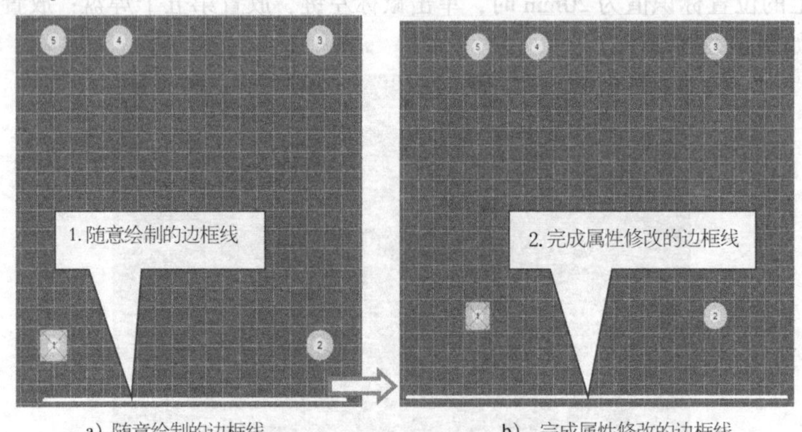

a）随意绘制的边框线　　b）完成属性修改的边框线

图 3-94　绘制第一条边框线

用鼠标左键双击图 3-94a 中的直线，打开“导线”属性对话框，设置导线的开始位置 X 轴与 Y 轴位置均为“-6mm”，设置导线的结束位置 X 轴为“26mm”，Y 轴为“-6mm”，如图 3-95 所示。

“导线”属性修改完毕后，单击“导线”属性对话框中的【确认】按钮关闭对话框，系统自动回到元件编辑区，此时可以看到修改好属性的第一条边框线，如图 3-94b 所示。

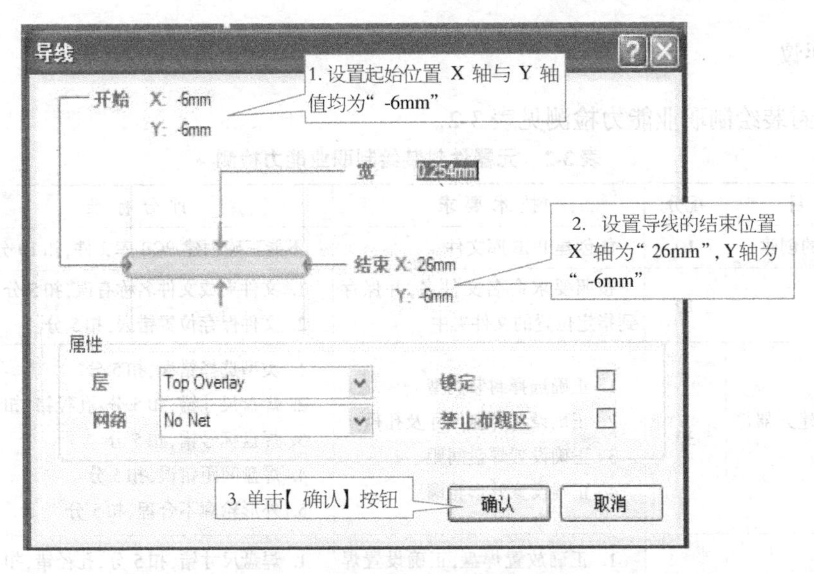

图 3-95 修改第一条边框线的属性

采用同样的方法绘制其余三条边框线。第二条边框线的开始位置 X 轴设置为“26mm”，Y 轴的设置为“-6mm”，结束位置的 X 轴与 Y 轴位置均设置为“26mm”；第三条边框线的开始位置 X 轴与 Y 轴位置均设置为“26mm”，结束位置的 X 轴设置为“-6mm”，Y 轴设置均为“26mm”；第四条边框线的开始位置 X 轴设置为“-6mm”，Y 轴设置为“26mm”，结束位置的 X 轴与 Y 轴均设置为“-6mm”。边框线绘制结束后的效果，如图 3-96 所示。至此，手工创建“TRF _ 5”封装结束。

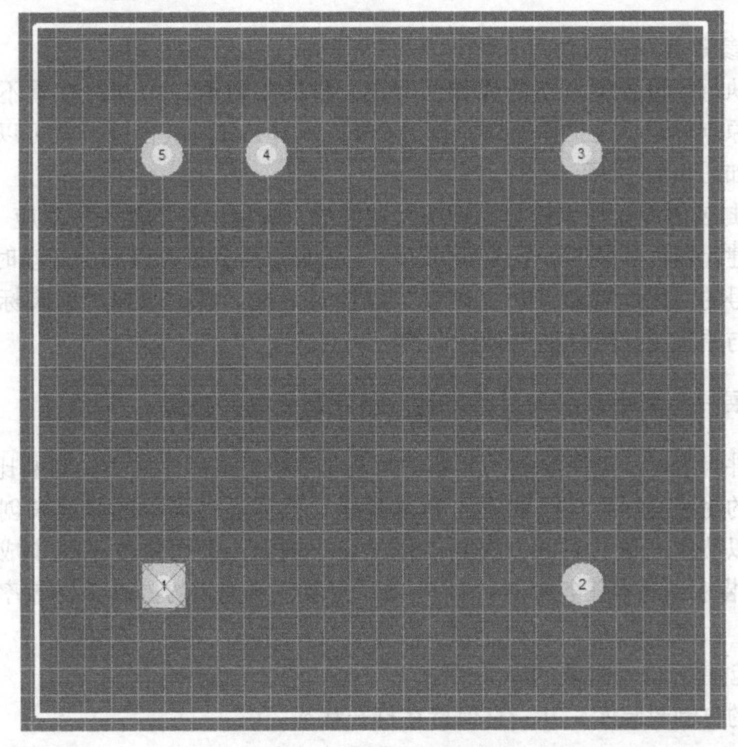

图 3-96 “TRF _ 5”封装

检查评议

元器件封装绘制职业能力检测见表 3-2。

表 3-2　元器件封装绘制职业能力检测

检测项目	配分	技术要求	评分标准	得分
PCB 库文件的创建	10	能创建 PCB 库文件	不能正确创建 PCB 库文件，扣 10 分	
文件的保存	10	按照要求命名文件名，并保存到指定位置的文件夹中	1. 文件夹或文件名称有误，扣 5 分 2. 文件保存位置错误，扣 5 分	
利用向导创建元器件封装	30	1. 正确选择封装类型 2. 正确设置焊盘尺寸及孔径 3. 正确设置焊盘间距 4. 正确设置外形轮廓	1. 类型选择错误，扣 5 分 2. 焊盘尺寸错，扣 5 分；孔径错，扣 5 分 3. 焊盘标号错，扣 5 分 4. 焊盘间距错误，扣 5 分 5. 外形轮廓不合理，扣 5 分	
手工创建元器件封装	40	1. 正确放置焊盘，正确设置焊盘尺寸及孔径 2. 正确设置焊盘间距 3. 正确绘制外形轮廓 4. 正确设置参考点	1. 焊盘尺寸错，扣 5 分，孔径错，扣 10 分 2. 焊盘标号错，扣 5 分 3. 焊盘间距错误，扣 10 分 4. 外形轮廓不合理，扣 5 分 5. 参考点设置不合理，扣 5 分	
安全文明绘图	10	安全文明绘图	操作不安全、不文明，扣 1～10 分	
		合计		

问题及防治

1. 看不见参考点

我们有时执行了设置参考点的操作，但在元件的编辑窗口中却存在看不见参考点的标记，这是由于原点标记不在工作窗口，按【Ctrl】+【End】组合键，就可以将原点标记移至屏幕中心，如图 3-87 所示。

2. 元器件封装的焊盘标识符与原理图元器件的引脚标识符不能一一对应

在手工创建元器件封装时，在放置好第一个焊盘以后，放置以后的焊盘时，系统是自动递增标识符编号的，因此需要打开“焊盘”属性对话框，根据原理图引脚标识符修改焊盘标识符，使之与原理图元器件的引脚标识符一一对应。

知识拓展——利用系统集成库中封装创建新元器件封装

绘制元器件封装时，当所绘制的元器件封装与系统集成库中的某个封装比较相似时，采用把集成库中的封装复制到自己创建的 PCB 库中，然后通过简单的修改来创建新元器件封装的方法，可以节省大量的时间，提高工作效率。例如，采用修改系统集成库中的“DIP-P5/X1.65”封装来创建本任务中的“TRF_5”封装，将大大的提高工作效率。其操作步骤如下：

1. 打开需创建元器件封装的库文件

打开已有的自制封装库，并一直保持在打开状态。

2. 打开“Miscellaneous Devices. IntLib”集成库文件

执行【文件】→【打开】，弹出文件打开对话框，选择 Protel DXP 2004 安装目录下的“Library”文件夹中的集成库文件“Miscellaneous Devices. IntLib”，如图 3-97 所示。

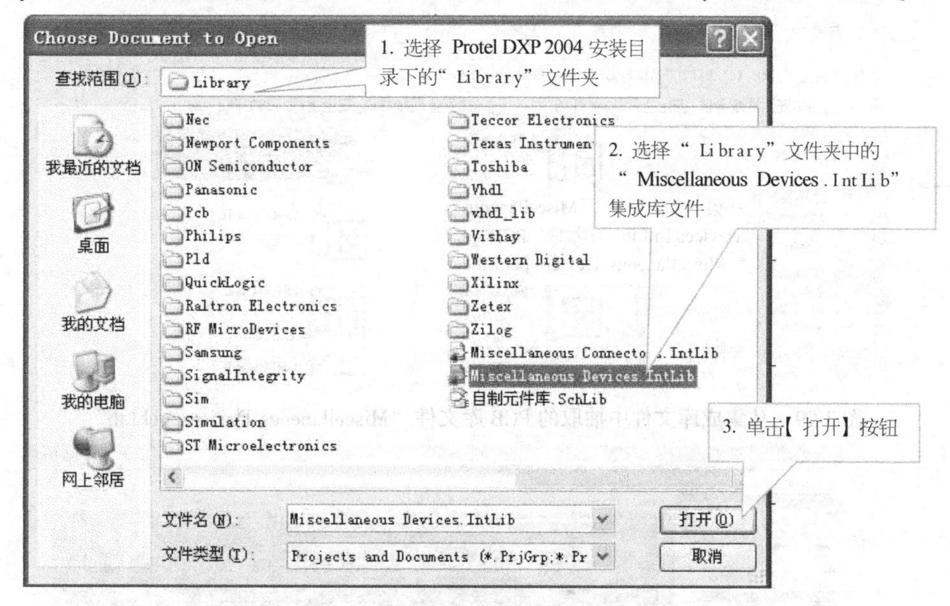

图 3-97 打开“Miscellaneous Devices. IntLib”集成库文件

3. 打开“抽取源码或安装”选择对话框

单击图 3-97 中的【打开】按钮，打开“抽取源码或安装”选择对话框，如图 3-98 所示。

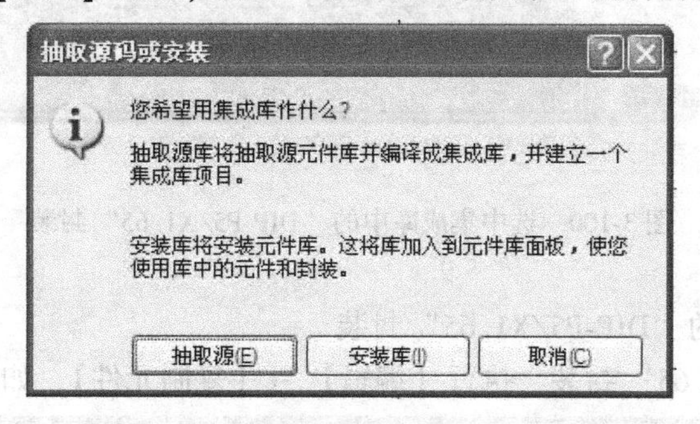

图 3-98 “抽取源码或安装”选择对话框

4. 从集成库文件中抽取 PCB 库文件“Miscellaneous Devices. pcbLib”

单击图 3-98 中的【抽取源】按钮，系统就会把集成库中包含的 PCB 库文件抽取出来，存放在同目录的同名文件夹中，即存放在“Library”文件夹中的“Miscellaneous Devices”文件夹中，如图 3-99 所示。

5. 选中集成库中的“DIP-P5/X1. 65”封装

双击“Miscellaneous Devices. PcbLib”PCB 库文件，再单击项目面板下面的“SCH Library”标签，打开“PCB 库”面板，在“PCB 库”面板的元件区域找到“DIP-P5/X1. 65”封装，并将其选中，此时在电路工作区可以看见“DIP-P5/X1. 65”封装的外形，如图 3-100 所示。

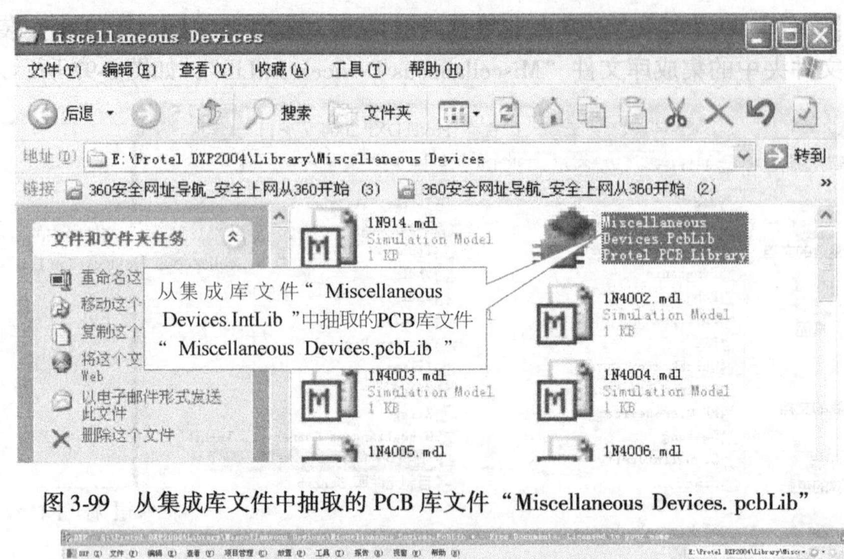

图 3-99　从集成库文件中抽取的 PCB 库文件“Miscellaneous Devices. pcbLib”

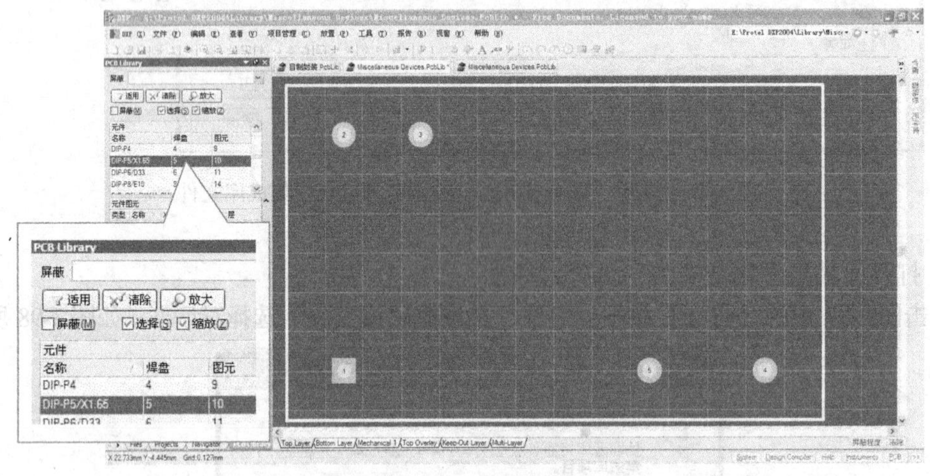

图 3-100　选中集成库中的“DIP-P5/X1. 65”封装

6. 复制集成库中的“DIP-P5/X1. 65”封装

选中“DIP-P5/X1. 65”封装，执行【编辑】→【复制元件】，如图 3-101 所示。

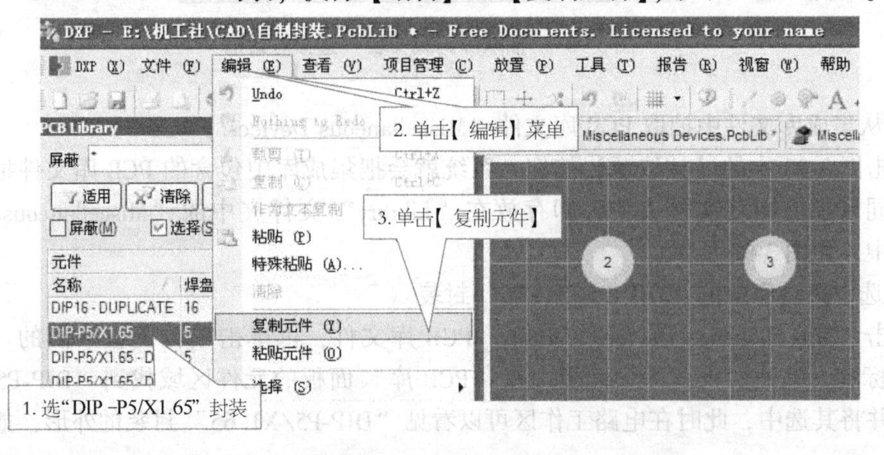

图 3-101　复制集成库中的“DIP-P5/X1. 65”封装

7. 在自制封装库中粘贴“DIP-P5/X1. 65”封装

单击“自制封装 . SchLib”，使之为当前活动文件，单击项目面板上的“SCH Library”标签，打开“PCB 库”面板，执行【编辑】→【粘贴元件】，即可在“PCB 库”面板看见从“Miscellaneous Devices. PcbLib” PCB 库文件复制到“自制元件库 . PcbLib”中的“DIP-P5/X1. 65”封装。同时在元件的编辑器出现了“DIP-P5/X1. 65”封装的外形，如图 3-102 所示。

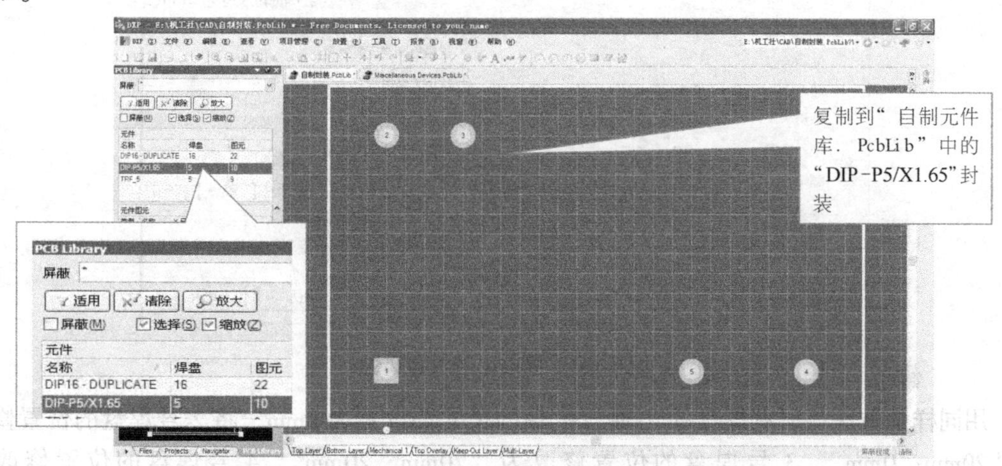

图 3-102 在自制封装库中粘贴“DIP-P5/X1. 65”封装

8. 根据需要修改元器件封装

（1）设 1 号焊盘为参考原点 执行【编辑】→【设定参考点】→【引脚 1】，即可把 1 号焊盘设置为参考原点，同时可以看见原点标记出现在 1 号焊盘上，如图 3-103 所示。

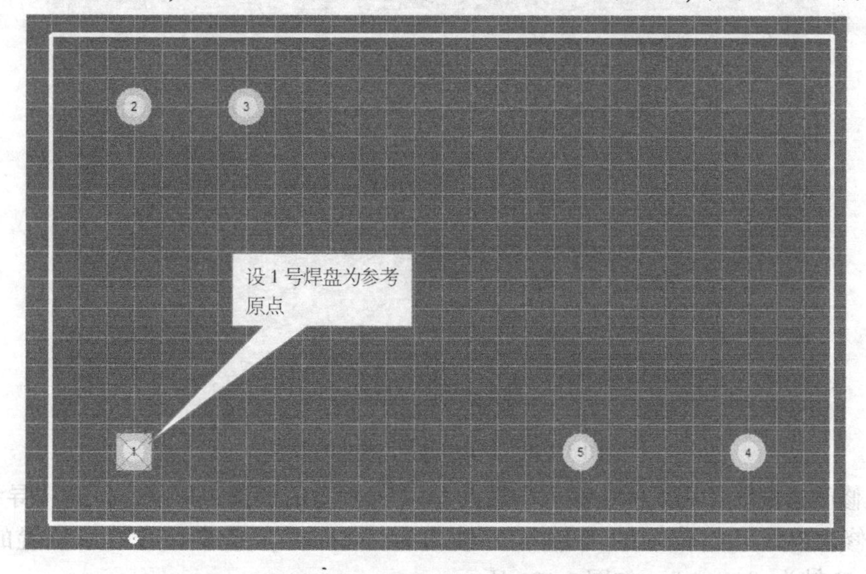

图 3-103 设 1 号焊盘为参考原点

（2）修改焊盘的属性 用鼠标左键双击 1 号焊盘，打开“焊盘”属性对话框，将焊盘的 X 轴与 Y 轴的尺寸都设置为 2mm，单击【确认】按钮保存，如图 3-104 所示。

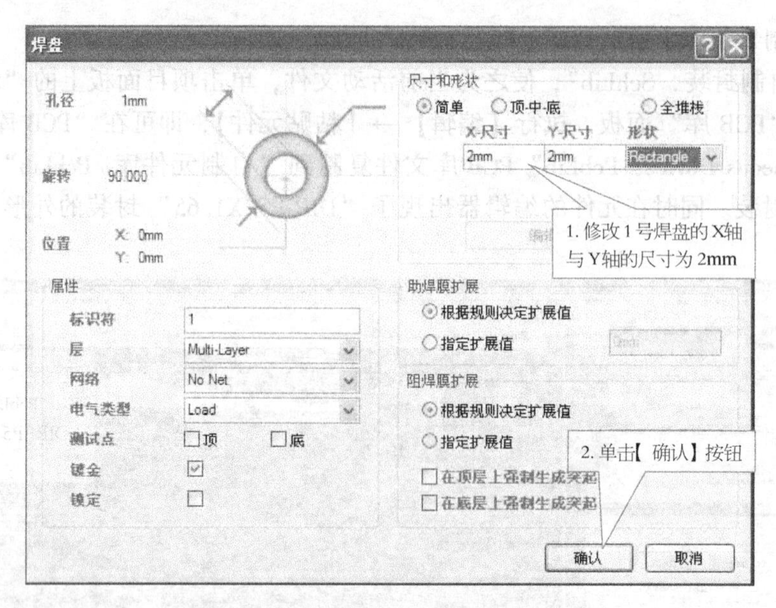

图 3-104 修改 1 号焊盘属性

用同样的方法将所有焊盘的 X 轴与 Y 轴的尺寸都设置为 2mm，将 2 号焊盘的位置修改为“20mm，0mm”，3 号焊盘的位置修改为“20mm，20mm”，4 号焊盘的位置修改为“5mm，20mm”，5 号焊盘的位置修改为“0mm，20mm”。修改好焊盘属性的效果如图 3-105 所示。

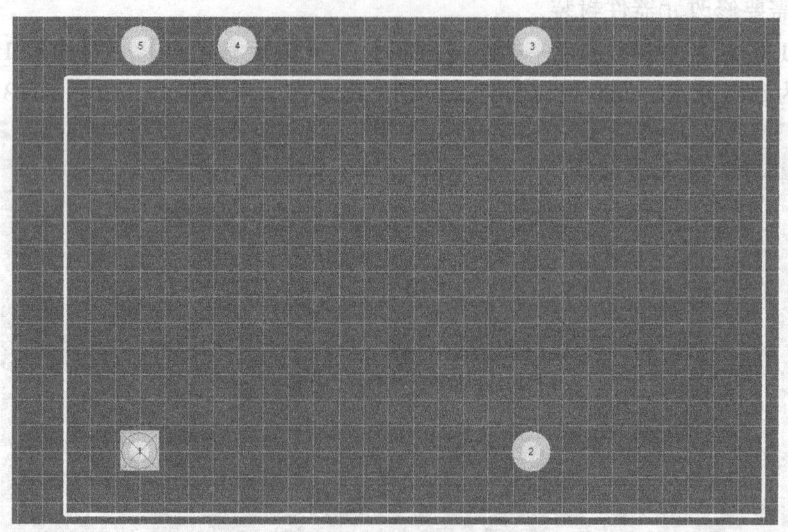

图 3-105 修改好焊盘属性的效果

（3）修改边框线 用鼠标左键双击靠近 1、2 号焊盘的那条边框线，打开“导线”属性对话框，修改导线开始位置的 X 轴与 Y 轴均为“-6mm”，修改导线结束位置的 X 轴为“26mm”，Y 轴为“-6mm”，如图 3-106 所示。

“导线”属性修改完毕后，按“导线”属性对话框中的【确认】按钮关闭对话框，系统自动回到元件编辑区，此时可以看到修改好属性的边框线的位置与长度都变了，如图 3-107 所示。

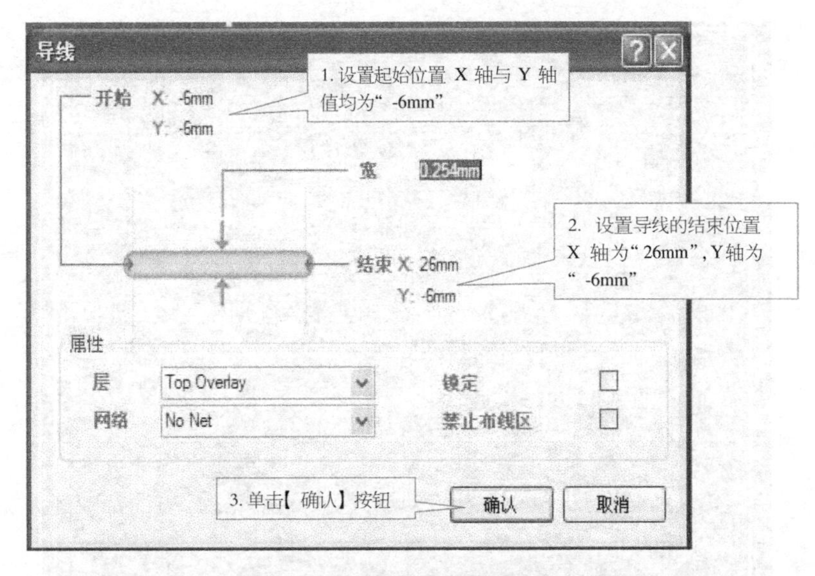

图 3-106　修改边框线的属性

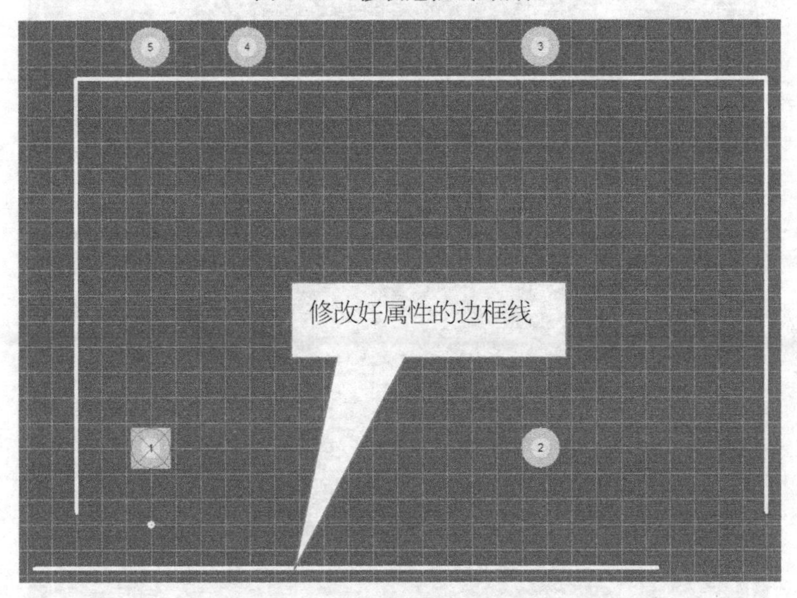

图 3-107　修改过属性的边框线

采用同样的方法修改其余三条边框线的属性。第二条边框线开始位置的 X 轴修改为“26mm”，Y 轴修改为“-6mm”，结束位置的 X 轴与 Y 轴位置均修改为“26mm”；第三条边框线开始位置的 X 轴与 Y 轴位置均修改为“26mm”，结束位置的 X 轴修改为“-6mm”，Y 轴修改为“26mm”；第四条边框线开始位置的 X 轴修改为“-6mm”，Y 轴修改为“26mm”，结束位置的 X 轴与 Y 轴均修改为“-6mm”。边框线修改结束后的效果，如图 3-108 所示。

（4）修改元器件封装属性　执行【工具】→【元件属性】，打开“PCB 库元件”属性对话框，将元件的名称修改为“TRF _5”，最后将边框线内的标记原点移至边框线外，按保存按钮将文件保存。至此，利用集成库创建元器件封装的工作全部结束。利用集成库创建的“TRF _5”元件封装，如图 3-109 所示。

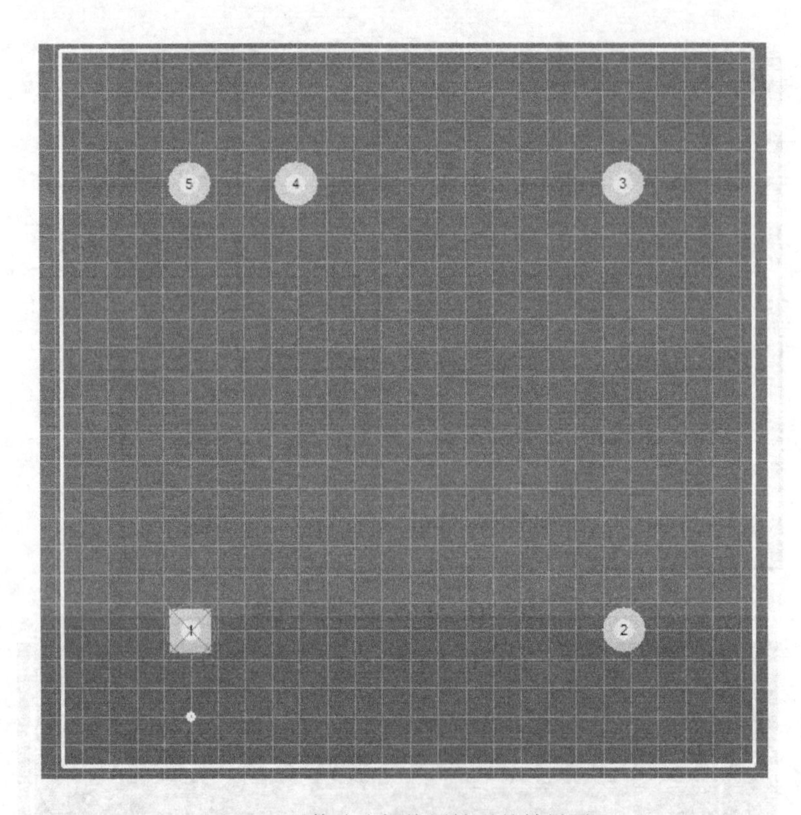

图 3-108　修改边框线属性后的效果图

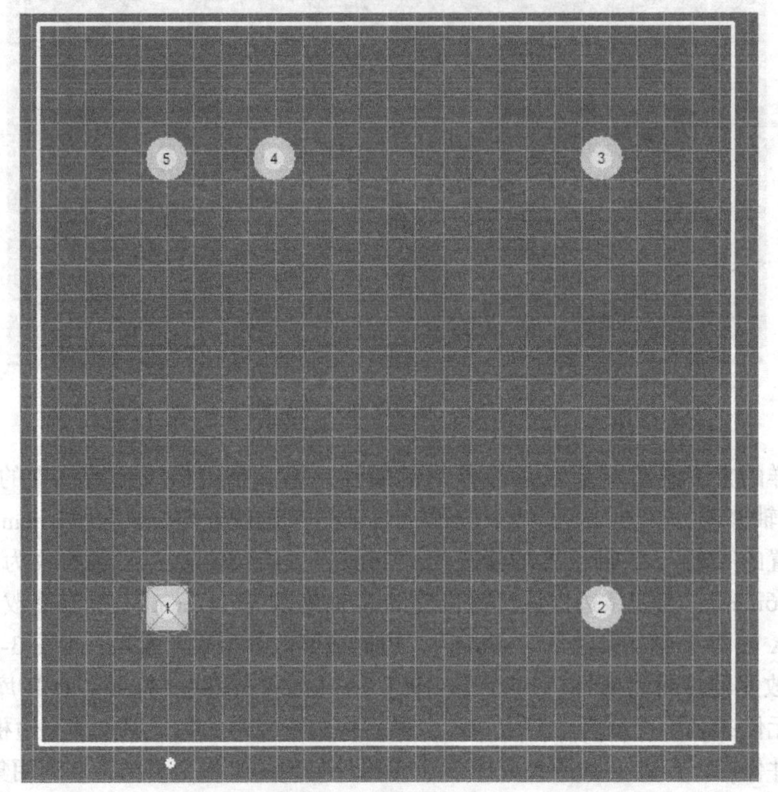

图 3-109　利用集成库创建的“TRF_5”封装

考证要点与巩固练习

1. 考证要点

1）根据元器件引脚尺寸制作元器件封装。

2）会使用向导制作各种格式的元器件封装。

3）能在 PCB 图里调用自制元器件封装。

2. 巩固练习

1）创建一个名为“My Pcb. PcbLib”的 PCB 元件库。

2）根据图 3-110（单位尺寸为 mil，尺寸不用标出）在“My Pcb. PcbLib”的 PCB 元件库中添加一个名为 DIP8 的元件封装。

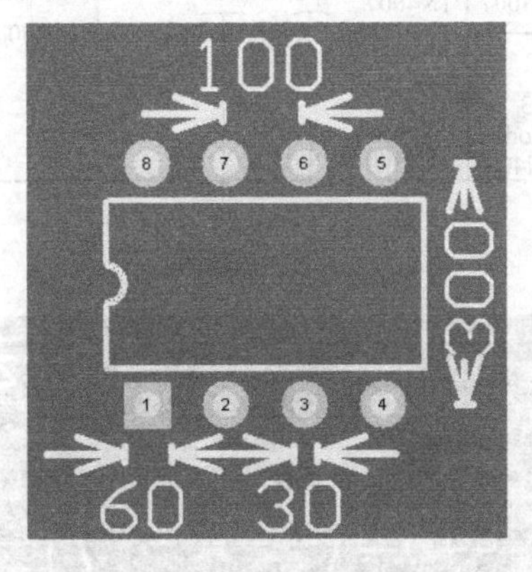

图 3-110　“DIP8”封装尺寸

3）根据图 3-111 所示继电器封装尺寸，在“My Pcb. PcbLib”的 PCB 元件库中添加一个名为“Relay”的元件封装（图中尺寸单位为 mm）。

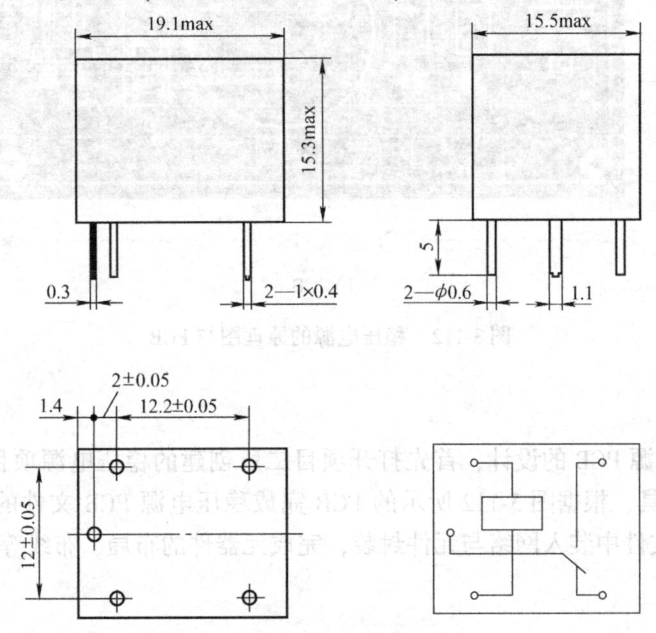

图 3-111　继电器封装尺寸

任务3 设计稳压电源 PCB（双面板）

任务描述

根据图 3-112 所示的稳压电源原理图设计稳压电源 PCB。

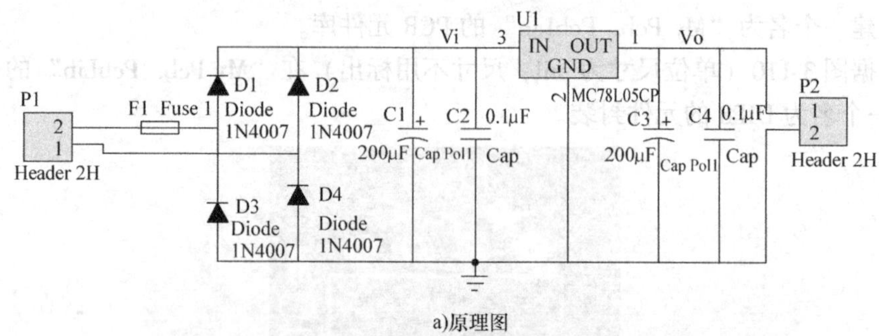

a)原理图

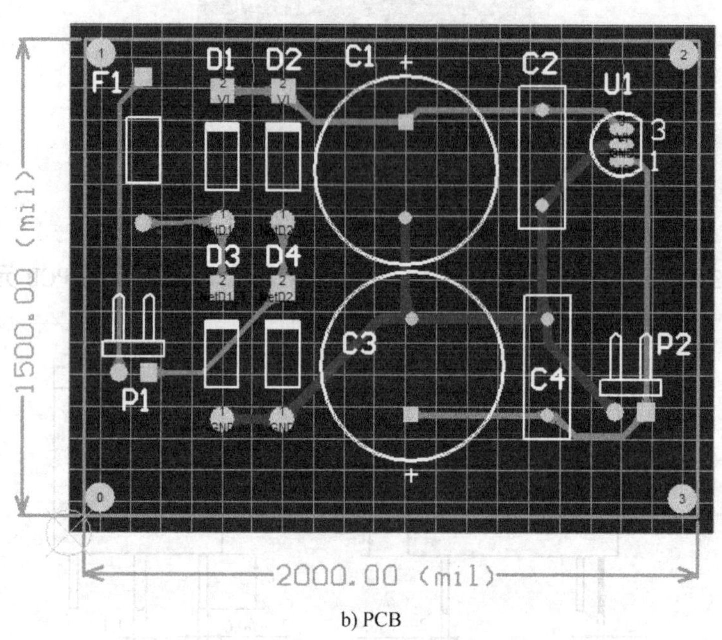

b) PCB

图 3-112 稳压电源的原理图与 PCB

任务分析

要完成稳压电源 PCB 的设计，首先打开项目二所创建的稳压电源项目文件，然后利用“PCB 板向导”工具，根据图 3-112 所示的 PCB 完成稳压电源 PCB 文件的创建和 PCB 的规划，最后在 PCB 文件中装入网络与元件封装，完成元器件的布局、布线等设计任务。

相关知识

1. 利用向导创建 PCB 文件

Protel DXP 2004 系统提供了“PCB 板向导”生成工具，在“PCB 板向导”的指引下依次设置电路板的各项参数，很轻松的完成 PCB 的规划。用“PCB 板向导”创建 PCB 文件的操作步骤如下：

（1）打开文件面板 单击窗口左下角的“Files”标签，打开如图 3-113 所示的“Files”（文件）面板。

（2）启动“PCB 板向导” 在文件面板的“根据模板新建”选项区内单击“PCB Board Wizard...”选项，打开如图 3-114 所示的“PCB 板向导”对话框，启动“PCB 板向导”。

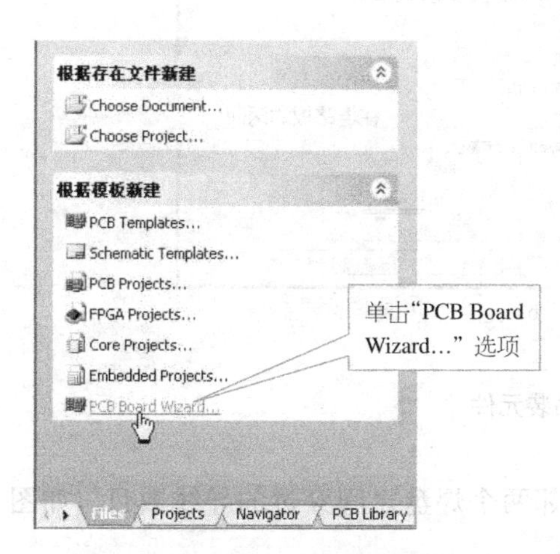

图 3-113 “文件”面板

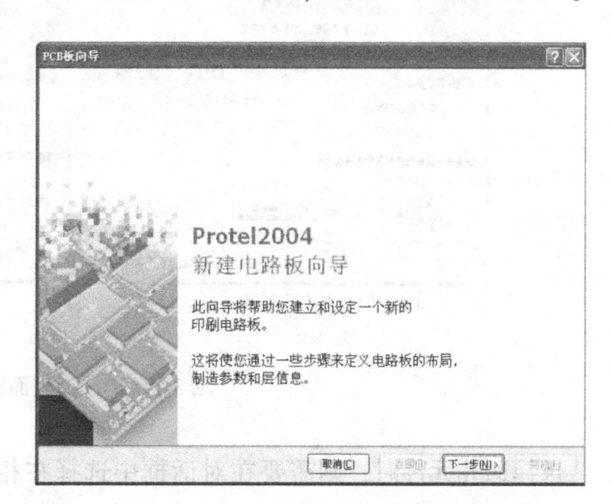

图 3-114 “PCB 板向导”对话框

（3）选择单位 单击“PCB 板向导”对话框中的【下一步】按钮，打开“选择电路板单位”对话框，选择所需要的单位。系统提供了英制单位“mil”和公制单位“mm”两种单位，系统默认是英制单位。

（4）选择模板 单击“选择电路板单位”对话框中的【下一步】按钮，弹出“选择电路板配置文件”对话框选择模板。系统提供了多种模板，接下来以选择“Custom”（自定义模式）为例。

（5）设置电路板参数 单击“选择电路板配置文件”对话框中的【下一步】按钮，打开“选择电路板详情”对话框，在此设置电路板参数。

（6）设置信号层数和内部电源层数 单击“选择电路板详情”对话框中的【下一步】按钮，弹出“选择电路板层”对话框，在此设置信号层数和内部电源层数。

（7）选择过孔风格 单击“选择电路板层”对话框中的【下一步】按钮，打开“选择过孔风格”对话框选择过孔风格，系统提供了穿透式过孔（通孔）、盲孔和埋孔等三种类型的过孔。双面板一般使用通孔，盲孔一般用于多层板。

导通孔是一种用于内层连接的金属化孔，其中并不用于插入元器件引线或其他增强材料。盲孔是从印制电路板内仅延展到一个表层的导通孔。如一个 6 层板，钻孔只从 1 层到 4 层，这样的孔就叫盲孔。

埋孔是未延伸到印制电路板表面的一种导通孔。埋孔是两头都不通的孔。如一个 6 层板，钻孔只从 3 层到 4 层通，这样的孔就是埋孔。过孔是从印制电路板的一个表层延展到另一个表层的导通孔。盲孔和埋孔一般用于多层板，双面板一般使用通孔。

（8）选择元件类型和布线风格　单击“选择过孔风格”对话框中的【下一步】按钮，打开“选择元件和布线逻辑”对话框，选择元件类型和布线风格。元件类型有表面贴装元件和通孔元件（即直插式元件）。选择表面贴装元件时，还需要在对话框中选择元件“是”或者“否”放在电路板的两面，如图 3-115 所示。

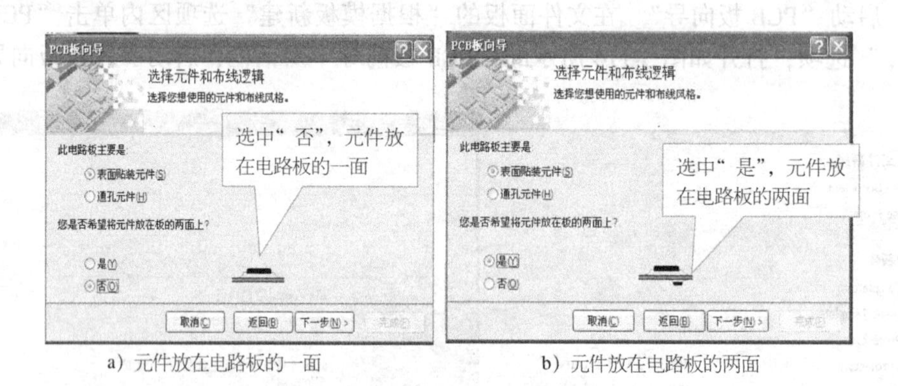

a）元件放在电路板的一面　　b）元件放在电路板的两面

图 3-115　选择表面贴装元件

选择通孔元件时，则需要在对话框中选择在相邻两个焊盘之间穿过的导线数目，如图 3-116 所示。

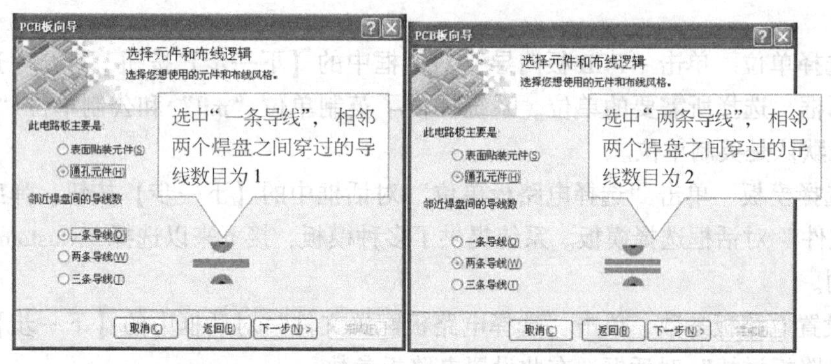

a）相邻两个焊盘之间穿过的导线数目为 1　　b）相邻两个焊盘之间穿过的导线数目为 2

图 3-116　选择通孔元件

（9）设置导线和过孔尺寸　单击“选择元件和布线逻辑”对话框中的【下一步】按钮，打开“选择默认导线和过孔尺寸”对话框设置导线和过孔尺寸，在此可设置最小导线线宽、最小过孔直径、最小过孔孔径和布线最小间隔。

（10）完成 PCB 文件创建　单击“选择默认导线和过孔尺寸”对话框中的【下一步】按钮，打开“电路板向导完成”对话框，单击【完成】按钮，系统完成一个默认文件名为 PCB1. PcbDoc 的 PCB 文件的创建，同时自动切换回 PCB 设计环境。

2. 手动布线

复杂 PCB 的布线通常采用自动布线和手动布线相结合的方式。一般先采用自动布线，然后在自动布线的基础上根据电路的实际需要进行手动调整。手动布线既可在自动布线之前进行，也可以在自动布线之后进行。在自动布线之后进行手动布线的操作步骤如下：

（1）拆除布线　根据实际需要，可以采取以下方法拆除全部布线或部分布线。

1）拆除全部布线。执行【工具】→【取消布线】→【全部对象】，则可拆除 PCB 上的所有布线。

2）拆除网络上的导线。执行【工具】→【取消布线】→【网络】，使光标变成十字形，移动十字光标到某一网络的某一段导线上，单击鼠标左键，则该网络上的所有导线都被删除。

3）拆除某个连接上的导线。执行【工具】→【取消布线】→【连接】，使光标变成十字形，移动十字光标到某根导线上，单击鼠标左键，则该导线建立的连接被删除。

4）拆除某个元件上的导线。执行【工具】→【取消布线】→【元件】，使光标变成十字形，移动十字光标到要删除导线的元件上，单击鼠标左键，即可删除与该元件相连的所有导线。

（2）手动布线

1）切换放置导线的信号层。点击放置导线的信号层，使之为当前层。

2）进入导线绘制状态。单击配线工具栏中的 （交互式布线）按钮，或执行菜单命令【放置】→【交互式布线】，使光标变成十字形，进入导线绘制状态。

3）绘制导线。移动十字光标到手动布线的起点焊盘的中心处，单击鼠标左键确定铜膜导线的起点，随十字光标的移动将出现一段实心导线，在需要拐弯的位置单击鼠标左键以确定拐点，在终点焊盘的中心处单击鼠标左键确定本条导线的终点，最后单击鼠标右键完成该段导线的绘制，再次单击鼠标右键退出导线绘制状态。绘制一段导线的操作方法，如图 3-117 所示。

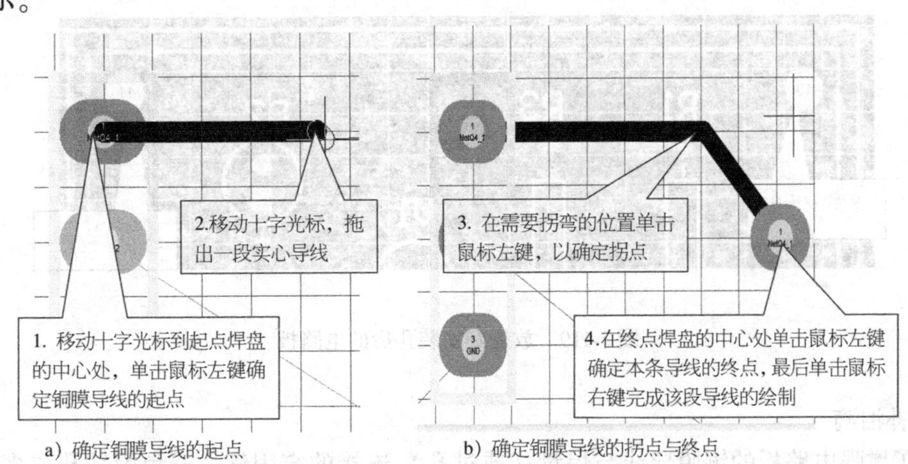

图 3-117　绘制一段导线的操作方法

3. 放置安装孔（螺纹孔）

安装孔的作用是固定电路板。安装孔可以通过放置焊盘来实现，但作为安装孔的焊盘不需要孔周围的一圈铜膜。操作方法如下：

（1）进入焊盘放置状态　单击配线工具栏中的◎（放置焊盘）按钮，或执行【放置】→【焊盘】，进入焊盘放置状态，此时一个焊盘粘在十字光标的中心。

（2）修改焊盘属性　当焊盘粘在十字光标的中心处于浮动状态时，按【Tab】键，打开“焊盘”属性对话框，根据安装螺钉的尺寸，将焊盘的“孔径”、“X 轴尺寸”和“Y 轴尺寸”设置为相同值，并选择“锁定”，然后单击【确认】按钮，如图 3-118 所示。

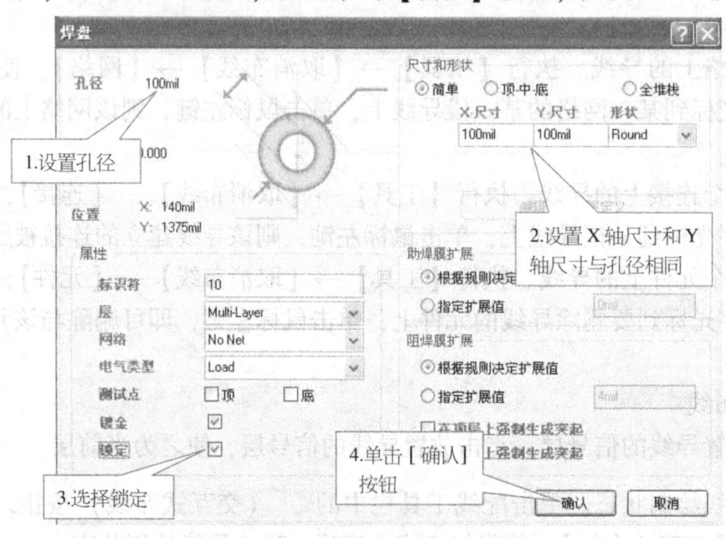

图 3-118　修改“焊盘”属性

（3）放置安装孔　焊盘的属性修改好以后，在电路板的合适位置单击鼠标左键，即可放置一个安装孔，继续单击鼠标左键放置其余安装孔，如图 3-119 所示。单击鼠标右键退出安装孔放置状态。

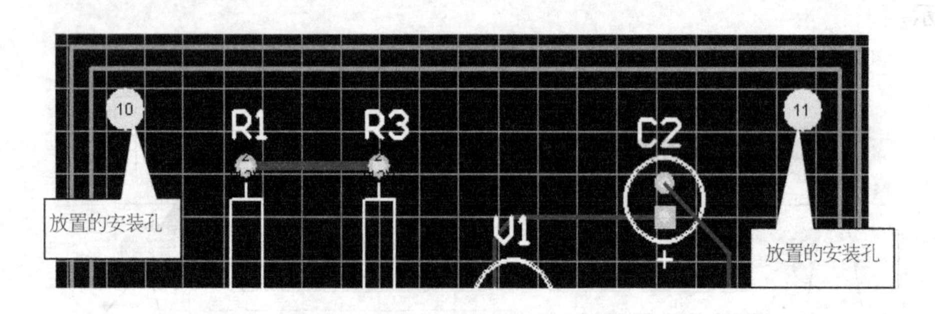

图 3-119　放置好安装孔后的电路板

4. 补泪滴

为了增强电路板的铜膜导线与焊盘（或过孔）连接的牢固性，避免因钻孔或多次焊接等原因导致铜膜导线断开，常常把与焊盘（或过孔）连接处的铜膜导线逐渐加宽，形成泪滴形状，这样的操作称为补泪滴。

执行菜单命令【工具】→【泪滴焊盘】，系统弹出如图 3-120 所示的“泪滴选项”对话框。

“泪滴选项”对话框由“一般”、“行为”和“泪滴方式”三部分组成，其各项的含义如下：

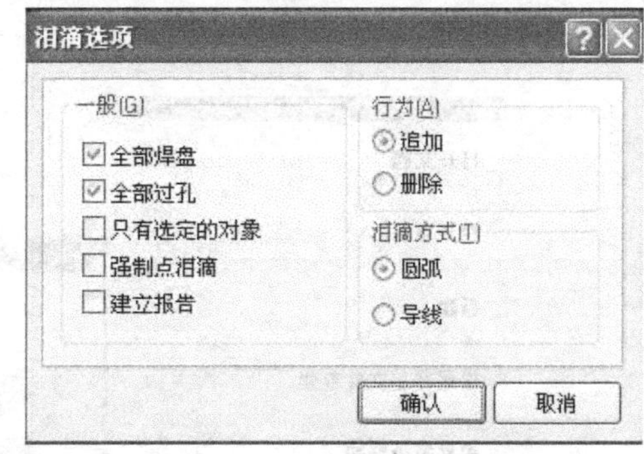

图 3-120　“泪滴选项”对话框

（1）“一般”选项区

1）全部焊盘：选中该项表示对所有焊盘补泪滴。

2）全部过孔：选中该项表示对所有过孔补泪滴。

3）只有选定的对象：选中该项表示只对被选中的焊盘和过孔补泪滴。

4）强制点泪滴：选中该项表示强制进行补泪滴操作。

5）建立报告：选中该项表示把补泪滴操作数据存成一份 . Rep 报表文件。

（2）“行为”选项区

1）追加：选中该项表示添加泪滴。

2）删除：选中该项表示删除泪滴。

（3）“泪滴方式”选项区

1）圆弧：选中该项表示所添加的泪滴为圆弧形泪滴。

2）导线：选中该项表示所添加的泪滴为导线状泪滴。

设置好“泪滴选项”后单击【确认】按钮即可完成泪滴添加操作。如果采用系统默认设置，即对全部焊盘和过孔添加圆弧形泪滴，补泪滴前后的 PCB 如图 3-121 所示。

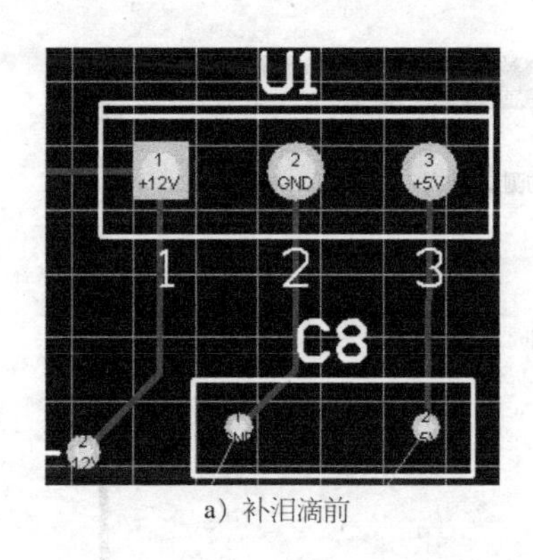

a）补泪滴前

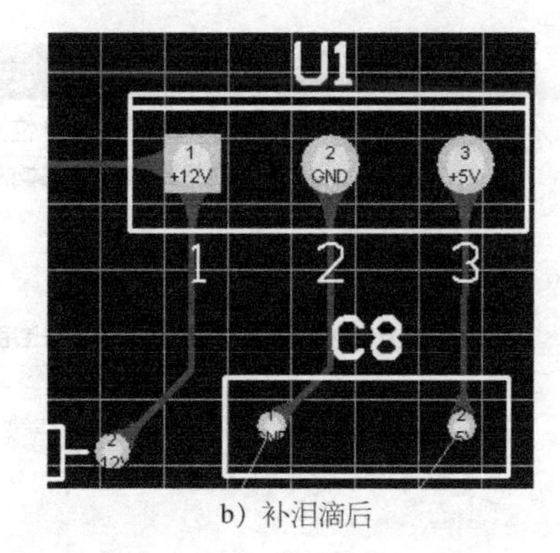

b）补泪滴后

图 3-121　补泪滴

任务准备

启动 Protel DXP 2004，打开项目二创建的稳压电源项目文件和稳压电源原理图文件。

任务实施

1. 创建 PCB 文件

（1）启动“PCB 板向导”　单击窗口左下角的“Files”标签，打开“Files”（文件）面板。在“文件面板”的“根据模板新建”选项区内单击“PCB Board Wizard...”选项，启动“PCB 板向导”，如图 3-122 所示。

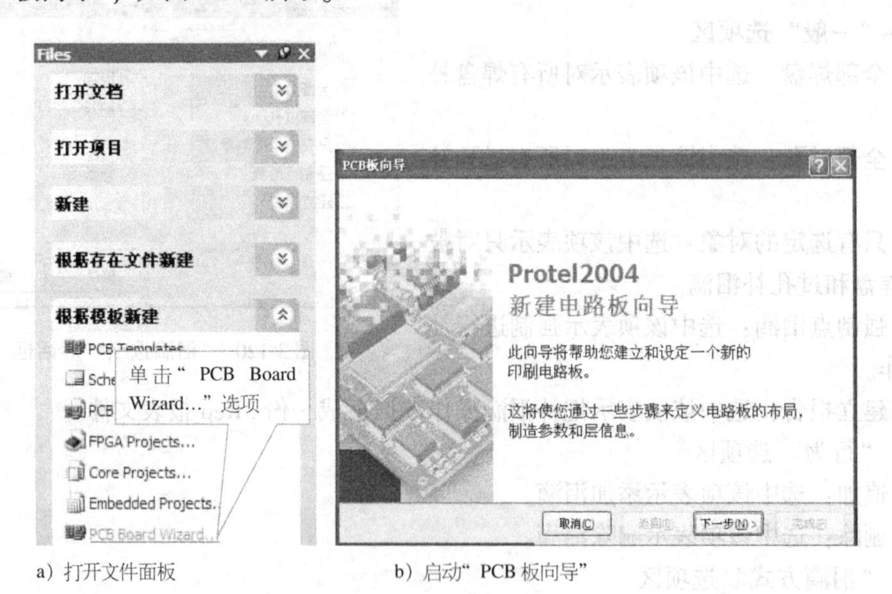

a）打开文件面板　　b）启动“PCB 板向导”

图 3-122　启动“PCB 板向导”

（2）选择单位　单击“PCB 板向导”对话框中的【下一步】按钮，打开“选择电路板单位”对话框，在此选用系统默认的英制单位，如图 3-123 所示。

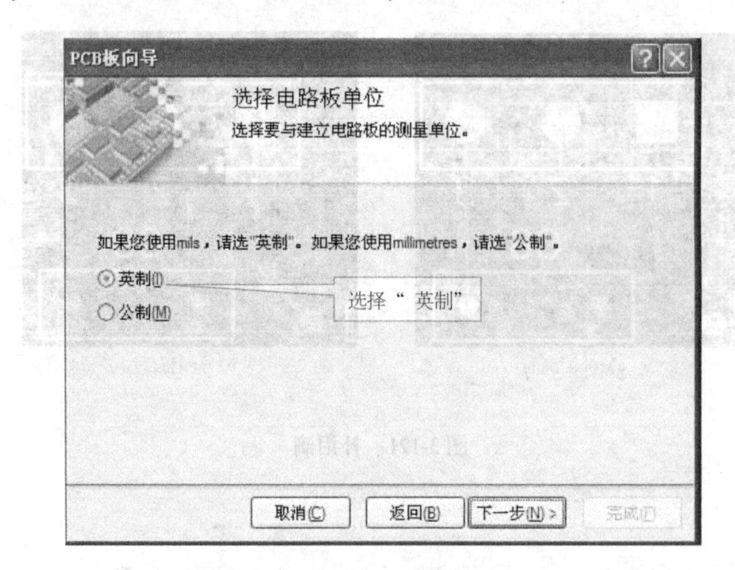

图 3-123　选择单位

（3）选择模板　单击“选择电路板单位”对话框中的【下一步】按钮，弹出“选择电路板配置文件”对话框选择“Custom”（自定义模式）模板，如图 3-124 所示。

（4）设置电路板参数　单击“选择电路板配置文件”对话框中的【下一步】按钮，打开“选择电路板详情”对话框，在此选择矩形，设置电路板的宽为2000mil，高为1500mil，其余采用系统默认，如图3-125所示。

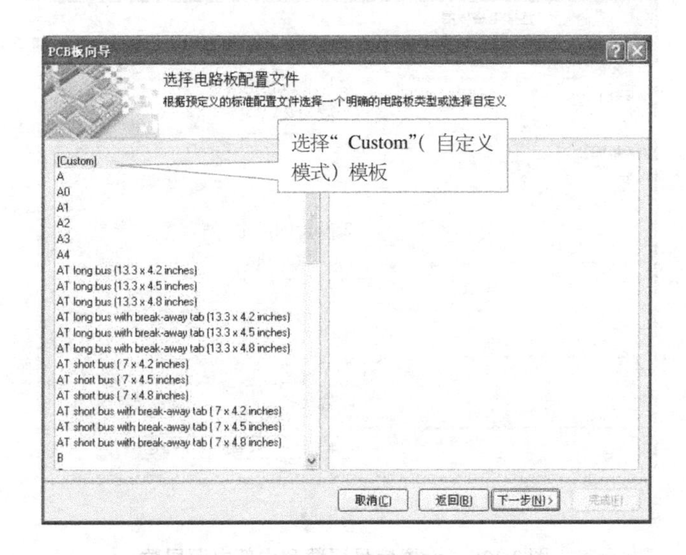

图3-124　选择“Custom”（自定义模式）模板

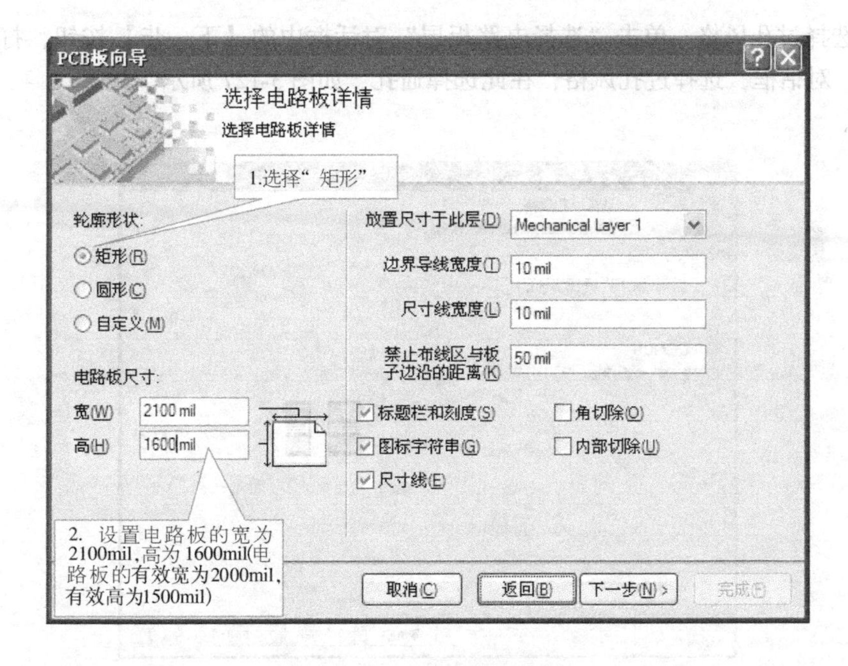

图3-125　设置电路板参数

教你一招：用“PCB板向导”创建的PCB电气有效尺寸等于电路板的规划尺寸减去两倍的禁止区宽度。本任务中，PCB的电气有效高度1500mil = 1600mil − 2 ×50mil。

（5）设置信号层数和内部电源层数　单击“选择电路板详情”对话框中的【下一步】按钮，弹出“选择电路板层”对话框，在此设置信号层数为2，内部电源层数为0，如图3-126所示。

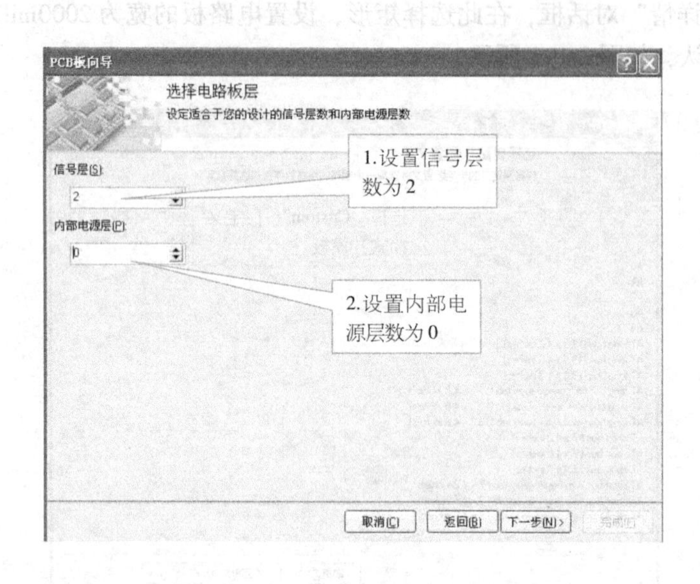

图 3-126　设置信号层数和内部电源层数

（6）选择过孔风格　单击“选择电路板层”对话框中的【下一步】按钮，打开“选择过孔风格”对话框，选择过孔风格，在此选择通孔，如图 3-127 所示。

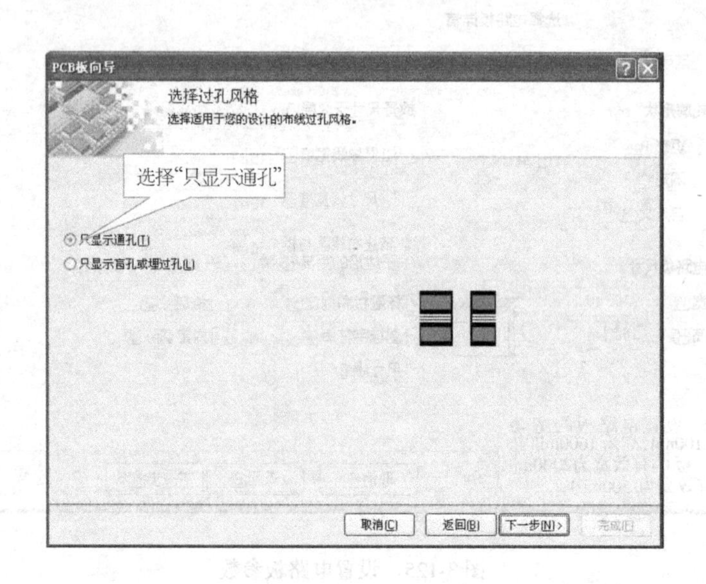

图 3-127　选择过孔风格

（7）选择元件类型和布线风格　单击“选择过孔风格”对话框中的【下一步】按钮，打开“选择元件和布线逻辑”对话框，在此选择通孔元件（即直插式元件）。设置在两个焊盘之间穿过导线的数目为 1，如图 3-128 所示。

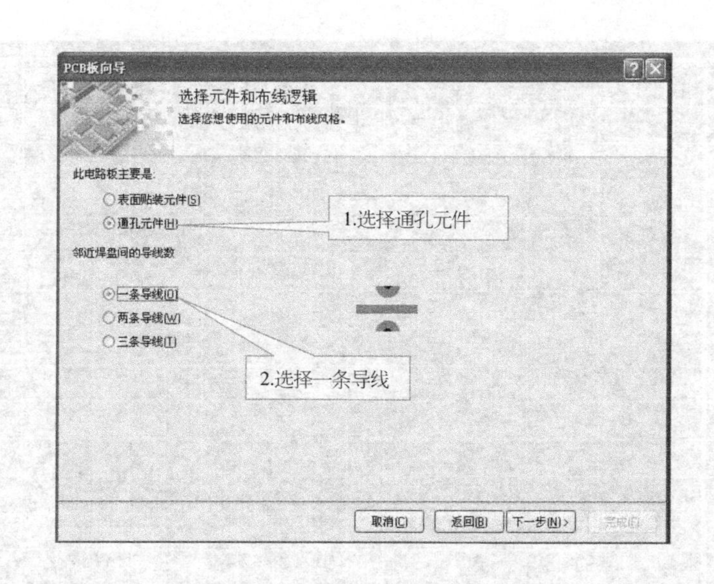

图 3-128　选择元件类型和布线风格

（8）设置导线和过孔尺寸　单击“选择元件和布线逻辑”对话框中的【下一步】按钮，打开“选择默认导线和过孔尺寸”对话框，在此设置最小导线线宽为 10mil，布线最小间隔为 12mil，最小过孔直径和最小过孔孔径采用默认值，如图 3-129 所示。

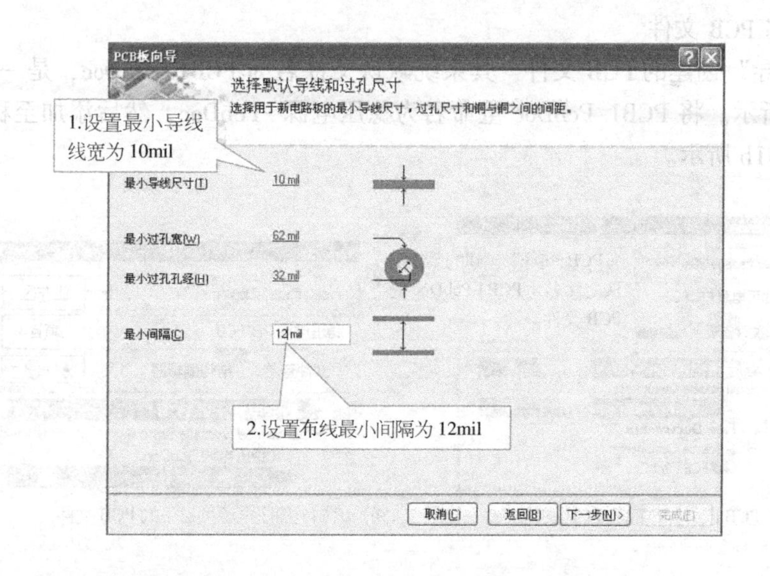

图 3-129　设置导线和过孔尺寸

（9）完成 PCB 文件创建　单击“选择默认导线和过孔尺寸”对话框中的【下一步】按钮，打开“电路板向导完成”对话框，单击其中的【完成】按钮，完成 PCB 文件的创建，系统自动切换至 PCB 设计环境，在 PCB 设计窗口可以看见用向导创建的 PCB 板，如图 3-130 所示。

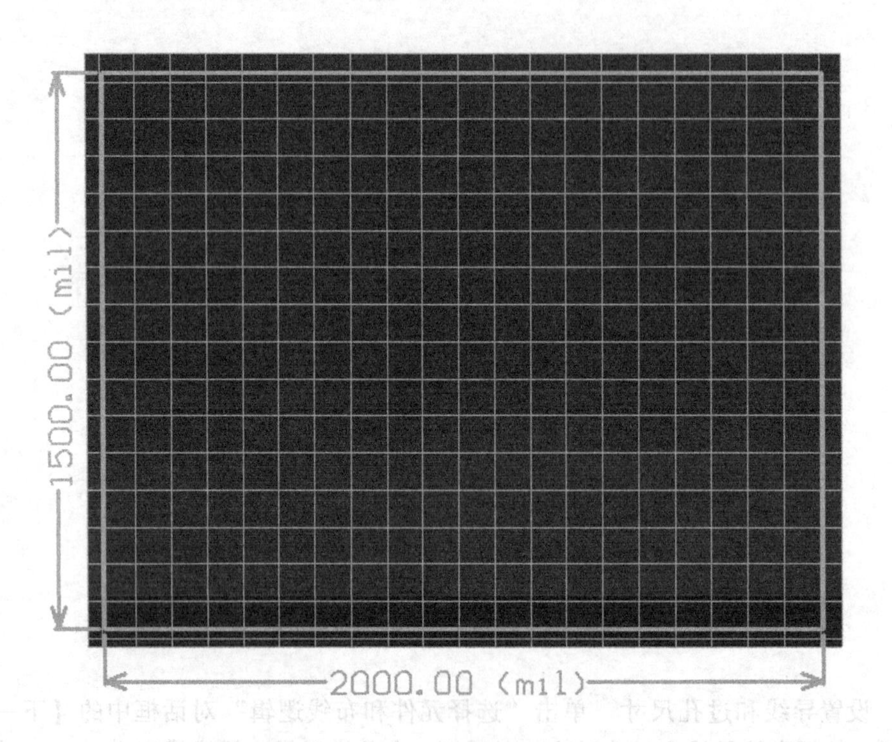

图 3-130　用“PCB 向导”创建的 PCB

2. 重命名 PCB 文件

“PCB 向导”创建的 PCB 文件，其系统默认文件名为 PCB1. PcbDoc，是一个自由文件，如图 3-131a 所示。将 PCB1. PcbDoc 重命名为稳压电源 . PcbDoc，然后添加至稳压电源项目下，如图 3-131b 所示。

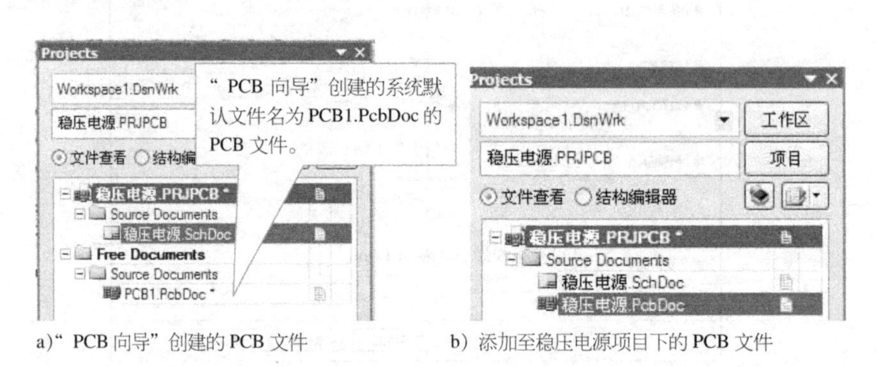

a)“PCB 向导”创建的 PCB 文件　　b）添加至稳压电源项目下的 PCB 文件

图 3-131　启动“PCB 板向导”

3. 装载稳压电源网络与元件封装

选择“稳压电源. SchDoc”为当前文件，执行【设计】→【Update PCB Document 稳压电源 . PcbDoc】，打开“工程变化订单（ECO）”对话框，其中列出了元件和网络等信息及其状态，如图 3-132 所示。

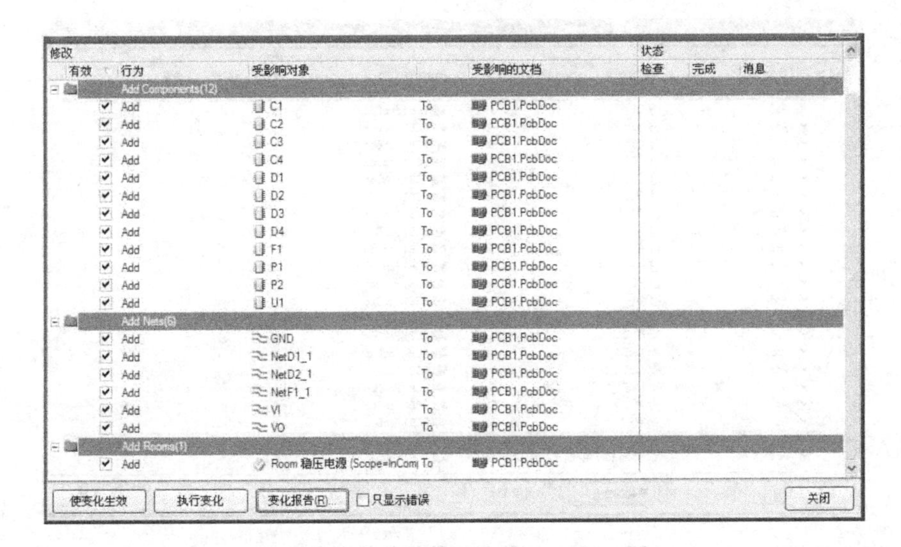

图 3-132　“工程变化订单”对话框

单击“工程变化订单（ECO）”对话框中的【使变化生效】按钮，系统逐项检查装载的网络与元件封装，并在“状态”栏中的“检查”列显示检查结果，如果没有错误，则检查结果全部显示“✓”，如图 3-133 所示。

工程变化订单（ECO）

有效	行为	受影响对象		受影响的文档	检查	完成	消息
	Add Components(12)						
✓	Add	C1	To	PCB1.PcbDoc	✓		
✓	Add	C2	To	PCB1.PcbDoc	✓		
✓	Add	C3	To	PCB1.PcbDoc	✓		
✓	Add	C4	To	PCB1.PcbDoc	✓		
✓	Add	D1	To	PCB1.PcbDoc	✓		
✓	Add	D2	To	PCB1.PcbDoc	✓		
✓	Add	D3	To	PCB1.PcbDoc	✓		
✓	Add	D4	To	PCB1.PcbDoc	✓		
✓	Add	F1	To	PCB1.PcbDoc	✓		
✓	Add	P1	To	PCB1.PcbDoc	✓		
✓	Add	P2	To	PCB1.PcbDoc	✓		
✓	Add	U1	To	PCB1.PcbDoc	✓		
	Add Nets(6)						
✓	Add	GND	To	PCB1.PcbDoc	✓		
✓	Add	NetD1_1	To	PCB1.PcbDoc	✓		
✓	Add	NetD2_1	To	PCB1.PcbDoc	✓		
✓	Add	NetF1_1	To	PCB1.PcbDoc	✓		
✓	Add	VI	To	PCB1.PcbDoc	✓		
✓	Add	VO	To	PCB1.PcbDoc	✓		
	Add Rooms(1)						
✓	Add	Room 稳压电源 (Scope=InCom	To	PCB1.PcbDoc	✓		

使变化生效　执行变化　变化报告(R)...　只显示错误　关闭

图 3-133　网络与元件检查结果

当检查结果全部显示“✓”时，单击“工程变化订单（ECO）”对话框中的【执行变化】按钮，系统执行所有更新操作，把元件封装和网络载入 PCB 编辑器中，如果没有错误，状态栏的“完成”列显示全部为“✓”，如图 3-134 所示。

当状态栏的“完成”列显示全部为“✓”时，单击【关闭】按钮关闭“工程变化订单（ECO）”对话框，系统自动切换到 PCB 设计窗口，此时在 PCB 设计窗口中可以看到载入的元件与网络，如图 3-135 所示。

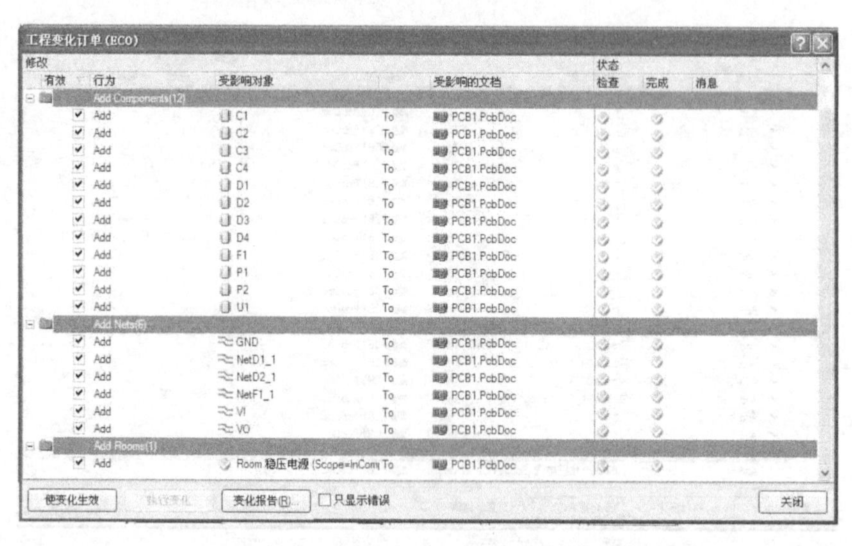

图 3-134　网络与元件的装载完成状态

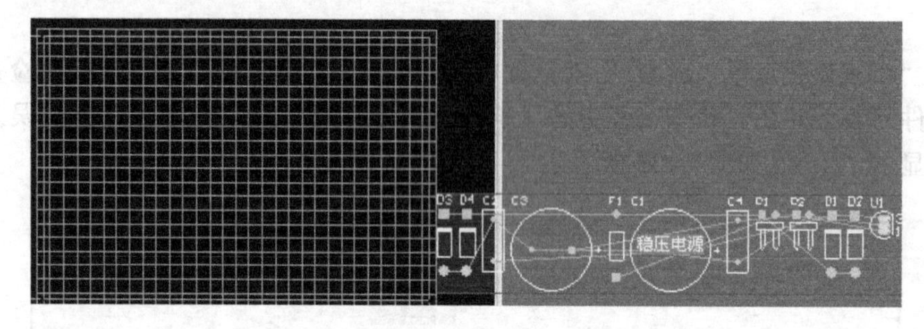

图 3-135　装入元件和网络的 PCB

4. 布局稳压电源 PCB

（1）设置自动布局规则　元件的布局规则采用系统的默认设置。

（2）自动布局　执行【工具】→【放置元件】→【自动布局】菜单命令，选择“分组布局”方式，布局的效果如图 3-136 所示。

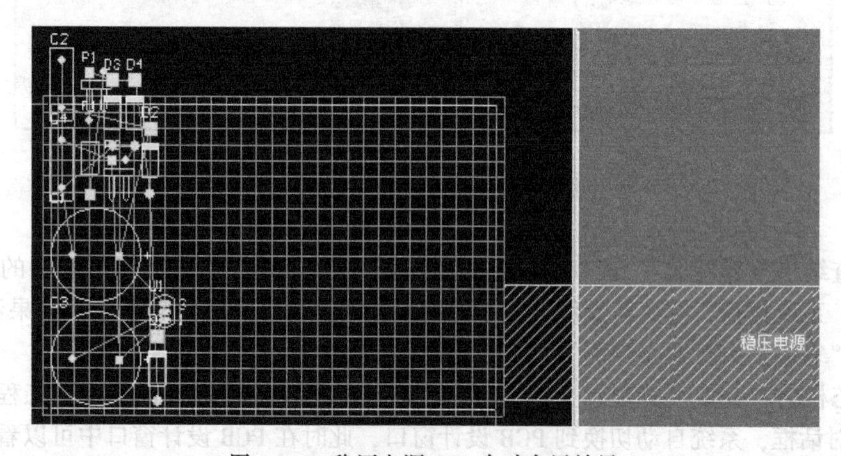

图 3-136　稳压电源 PCB 自动布局效果

（3）手工调整布局 自动布局的效果不理想，需要手工调整布局。手工调整后的效果如图 3-137 所示。

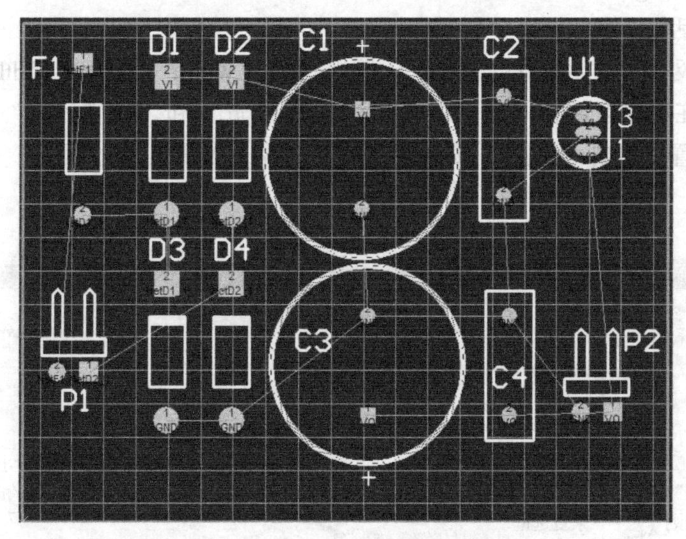

图 3-137 手工调整布局后的效果

5. 布线稳压电源 PCB

（1）设置布线规则 执行菜单命令【设计】→【规则】，打开“PCB 规则和约束编辑器”对话框。

1）设置 Clearance（安全间距）规则。双击“PCB 规则和约束编辑器”对话框中的“Electrical”，展开“Electrical”规则，双击“Clearance”展开“Clearance”子规则，单击“Clearance”选项打开“Clearance”设置对话框，在右边的“约束”区域设置最小间隙值为 12mil，单击【适用】按钮保存此设置，如图 3-138 所示。

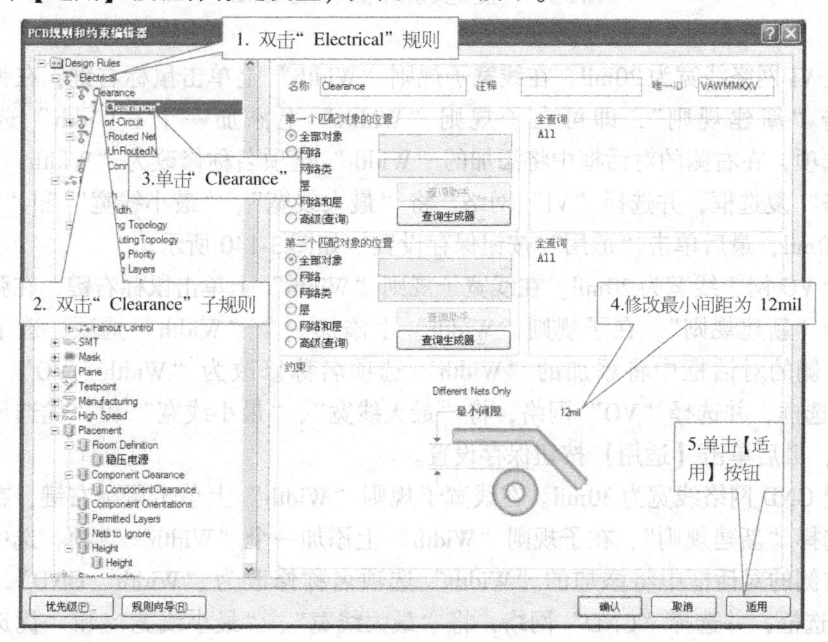

图 3-138 设置安全间距

2）设置 Width（布线宽度）规则。双击“PCB 规则和约束编辑器”对话框中的“Routing”，展开“Routing”规则，双击“Width”展开“Width”子规则，单击“Width”选项，打开线宽设置对话框。

①设置其余网络线宽为 15mil。将默认的规则名“Width”改为“Width _ All”，选中全部对象复选框，在约束区域将“最大线宽”、“最小线宽”和“优选尺寸”均设置为 15mil，其余采取默认设置。单击【适用】按钮保存设置内容，如图 3-139 所示。

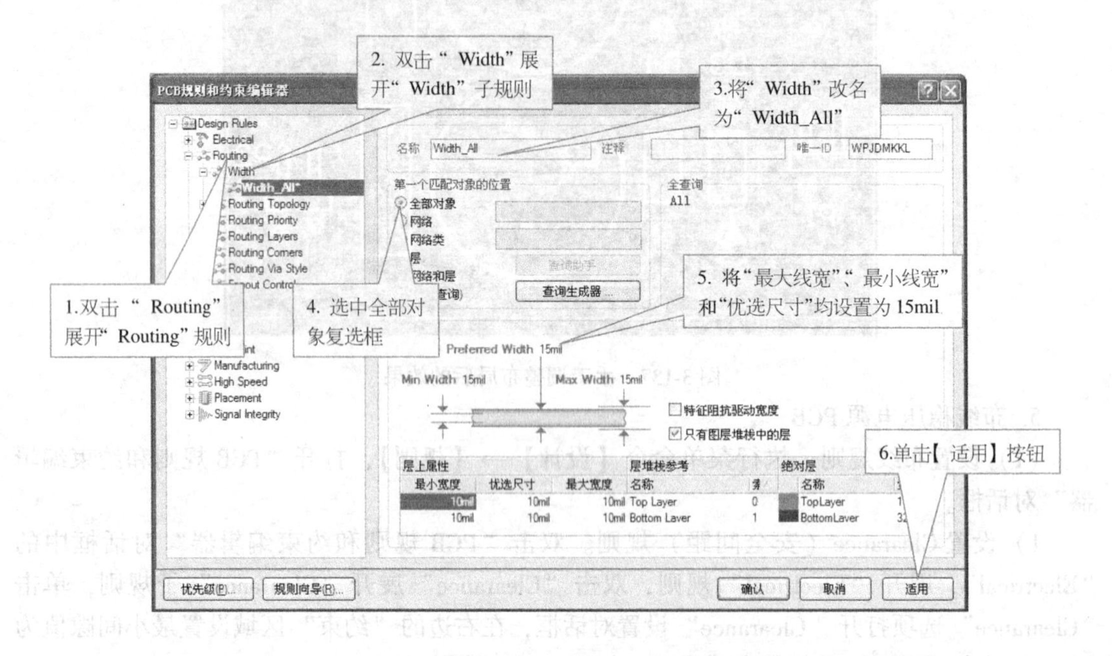

图 3-139　设置其余网络线宽为 15mil

②设置 VI 网络线宽为 20mil。在线宽子规则“Width”上单击鼠标右键，在弹出的快捷菜单中单击“新建规则”，即可在子规则“Width”上添加一个“Width”选项，选中“Width”选项，在右侧的对话框中将添加的“Width”选项名称修改为“Width _ VI”，然后选中“网络”复选框，并选择“VI”网络，将“最大线宽”、“最小线宽”和“优选尺寸”均设置为 20mil，最后单击“适用”按钮保存设置，如图 3-140 所示。

③设置 VO 网络线宽为 20mil。在线宽子规则“Width”上单击鼠标右键，在弹出的快捷菜单中选择“新建规则”，在子规则“Width”上添加一个“Width”选项，选中“Width”选项，在右侧的对话框中将添加的“Width”选项名称修改为“Width _ VO”，然后选中“网络”复选框，并选择“VO”网络，将“最大线宽”、“最小线宽”和“优选尺寸”均设置为 20mil，最后单击【适用】按钮保存设置。

④设置 GND 网络线宽为 30mil。在线宽子规则“Width”上单击鼠标右键，在弹出的快捷菜单中选择“新建规则”，在子规则“Width”上添加一个“Width”选项，选中“Width”选项，在右侧的对话框中将添加的“Width”选项名称修改为“Width _ GND”，然后选中“网络”复选框，并选择“GND”网络，将“最大线宽”、“最小线宽”和“优选尺寸”均设置为 30mil，最后单击【适用】按钮保存设置。

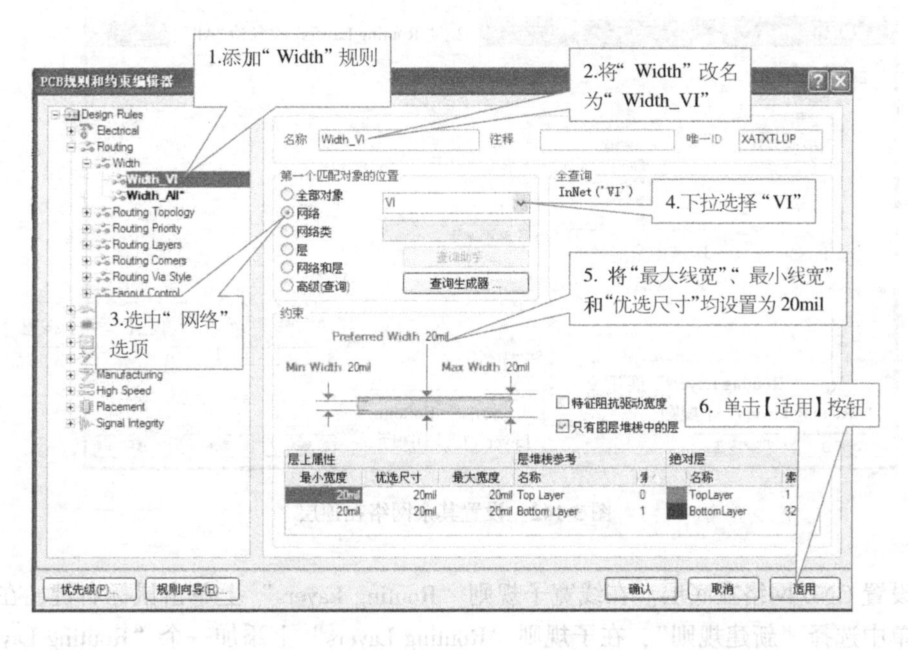

图3-140 设置“VI”网络线宽

⑤设置线宽的优先级。稳压电源电路设置了4个布线规则，应该将约束条件苛刻的规则设置为高级别。本例中将GND网络布线规则设置为最高，其余依次为VI、VO、ALL。

单击“PCB规则和约束编辑器”对话框左下角的【优先级】按钮，打开“编辑规则优先级”对话框，选中“Width-GND”规则名，单击“增加优先级”按钮，将其优先级设置为1，选中“Width-VI”规则名，将其优先级设置为2，调整好优先级的线宽规则如图3-141所示。

编辑规则优先级

规则类型：Width

优先级	有效	名称	范围	属性		
1	✔	Width_GND	InNet('GND')	Pref Width = 30mil	Min Width = 30mil	Max Width = 30mil
2	✔	Width_VI	InNet('VI')	Pref Width = 20mil	Min Width = 20mil	Max Width = 20mil
3	✔	Width_VO	InNet('VO')	Pref Width = 20mil	Min Width = 20mil	Max Width = 20mil
4	✔	Width_ALL	All	Pref Width = 15mil	Min Width = 15mil	Max Width = 15mil

增加优先级(I)　减小优先级(D)　关闭

图3-141 设置线宽优先级

线宽优先级设置完毕后单击【关闭】按钮，返回“PCB规则和约束编辑器”对话框，单击【适应】按钮保存设置内容。

3）设置Routing Layers（布线层）规则。双击“Routing”规则中的“Routing Layers”，展开“Routing Layers”子规则。

①设置其余网络在顶层。单击“Routing Layers”选项，打开“布线层”设置对话框。将默认的规则名“Routing Layers”改为“All”，选中“全部对象”复选框，在约束区域取消“Bottom Layer”（底层）选项，单击【适应】按钮保存设置，如图3-142所示。

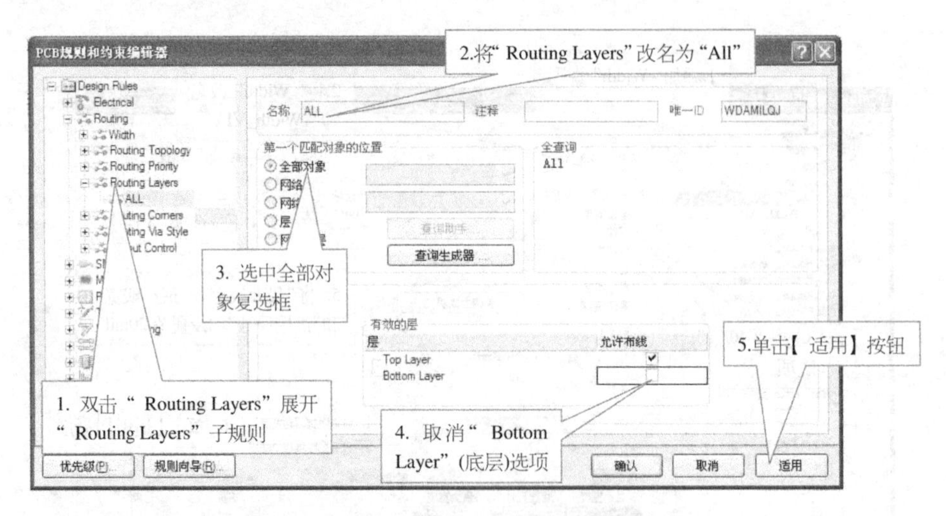

图 3-142　设置其余网络在顶层

②设置 GND 网络在底层。在线宽子规则“Routing Layers”上单击鼠标右键，在弹出的快捷菜单中选择“新建规则”，在子规则“Routing Layers”上添加一个“Routing Layers”选项，选中“Routing Layers”选项，在右侧的对话框中将添加的“Routing Layers”选项名称修改为“GND”，然后选中“网络”复选框，并选择“GND”网络，在约束区域取消“Top Layer”（底层）选项，如图 3-143 所示。

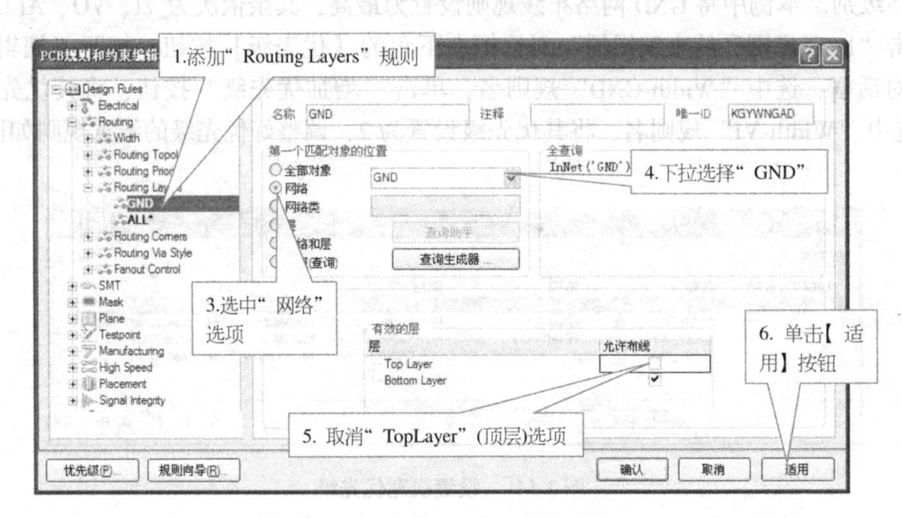

图 3-143　设置 GND 网络在底层

（2）自动布线　布线规则设置完毕后，执行菜单命令【自动布线】→【全部对象】，打开“Situs 布线策略”对话框，单击对话框中的【Route All】按钮，对电路板进行自动布线。自动布线后的效果如图 3-144 所示。

（3）手工调整布线　对于自动布线结果不满意的某些导线，可以取消导线连接，采用手工布线方式进行修改。

1）取消导线连接。执行【工具】→【取消布线】→【连接】，使光标变成十字形，移动十字光标到需要取消的某段导线上，单击鼠标左键，取消连接导线。取消 C2 与 U1 之间的导线连接方法如图 3-145 所示。用同样的方式取消 C4 与 P2 之间的导线连接。

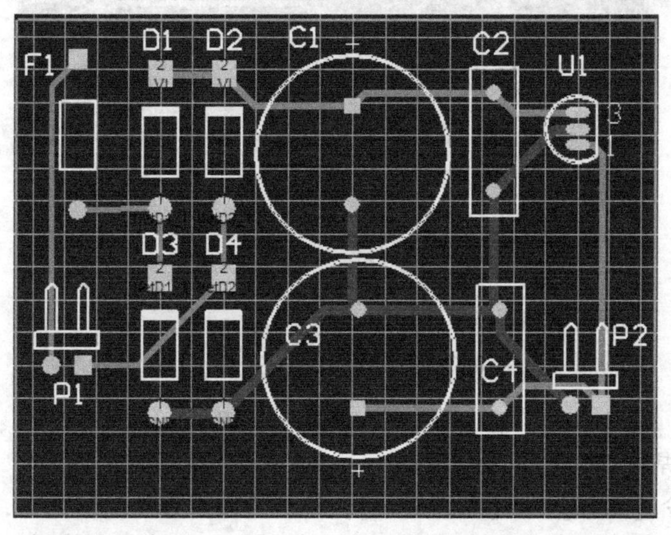

图 3-144　自动布线后的效果

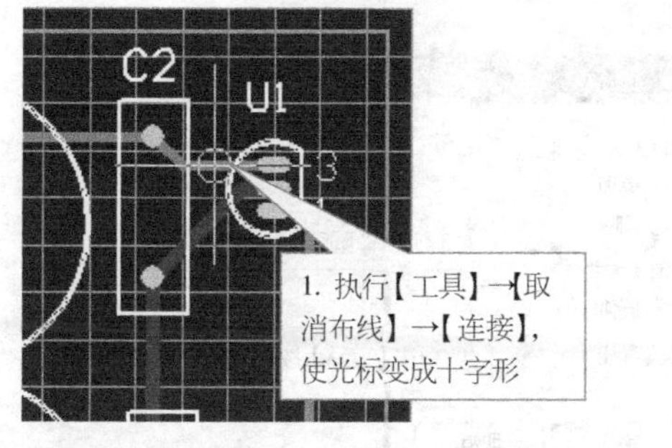

a）取消导线连接前

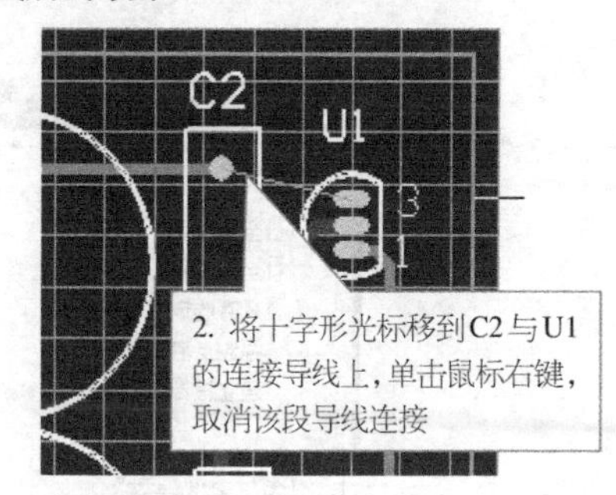

b）取消导线连接后

图 3-145　取消 C2 与 U1 之间的导线连接方法

2）手工布线。将顶层切换为当前层，执行【放置】→【交互式布线】，光标变成十字形，移动十字光标到 C2-1 焊盘的中心处，单击鼠标左键，确定导线的起点，移动鼠标拖出一段导线，单击鼠标左键确定导线的拐点，在 U1-3 焊盘的中心处单击鼠标左键，确定导线的终点，单击鼠标右键完成 C2 与 U1 之间导线连接的绘制，如图 3-146 所示。按同样的方法完 C4 与 P2 之间的导线连接。手工调整布线后的稳压电源 PCB 如图 3-147 所示。

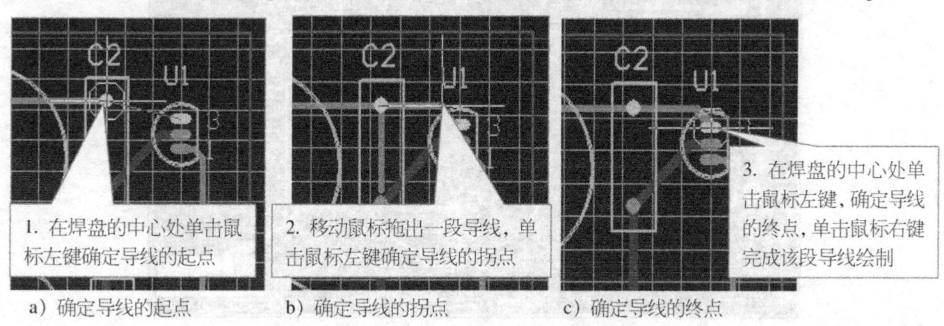

a）确定导线的起点　b）确定导线的拐点　c）确定导线的终点

图 3-146　绘制 C2 与 U1 之间导线连接

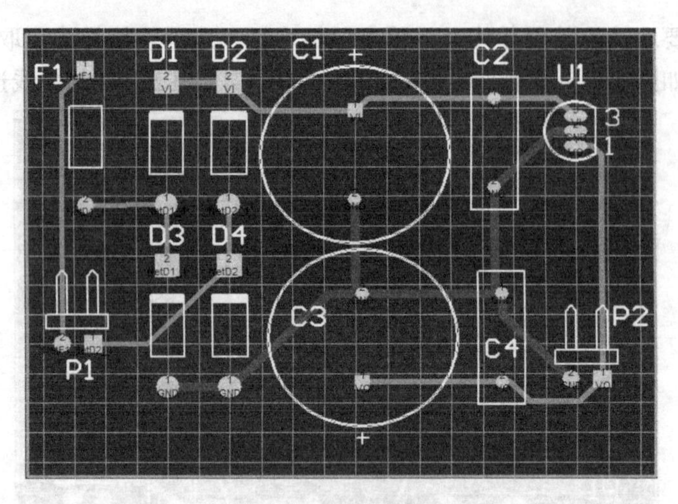

图 3-147　手工调整布线后的 PCB

6. 添加泪滴焊盘

执行菜单命令【工具】→【泪滴焊盘】，打开“泪滴选项”对话框，对稳压电源的全部焊盘添加圆弧焊盘的泪滴选项设置，如图 3-148 所示。添加泪滴焊盘后的 PCB，如图 3-149 所示。

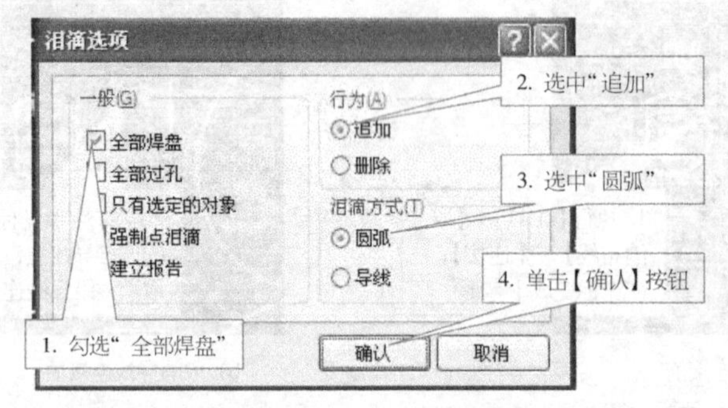

图 3-148　“泪滴选项”设置

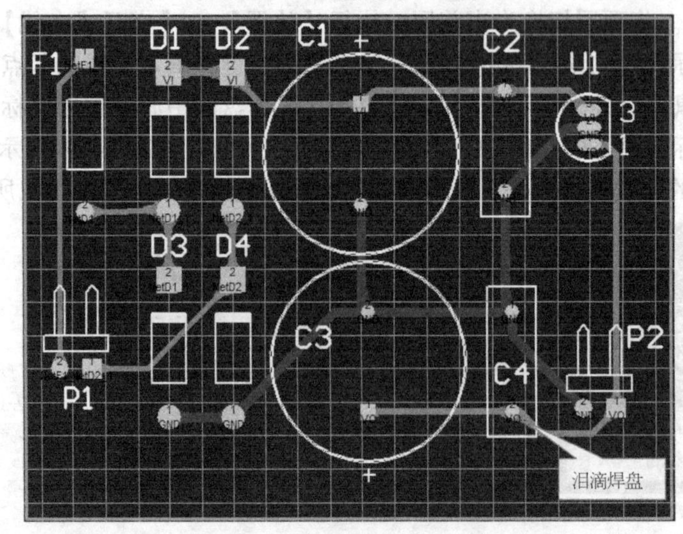

图 3-149　添加泪滴焊盘后的 PCB

7. 添加安装定位孔

在PCB的四角距板边100mil处放置4个直径为100mil的安装孔，其操作方法如下：

1）执行菜单命令【编辑】→【原点】→【设定】，使光标变成十字形状，将十字形光标移至PCB板的左下角，单击鼠标左键，将当前原点设置在PCB板的左下角，如图3-150所示。

2）执行菜单命令【放置】→【焊盘】，进入焊盘放置状态，按【Tab】键打开“焊盘”对话框。在“焊盘”对话框中，将“孔径”、“X-尺寸”和“Y-尺寸”均设置为100mil，然后单击【确认】按钮，关闭“焊盘”对话框，然后分别在X轴100mil、Y轴100mil处，X轴100mil、Y轴1500mil处，X轴2000mil、Y轴1500mil处，X轴2000mil、Y轴100mil处单击鼠标左键放置焊盘（安装孔），最后单击鼠标右键退出焊盘放置状态。放置好安装孔的电路板，如图3-151所示。

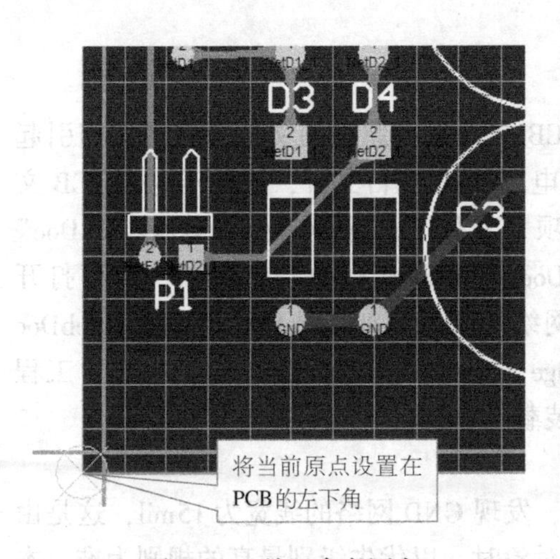

图3-150 放置参考原点

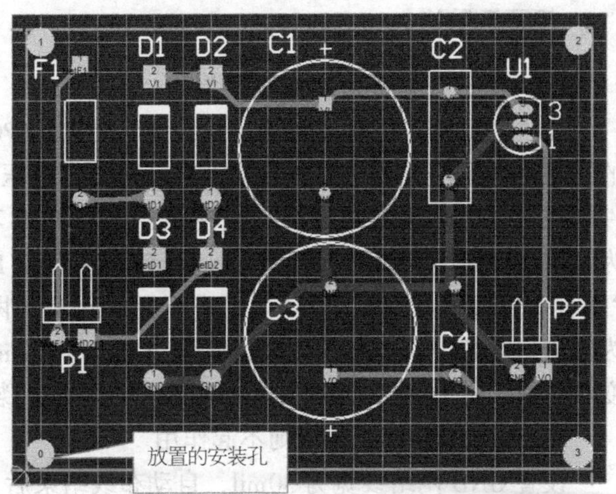

图3-151 放置安装孔后的电路板

检查评议

PCB绘制职业能力检测见表3-3。

表3-3 PCB绘制职业能力检测

检测项目	配分	技术要求	评分标准	得分
“PCB板向导”创建PCB文件	10	能用“PCB板向导”创建PCB文件	不能用“PCB板向导”创建PCB文件，扣5分	
PCB板设置与规划	15	1. 正确设置PCB层 2. 正确进行PCB选项设置 3. 按尺寸正确规划PCB板	1. 板层设置错误，扣5分 2. PCB选项设置错误，扣5分 3. 规划PCB尺寸、形状、层出错，扣5分	
装载元件封装与网络	20	1. 能正确装载元件封装与网络 2. 能修正ECO中显示的错误	1. 不会正确装载元件封装与网络，扣10分 2. 不能修正ECO中显示的错误，扣10分	
元件布局	20	1. 能正确设置布局规则 2. 能自动布局 3. 能手动调整布局	1. 不能正确设置布局规则，扣2分 2. 不能自动布局，扣3分 3. 不能手动调整布局，扣5分	

（续）

检测项目	配分	技术要求	评分标准	得分
PCB 板布线	30	1. 正确设置布线规则 2. 会自动布线 3. 能按要求调整布线 4. 能正确放置安装孔 5. 能正确补泪滴	1. 布线规则设置不正确，扣 5 分 2. 不能正确合理布线，扣 5 分 3. 不能正确调整线宽、布线，扣 10 分 4. 不能正确放置安装孔，扣 5 分 5. 不能正确补泪滴，扣 5 分	
安全文明绘图	5	安全文明绘图	操作不安全、不文明，扣 1～5 分	
合计				

问题及防治

1. 无法进行元件封装与网络装载

无法进行元件封装与网络装载，多半是因为 PCB 文件或者原理图文件为自由文档引起的。在进行元件封装与网络装载之前，先创建稳压电源 PCB 项目文件，把稳压电源 PCB 文件与稳压电源原理图文件都添加在稳压电源 PCB 项目文件下，选择“稳压电源 . SchDoc”为当前活动窗口，执行【设计】→【Update PCB Document 稳压电源 . PcbDoc】，即可打开“工程变化订单（ECO）”对话框进行元件封装与网络的装载。如果选择稳压电源 . PcbDoc 为当前活动窗口，则执行【设计】→【Import Change From 稳压电源 . PrjPcb】，打开“工程变化订单（ECO）”对话框进行元件封装与网络的装载。

2. 设置的 GND 线宽规则不起作用

设置 GND 网络线宽为 30mil，自动布线结束后，发现 GND 网络的线宽为 15mil，这是由于优先级不正确造成的。当多个规则实用到同一个对象时，以优先级别最高的规则为准，本任务只要将“Width-GND”规则设置为最高优先级“1”级，布线结束后，就可以得到 30mil 的线宽。其操作方法为：

1）单击“PCB 规则和约束编辑器”对话框左下角的【优先级】按钮，打开“编辑规则优先级”对话框，

2）选中“Width-GND”规则名，单击“增加优先级”按钮，将其优先级设置为 1。

扩展知识

1. 覆铜

覆铜就是在电路板上放置一层铜膜。覆铜既可增强电路的抗干扰能力，还可以提高电路板的强度。单击配线工具栏中的 （覆铜）按钮，或执行菜单命令【放置】→【覆铜】，系统自动打开如图 3-151 所示的“覆铜”属性对话框，在此可以修改“覆铜”属性。

（1）选择覆铜的填充模式　覆铜有三种填充模式，在“覆铜”属性对话框中可以选择覆铜的填充模式。

1）实心填充模式。实心填充模式的覆铜区为实心的铜膜。选中实心填充”选项后，“覆铜”属性对话框如图 3-152 所示。

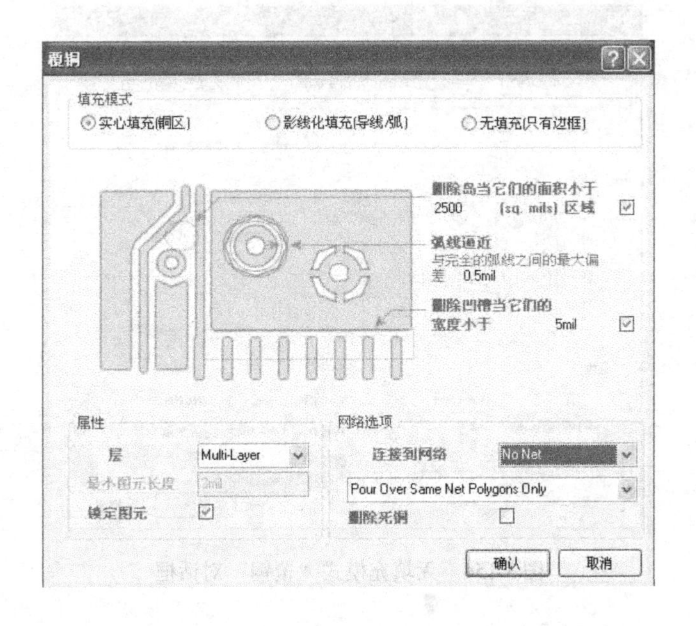

图 3-152 实心填充“覆铜”对话框

2）影线化填充模式。影线化填充模式的覆铜区用导线和弧线填充。选中“影线化填充”选项后，“覆铜”属性对话框如图 3-153 所示。

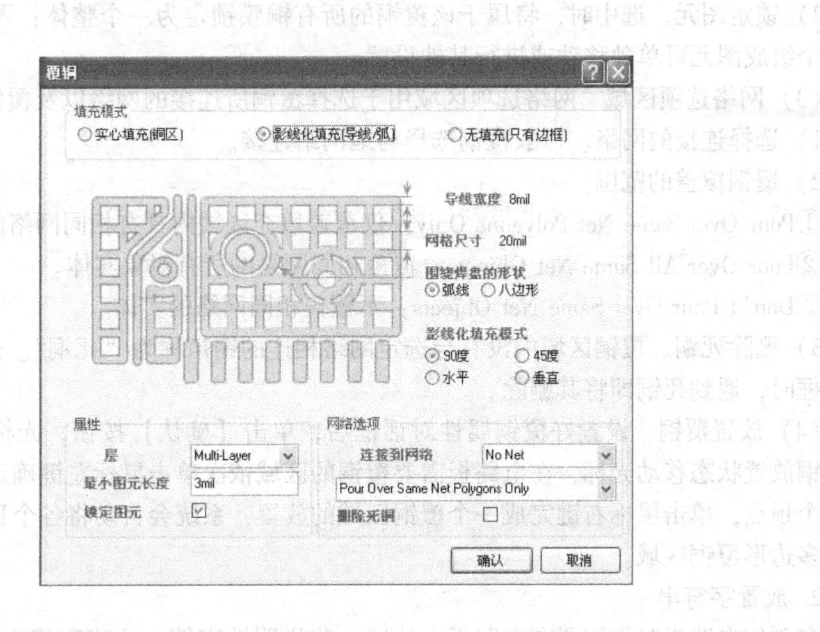

图 3-153 影线化填充模式“覆铜”对话框

3）无填充模式。无填充模式的覆铜区的边框为铜膜导线，在覆铜区内部没有填充铜膜，选中“无填充”选项后，“覆铜”属性对话框如图 3-154 所示。

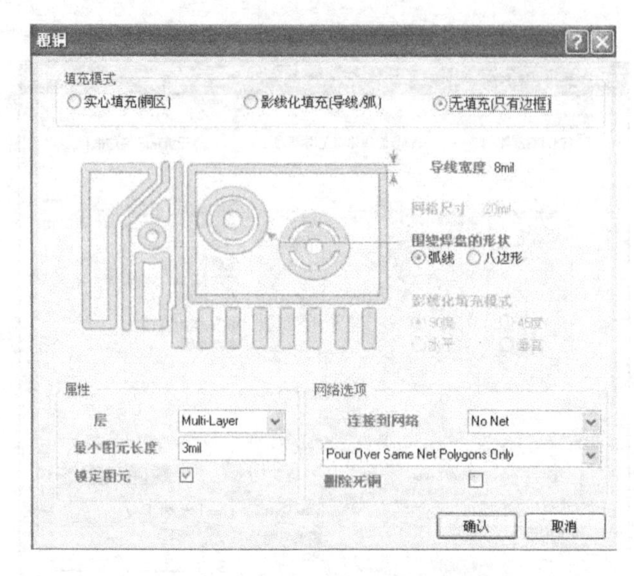

图 3-154　无填充模式“覆铜”对话框

（2）属性选项区域

1）层选项。“层选项”用于设置覆铜所在的板层。

2）设定最小图元长度选项。“设定最小图元长度选项”用以设定覆铜中最小导线长度，该项在实心填充模式下不可用。

3）锁定图元。选中时，将属于该覆铜的所有铜膜锁定为一个整体；不选时，则该覆铜的各个组成图元可单独移动或进行其他设置。

（3）网络选项区域　网络选项区域用于选择覆铜所连接的网络以及覆铜所覆盖的范围。

1）选择连接的网络。一般覆铜选择与地网络连接。

2）覆铜覆盖的范围。

①Pour Over Same Net Polygons Only：仅覆盖填充区域内具有相同网络的其他覆铜。

②Pour Over All Same Net Objects：覆盖相同网络的所有对象实体。

③Don't Pour Over Same Net Objects：不覆盖相同网络的实体。

3）删除死铜。覆铜区域内没有与选定网络相连的铜箔称为“死铜”。选中“删除死铜”复选框时，遇到死铜即将其删除。

（4）放置覆铜　设置好覆铜属性对话框后，单击【确认】按钮，光标变成十字形，进入覆铜放置状态移动光标，在电路板需要覆铜的区域依次单击鼠标左键确定多边形覆铜区域的各个顶点，单击鼠标右键完成一个覆铜区域的放置，系统会自动将各个顶点连接起来形成一个多边形覆铜区域。

2. 放置字符串

在制作电路板时常需要在电路板上放置一些说明性字符，这些字符应该放置在丝印层，即顶层丝印层（Top OverLay）或底层丝印层（Bottom OverLay）。放置“字符串”的主要操作步骤如下：

（1）选择工作层　将当前工作层设置为顶层丝印层（Top OverLay）或底层丝印层（Bottom OverLay）。

（2）进入“字符串”放置状态 单击配线工具栏中的按钮，或执行菜单命令【放置】→【字符串】，进入“字符串”放置状态，此时光标变成十字形且带有前一次放置的“字符串”。

（3）修改“字符串”属性 在“字符串”附在十字形光标上处于浮动状态时，按“Tab”键打开“字符串”属性对话框，在“文本”中输入字符串的内容；在“层”的下拉列表处选择字符串放置的层；在“字体”的下拉列表处选择字体，如图3-155所示。

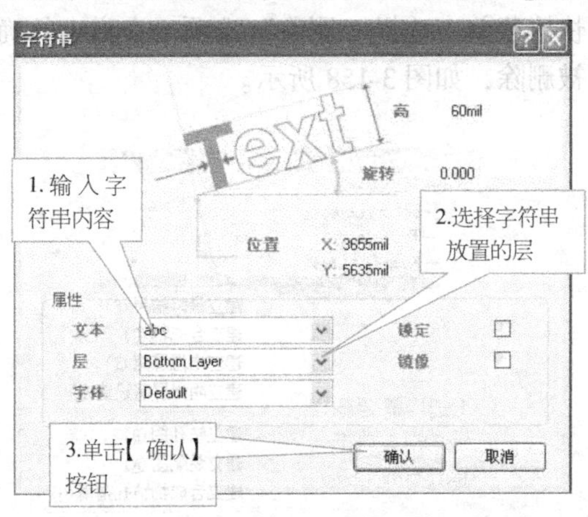

图3-155 “字符串”属性对话框

（4）放置“字符串” 属性设置完毕，单击“字符串”属性对话框中的【确认】按钮保存设置，同时关闭对话框回到字符串放置状态。将光标移到合适位置，单击鼠标左键，完成一次放置字符串操作。将光标移到新的位置，可单击鼠标左键继续放置“字符串”。单击鼠标右键，退出“字符串”放置状态。

3. 打印输出PCB图

对一个PCB项目而言，为了检查、保存资料或者交付生产等目的，在设计过程中以及设计完成后，常需要将PCB图打印输出。Protel DXP 2004可以打印出一张完整的PCB图，也可以单独打印输出各个层。打印输出PCB图主要操作步骤如下：

（1）设置打印页面 在PCB设计环境，执行【文件】→【页面设定】，打开“Composite Properties”对话框，在对话框中，设置纸张尺寸、方向、缩放比例和色彩组等。如图3-156所示。

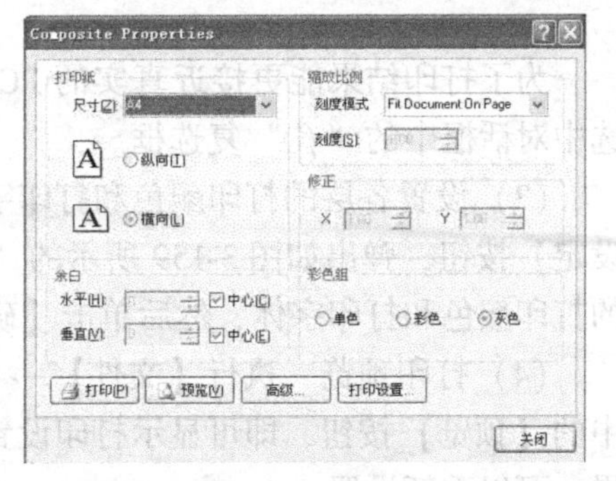

图3-156 “Composite Properties”对话框

（2）设置打印层 在“Composite Properties”对话框中，单击【高级】按钮，弹出“PCB打印输出属性”对话框，在“PCB打印输出属性”对话框中显示该PCB图用到的板层，同时显示当前包含一个名为“Multilayer Composite Print”（多层复合打印）的打印任务，如图3-157所示。

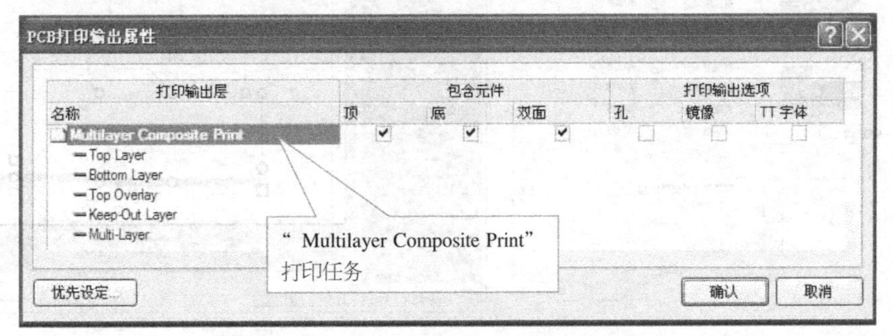

图3-157 “PCB打印输出属性”对话框

若要单层打印，则要删除其他的无关的板层。用鼠标右键单击需要删除的板层，在弹出的快捷菜单中选择“删除”选项。在弹出的确认删除提示对话框中单击【Yes】按钮，该层即被删除，如图 3-158 所示。

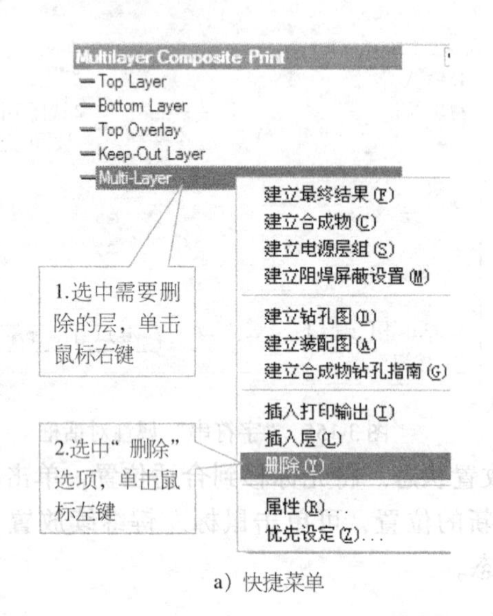

a）快捷菜单

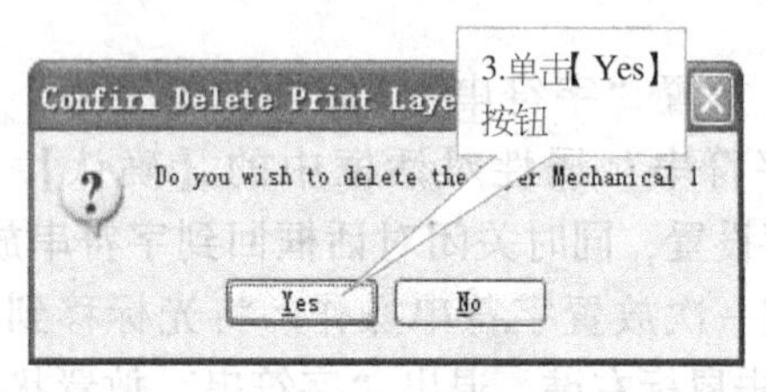

b）确认删除提示对话框

图 3-158　删除多余的层

为了打印结果能更接近真实的 PCB 视图，一般在单层打印时保留“KeepOutLayer”并选中对话框中的“孔”复选框。

（3）设置各层的打印颜色和打印字体　单击“PCB 打印输出属性”对话框中的【优先设定】按钮，弹出如图 3-159 所示的“PCB 打印优先设定”对话框，在对话框中设置各层的打印颜色和打印字体，然后单击【确认】按钮完成设置。

（4）打印预览　执行【文件】→【打印预览】或者单击“Composite Properties”对话框中的【预览】按钮，即可显示打印设置后的打印效果，如图 3-160 所示。如果不满意打印效果，可以重新设置。

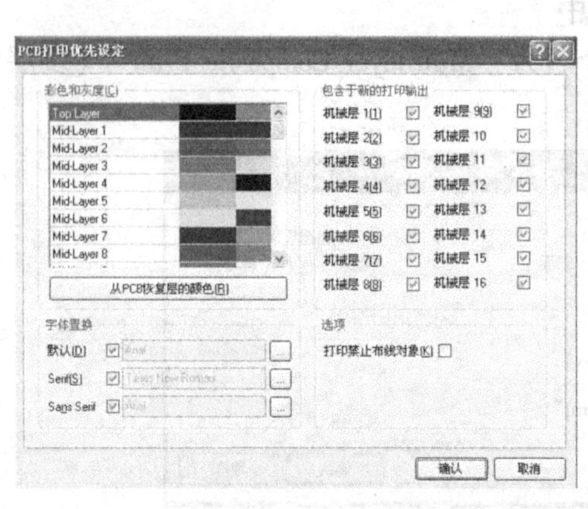

图 3-159　“PCB 打印优先设定”对话框　　图 3-160　打印预览

（5）打印　执行【文件】→【打印】或者单击“Composite Properties”对话框中的【打印】按钮，打印 PCB 文件。

考证要点与巩固练习

1. 考证要点

1）会根据要求选择电路板尺寸大小。

2）会制作双面电路板。

3）能根据信号流向进行手工布局，根据指定电路电流大小选择合适线宽，根据指定电压大小选择合适线间距进行手工布线。

2. 巩固练习

1）根据图 2-59 所示的计数器电路原理图设计计数器 PCB 电路板，设计要求如下：

①使用双面板，电路板尺寸为 45mm × 40mm。

②设置安全间距为 0.5mm，电源线和接地线宽为 1.8mm，其他网络线宽为 1mm。

计数器 PCB 电路板如图 3-161 所示。

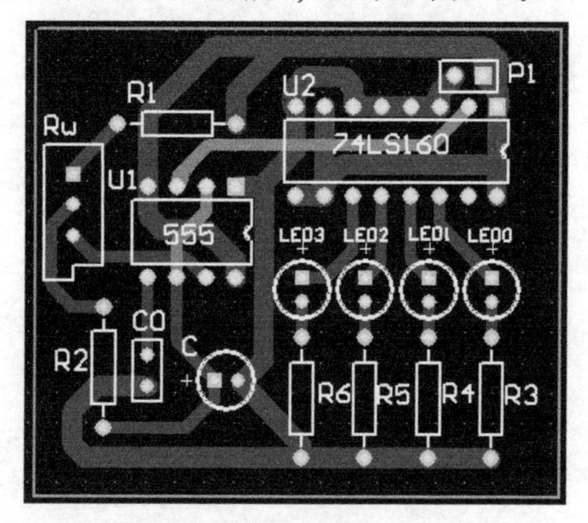

图 3-161　计数器 PCB 电路板

2）根据图 2-119 所示的原理图设计抢答器 PCB 电路板，设计要求如下：

①使用双面板，电路板尺寸为 2700mil × 2200mil。

②设置安全间距为 20mil，电源线和接地线宽为 40mil，其他网络线宽为 20mil。

抢答器 PCB 电路板如图 3-162 所示。

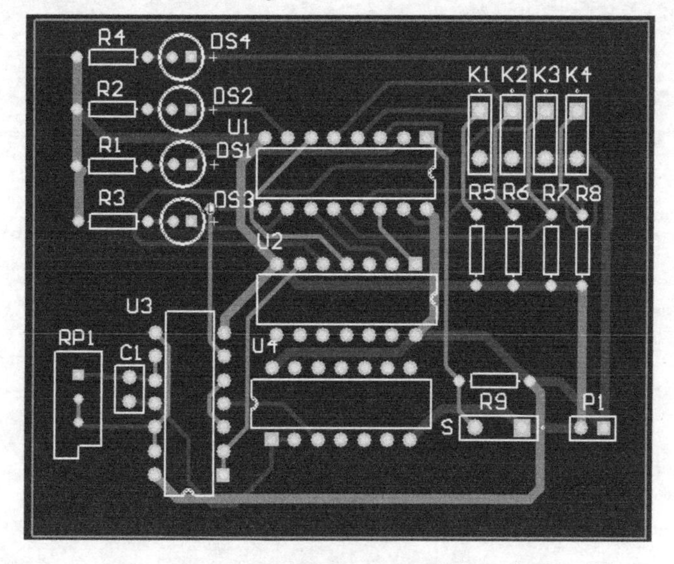

图 3-162　抢答器 PCB 电路板

参 考 文 献

[1] 顾升路，官英双，杨超．Protel DXP 2004 电路板设计实例与操作 [M]．北京：航空工业出版社，2011．
[2] 杨旭方．Protel DXP 2004 SP2 实训教程 [M]．北京：电子工业出版社，2010．
[3] 郭勇．Protel DXP 2004 SP2 印制电路板设计教程 [M]．北京：电子工业出版社，2010．
[4] 任富民．电子 CAD-Protel DXP 电路设计 [M]．北京：电子工业出版社，2008．
[5] 闫霞．电路设计与制版——Protel DXP 2004 [M]．北京：机械工业出版社，2011．
[6] 葛中海，尤新芳．Protel Dxp 2004 简明教程与考证指南 [M]．北京：电子工业出版社，2010．

机 械 工 业 出 版 社

教师服务信息表

尊敬的老师：

您好！感谢您多年来对机械工业出版社的支持与厚爱！为了进一步提高我社教材的出版质量，更好地为职业教育的发展服务，欢迎您对我社的教材多提宝贵意见和建议。另外，如果您在教学中选用了《电子 CAD（任务驱动模式）——Protel DXP 2004 SP2》（刘晓书　鲍卓娟主编）一书，我们将为您免费提供与本书配套的电子课件。

一、基本信息

姓名：__________ 性别：______ 职称：__________ 职务：__________

学校：______________________________ 系部：__________

地址：______________________________ 邮编：__________

任教课程：__________ 电话：__________（O）手机：__________

电子邮件：__________ qq：__________ msn：__________

二、您对本书的意见及建议

（欢迎您指出本书的疏误之处）

三、您近期的著书计划

请与我们联系：

100037　北京市西城区百万庄大街 22 号机械工业出版社·技能教育分社　陈玉芝 收

Tel：010-88379079

Fax：010-68329397

E-mail：cyztian@gmail.com 或 cyztian@126.com